巻き結び《クローブ・ヒッチ》

杭にロープを縛るとき。よく締まるわりに解きやすい。背負子のヒモ止めにも

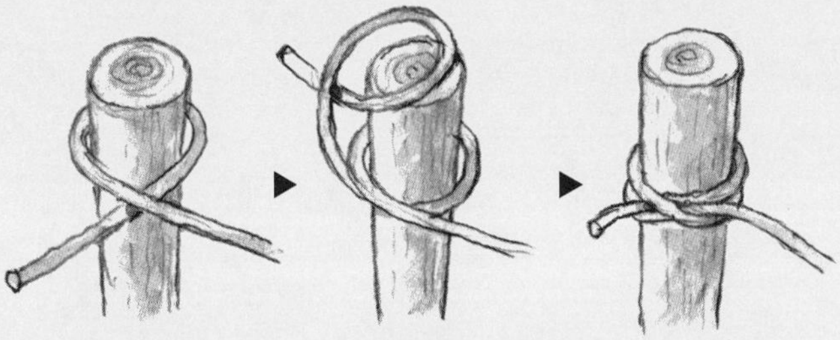

巻きしばり《シェア・ラッシング》

三脚をつくるときに使う

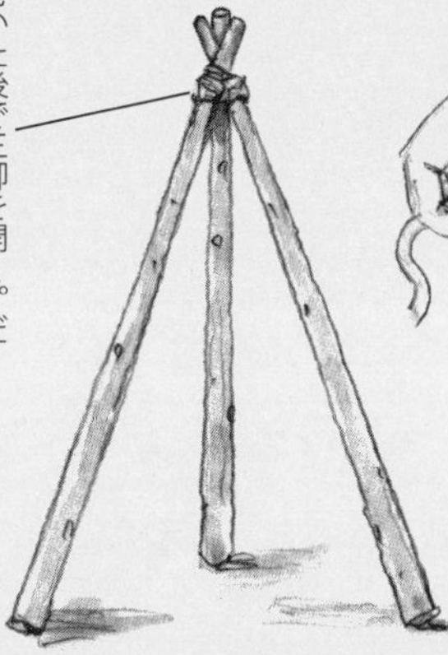

巻いた後で三脚を開く。だから少し緩めに巻いておく

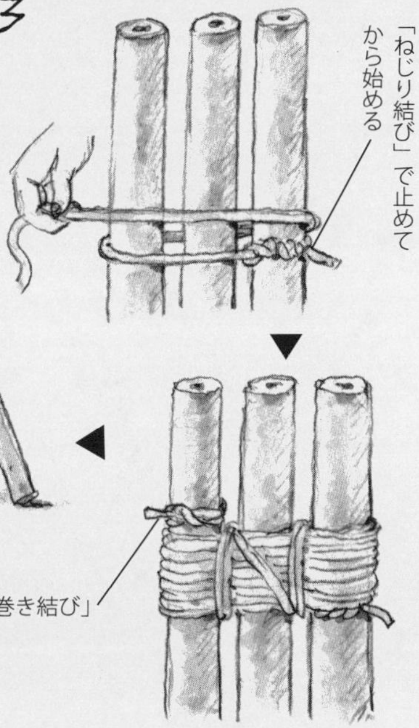

「ねじり結び」で止めてから始める

最後は「巻き結び」で止める

てこ結び《ボート・ノット》

ボートの係留によく使われるが、連続させると縄ばしごがつくれる

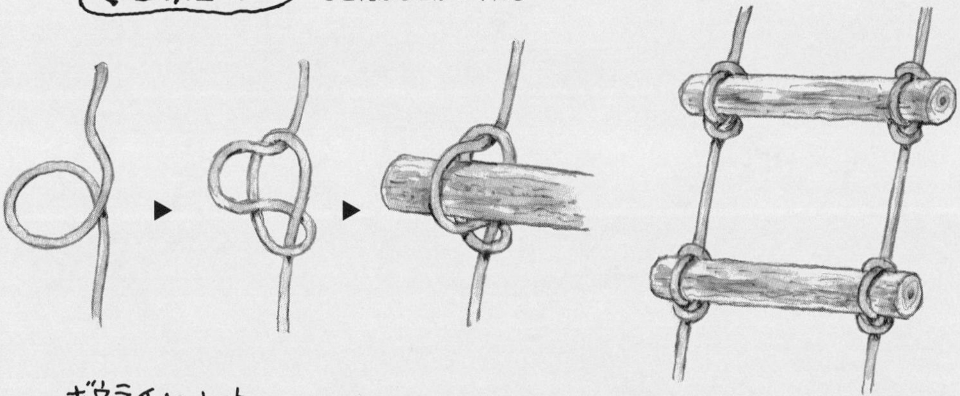

丸太しばり《ログ・ヒッチ》

丸太を持ち上げたり引きずったりするときに

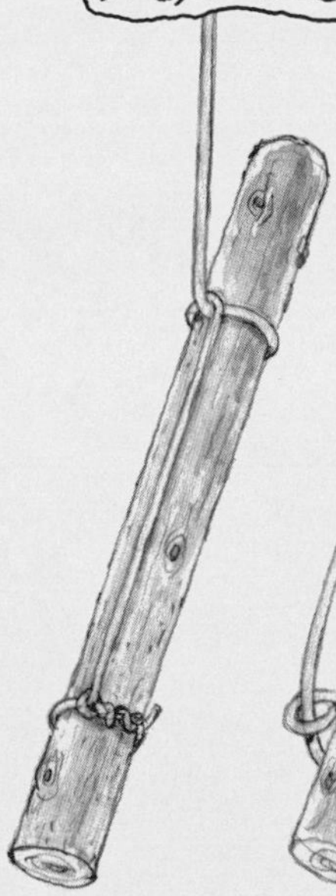

もやい結び《ボウライン・ノット》

固定した輪をつくるとき、結ぶのも解くのも簡単で強固。キング・オブ・ノットとも呼ばれる

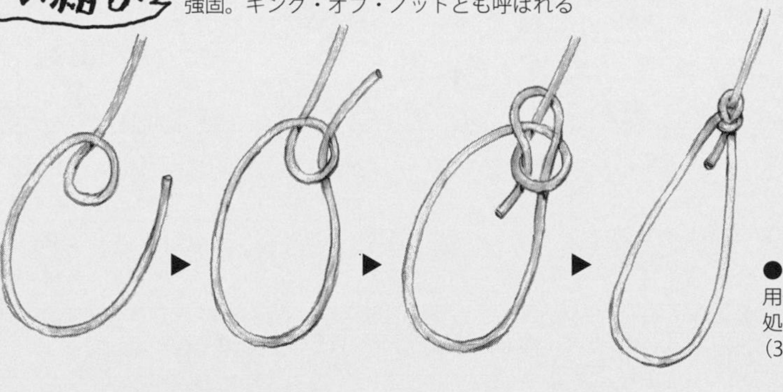

●もやい結びの応用例／掛かり木の処理（引き縄）に（39 ページ）

ねじり結び《ティンバー・ヒッチ》

加重がかかるほどきつく締まるが解きやすい

もやい結びの覚え方

片手でロープを握ったまた「もやい結び」をつくる方法。「人命救助結び」とも呼ばれる

背中にロープを回して

右手をお腹のほうからくぐらせる

手首をかけて輪をつくる

できた輪から腕を抜かずに

左手のロープの下をくぐらせ

ロープを持ち替えて輪の中に引き入れる

強く締めれば完成

先端をひと結びで止めると安心

山で暮らす
愉しみと
基本の技術

絵と文
大内正伸

農文協

はじめに

世代を越えた「山村回帰」の動きが始まっています。

林業、自然農、自然食、自然素材、自給自足、職人的手仕事の復活、古民家再生、火のある暮らし……キーワードはさまざまですが、ただ消費するだけの都会生活に疑問をもち、自然のなかで暮らしそのものを創造したい人が増えているのです。また自らの転身を求めるだけでなく、周りの環境や、自然に根ざした文化の再生を強く願う心ある人たちも現われています。

ところが実際に山暮らしを始めてみると、ついつい手軽な材料や、便利な道具に振り回されがちです。私たちに自然（素材）を相手にする根源的な技術がなく、また山という環境の洞察や土木的な視点に欠けていることに気づくのです。

たとえば、山の木の伐り方。日本の山にはかつて一大造林されたスギ・ヒノキの人工林が各地に残っています。もちろんそれらには持ち主がいて勝手に伐ることはできないものですが、場合によっては管理（間伐＝抜き切り）の手を入れる、もしくは任されることもあります。伐り出した間伐材を利用するとしてもどう加工するか。製材機がなければ板材にできないのか、あるいは丸太のままで利用できないでしょうか。

雨の多い植物の繁茂する日本の山では、無人で放置すれば木造家屋は傷みが早く、石垣は崩れ、畑地はヤブと化して灌木さえ繁り始め、数年のうちに手のつけられない状態になってしまいます。その屋敷周りの整備。上水の確保や汚水処理の方法。とりわけ石垣の再生などは自分たちで解決しなければなりません。

木を燃やすにしても、暖房としての薪ストーブだけに留まっていては、あまりにももったいないことです。先達たちは細い枝まで木質素材を余すところなく、暖房・料理以外にもさまざまに使っていたのですから。

優れた道具や、豊かな情報に溢れていながら、私たちはこのような知恵と技術に欠けていることに気づきます。しかもこの技術は、いまの山村から消えつつあるのです。なぜなら、それらを具現できる最後の山村世代が、日本では 70 ～ 80 代の老人になっているからです。

そこで本書を世に送り出そうと思います。私たちの真の自然暮らしと、引き継ぐべき技術伝承のために。

内容はこれまでアウトドア本などに書かれることがなかった

○山の木の伐り方（単に伐るだけでなく山の豊かな自然を取り戻せる）

○動力なしでやれる造材のノウハウ（割り、はつり、という技法など）
○石垣積み
○水の使い方（上水ばかりでなく、排・汚水の処理。自然浄化の仕組みも）
○小屋づくりの技術（土や石も使う）
○囲炉裏復活・再生
などをまとめてあります。それらは「木・土・水・火の技術」、または「縄文の技術」と言い換えることもできるでしょう。

もとより日本の自然は多様で、すべての地域的特性をカバーするのはとうてい不可能ですが、そこから発展させられる普遍的な糸口は残したつもりです。また、イラストと写真を多用し、各章それぞれ単独で１冊の本が書けるほどの内容を納めたと自負しています。どうぞこれを参考にしながら、地域の先達の方々のワザを取り入れつつ、自身の暮らしの創造に活かしていただければ幸いです。

日本でも、これまで多くの人たちが自然回帰を訴え、自然暮らしを実践し、その讃歌をつづってきました。私もその影響を強く受けました。

犬小屋で寝てしまうほど動物好きで、蝶（虫取り）と魚（釣り）が大好きだった少年はやがて渓流のフライフィッシングに熱狂し、バックパッキング（山岳彷徨）に癒しを求めました。そして人工林再生という問題に逢着し、いまここにいます。

だから本書は同じ流れにありますが、さらに山と暮らしが繋がるノウハウに重点を置いています。つまり町の暮らしにも照射できる内容を含んでいます。

海も川も平野もずたずたに開発され、汚染されてしまいました。残された砦《とりで》は山しかないのです。その山にもひたひたと同じ波が押し寄せていますが、山はいまもっとも自由な、最後の空間といえるかもしれません。そこからまた、町を変えるエネルギーを放ちたいものです。

本書は、60 年代の日本の地方都市で幼少期を過ごしたアイターンの私が、生粋の山村老人と語り合い、ともに汗を流した中から生まれたものです。

この本が、意欲ある人の手に届くことを願っています。

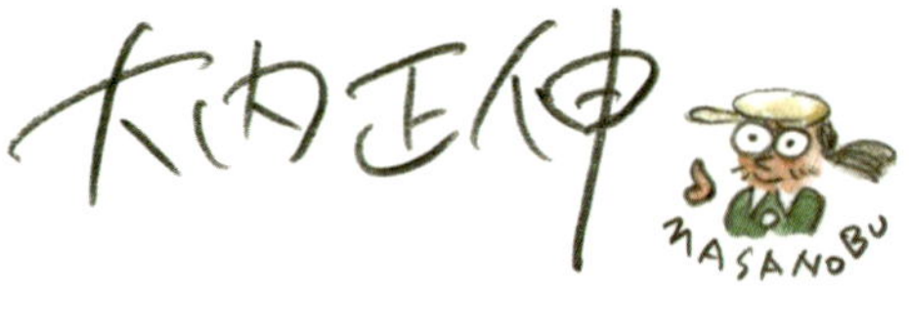

目次　いま山で暮らす、愉しみと技術

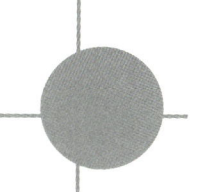

第２章　石を積み敷地をつくる……石垣再生の手法と実際　53

第３章　水源と水路……水をコントロールする　73

●イラスト／大内正伸　●写真・DTP レイアウト／大内正伸＋川本百合子

序章　山暮らしの技術とは？

山で暮らし始めた

群馬県の山中にある築100年の古民家を借り、家や敷地を再生しながら、自然に即した暮らしと創作活動を発信している。

私は町育ちだが、子どもの頃から自然の中で自給自足的に暮らすことに強い憧れをもっていた。長くアウトドアを趣味としてきたし、イラストレーターという職業の中で自然系を指向してきた。林業に関わり始めて、森林関連の技術書を著わすようになったのも、その流れにほかならない。

森林ボランティアをきっかけに山に目覚めたパートナー川本は、私よりさらに都会度が高く、アーケード街のコンクリート住宅で育った。山暮らしにおける彼女の行動パターンは、無知で危なっかしい面もあるが、私にはない新鮮な視点を与えてくれ、このような本を書くために実に有益な存在ではある。そんな山暮らしも５年目に入った。

ここは標高約600m。スギ・ヒノキのよく育つ山あいで、一夏放置すればクズやカナムグラ、フジなどの旺盛なツル植物に覆われてしまう、典型的な東日本の山村である。２年ほど放置された家と敷地だった。傾斜畑と山林が含まれており、大家さんのご好意で自由な改装が許され、その家の周囲の敷地の手入れから山暮らしはスタートした。

幸いなことに、お隣にイタルさんという現役山暮らしの先達がおり、わからないことは聞きながら作業を進めていった。

都会では使わないアタマを総動員

畑と山林があるという恵まれた敷地ながら、住み手がいなくなったのは、理由がある。国道から２キロほど登った私たちの集落はバスの便はなく、分校は廃校になっており、売店などもない。さらに私たちの借りた家は、車道から家まで徒歩で歩かねばならない。つまり、車が家に横付けできず、荷物は全部背負って上げなければならないのだ。

もちろん、すばらしい恩恵もある。水は沢の湧き水が引かれており、薪は自由に採り放題、畑も傾斜しているが日当たりは良好（イノシシの被害はもちろんあるが)。それらは、管理さえすればこの先もずっと使え、命の糧を与えてくれる。こうして先人たちはここで数百年の暮らしを営んできたのだ。

山で暮らすということは、敷地の再生から家の修理まで、何でも自分たちでするということだ。これを人に頼んでいたらとんでもなく散財するし、だいいち山暮らしの愉しみがなくなる。再生し、創造し、発見していくこと自体が喜びなのだ。長く都会で暮らしてきた私たちは、ふだん使わないアタマを総動員して、新たな暮らしに挑んでいった。

先輩住人から学んだこと

お隣のイタルさんはお会いした当時すでに76歳。この集落では、次世代で家を継ぐ人は誰もいない。現役のお年寄りたちがいなくなれば、廃屋と耕作放棄地が増えていくばかりだが、イタルさんは今でもコンニャクを生産、出荷する現役農家である。

そのイタルさんの小屋（納屋）を初めて見たときの感動を忘れることができない。整然と積まれた大小の薪、使い込まれたクワなど道具が掛けられた壁。無駄なものは削ぎ落とされ、あるべきところにあるものが置かれ、整理され、小屋全体があたかも彫像のような堂々たる迫力をもっていた。

寡黙なイタルさんだが、私たちが聞けば何でも教えてくれ、ときにトンチンカンな私たちの行動をさとしてくれることもある。お隣なので、ちょっとした作業に手を貸すこともある。そのときのイタルさんの体の動きや道具の使い方は、私たちに深い学びをもたらしてくれる。

動力なく築いた先人の技

イタルさんはこの集落にまだ車道のない時代を知っている。私たちの家と共同で使っている水源のタンクは現場打ちのコンクリート製だが、そこには昭和 37 年の竣工年が刻まれている。イタルさんたちは下の国道からセメントなどの材料を背負って人力で上げたという。私たちが借りている敷地の石垣の一部は、イタルさんのお兄さんが積んだものもある。

この石垣だが、初期の造成（おそらく数百年前）に積まれたと思われるものは高さが 3m 以上もある。一番大きな石は長手方向が 70cm ほどもあり、いったい、重機のない時代に、どこからどうやって運び、どのように積んだのだろうか？　ここに住むということは、この石垣を守っていくことであり、もし崩れたら直さねばならない。それができなければここに住む資格がないように思われて、住み始めた当初は、石垣を見るたびに打ちのめされたものだった。

それでもこの数年間に、何度かイタルさんと石垣を補修する仕事をし、自分でも積む経験をしたおかげで、その構造や積み方がわかってきた。考えてみれば、日本は棚田や傾斜畑だけでなく、平地や河川護岸、港湾にさえ、古くから優れた石垣がたくさんある。そのテキストがないほうが不思議なのだ。このノウハウを、新たな山暮らしを目指す人に伝え、残していく使命を感じたものだ。

研ぎながら長く使える鍛冶道具

私たちの敷地にはシラカシの木が防風林として大きく育っていて、毎年のように枝切りが必要となる。それはいい薪にもなるわけだが、あるときイタルさんがその薪の 1 本を分けてほしいとやってきた。ナタの柄《え》をつけ換えるのだという。なるほど、道具の柄はカシ材が多いが、それを自分で伐った木で作るということがとても新鮮だった。

ちょうど柄が折れたカマがあったので、私も真似て作ってみた。イタルさんの指導はなしで、自分で考えながらやってみた。そのカマは同じ集落の別の方から頂いたもので、ずいぶん古いものだが、研げばまだまだ使える。上流の集落に野鍛冶が残っていて、とても優秀な刃物を今も作っているのだ。それらの道具は今の使い捨てとはちがい、研ぎながら長く使える。

私は高校時代からキャンプもし、料理も好きだった。森林ボランティアで長く山林の手伝いなどをしてきたので、移住にあたっても刃物はたくさん持って来てい

私たちの住む家はかつての養蚕農家。太い骨格と土壁はそのまま、スギ皮葺きだった屋根はトタン板に変わった。山暮らし 1 年目、この地方では珍しい 65cm 積雪の洗礼を受けた冬のある日

た。が、それは趣味の延長のようなものだった。実際に山で暮らすとなると、ナタ、ノコ、カマは日常の道具となる。ここでは、いかに使いやすく長持ちする道具が大切かを教えられる。

基本は手道具で

電動工具やエンジン機器に比べて手道具での作業は、より安全でもあり細やかな作業ができる。燃料代がかからず、環境を汚さない。音も静かで、コード類に煩わされないのもいい。

手道具だと作業に時間はかかるが、それがまた観察したり考えたりする余裕を与えてくれ、たっぷり汗をかいて健康をもたらしてくれる。必要以上のノルマに追われた「仕事」と、融通がきく「暮らし」とは違う。時間をかけることで得られる発見が、愉しみが、たくさんある。もちろんチェーンソーや軽 4WD 車といった、どうしても必要なものは使う。イタルさんもキャタピラ式の運搬車や耕耘機などを使うのだけど、それはどうしても必要だからであって、感覚的には手仕事道具の延長のようなものだ。

電動工具も最小限から始めれば、必然的に基本の道具、カンナやノミを使うことを学ぶ。自然素材が潤沢にある山暮らしでは、最初はなるべく動力を使わない手道具がいい。手道具を使うことで素材とじっくり向き合える。そして、静かな手道具を中心に据えることで、鳥の声が身近に感じられる。

燃やせるもの、土に還る素材を選ぶ

山には間伐材（山の手入れで必然的に出る伐採木）が溢れている。間伐材だけでなく小さな枯れ木の薪は、今は誰も拾わないので採り放題だ。間伐材で板を作って家を補修する、杭《くい》をつくる、薪を燃やす。住居の築 100 年の古民家は、木と土と竹と石でできている。補修するとゴミが出るが、それはみな燃やすことができる。ただ燃やすのではない、燃料になるのだ。火を使いながら暮らしていると、その当たり前なシンプルな循環に、深い充足を覚える。

ここではカマド、囲炉裏、薪ストーブ、薪風呂釜、それに火鉢と、薪や炭が主戦力だ。廃材は燃料であり、燃やした後には灰しか残らない。その灰も畑にまけば肥料になり、美味しい野菜をもたらしてくれる。燃やすことも、その残物である灰を得ることも、ともに喜びなのだ。

土や石もすっかり忘れられてしまった素材だが、山暮らしでは周りに溢れているこのタダの素材を多いに活用していきたい。それらは、なにより建物や風景に調和し、壊したあと自然に還るのがいい。

火、囲炉裏、このすばらしきもの

火は燃料になるだけでなく、その炎のゆらめきを見ているだけですばらしい。現代がなくしてしまった、とても大切な時間だ。私たちは 2 人とも、燃やすこと、炎を見ることが大好きだ。

ここに越してきて、台所の改修ができるまでは、毎日外でカマドを使って料理していた（今でも天気のいい日は外カマドを使う）。1 週間が過ぎ、1 ヶ月が過ぎた。さすがの私も、火を燃やすことに飽きるのではないか、もしくは疲れて、ガス台設置に心が動くのではないか、と考えていた。ところが、全然飽きないのだ。朝、目が覚めると「ああ、早く火が焚きたい」と思っている自分がいる。それは 5 年目に入った今もまったく変わりはない。

「囲炉裏を再生しようよ！」と切り出したのは川本のほうだった。私たちの暮らしを見ていたイタルさんが「囲炉裏はいいもんだよ」と言った。そこで、合板でふさがれていた床を剥がして囲炉裏を出し、補修、再生して使ってみることにした。

今は煙を嫌って炭が使われることがほとんどだが、私たちはいきなり薪を燃やして炎を立てた。薪ストーブよりもはるかに薪の使用量が少ないことに驚いた。また、慣れればさまざまな調理ができることを発見した。天候や薪の調子で煙が煩わしいこともあるが、囲炉裏の価値はそれを補って余りある。なぜこんなすばらしいものを、日本人は失ってしまったのだろうか。

アトリエには薪ストーブも設置してあるが、私たちは冬でも囲炉裏で暖をとることが多い。おかげで、薪づくりに追われなくなった。敷地や山林の手入れで得る薪で足りてしまうという、穏やかなサイクルで暮ら

せるのだ。

間伐材でもこれだけのことができる

これまで森林に長く関わってきた私たちにとって、ここでの大きな課題の一つは、自分たちで伐採したスギ、ヒノキの有効利用だった。

イタルさんをみていると、昔はスギ、ヒノキをそのまま薪にすることはありえない、ということに気付く。あるとき、イタルさんが自分で伐り出した細いヒノキをクサビで割って、杭を作っていた。こんなに長くてもヒノキは割れるのだ。大きな発見だった。そういえば登呂遺跡ではクサビ割りしたスギ材が出土しているし、世界最古の木造建築、法隆寺は、やはり割り材でつくられている（当時は縦挽きノコがまだなかった）。

私も早速クサビを購入し、木を割ってみた。コツを飲み込めば実によく割れる。それをオノではつって板を取り、木っ端は囲炉裏などの燃料にすることを覚えた。その前は間伐材をチェーンソーで小さく玉切りし、オノで割ってすべて薪にしていたのだが、今はまず丸太を見て何に使えるかを考え、そこから彫刻して取り出すことを考える。それを家の補修や工作に使い、残骸が燃料となる。

こんなこともあった。アトリエの上がりかまちの合板が湿気でブヨブヨになっていた。張り替えねばと思っていた。割ったスギの薪を眺めていたら、板状のものがある。この薪をナタで削ってここに並べてはどうか？　と閃いた。間伐材とはいえ、そのスギは伐り旬（※）の秋に伐って葉枯らしし、自然乾燥させたものだ。芳香があり肌の美しさがあり、雑巾で拭き込むほどに、渋いツヤが出てくるのだった。

間伐材は、植木鉢やベンチにしかならないのだろうか？　チェーンソーでしか板がつくれないのだろうか？　そうではなかった。それは繊細な継ぎ手による加工さえ可能なのである。細い間伐材とはいえ、スギ・ヒノキは世界に誇る最高の木質素材である。

※野菜や魚に旬があるように、木にも伐り出す理想的なタイミングがあり、それを「伐り旬」という。

植えなくても、間引くことで芽生える

木を伐って使うことで、開いた空間には新たな植物が芽生える。人工林の間伐に関わって学んだことだ。そしてこれに習っていうなら、屋敷地も小さな手ガマ1本でコントロールできる。

過疎地・放棄地といってもそれは今のことで、数百年も人の営みがあった場所には球根やタネが敷地に眠っており、きっかけを与えてやると息を吹き返す。

風で飛んでくるタネもあり、鳥や動物たちもタネを運んでくる。温暖湿潤な日本の山村ならではの自然再生法である。

こうして私たちの屋敷地には、ワサビやクリンソウ、ミツバ、フキ、ヤマユリなどの食用、鑑賞用の植物が増え続けている。これにはいまだにエンジン草刈り機を使わないことも、功を奏している。手ガマなら草を観察しながら選択的に刈ることができるからだ。

私たちのいるところはイギリス式のガーデニングには向かない。それをやろうとしたら、夏は草むしりだけで庭にかかりきりになってしまうだろう。植えることは最小限にして、風通しのいい空間をつくり、過密にならないように適度に草を刈っていくというやり方がよい。

農耕用の牛馬を飼っていた昔は、草刈りは飼料として必然的に行なわれた。ここでもかつて馬のほか、羊毛のためのヒツジや、乳を得るためのヤギが飼われていたことがあるという。そのために草場を維持する必要があり、草刈りは子供たちの仕事でもあった。また屋根を葺く素材を得るための萱場や、放牧地の維持のために、定期的な火入れが行なわれた地方も多かった。

今は敷地の維持と堆肥づくりに草を刈る時代になった。生活を維持する中で、新しい敷地再生の手法が必要だ。植えなくてもいい。まず、敷地の四季を観察し、植物を選択的に刈っていくことで、新たに重層的で有用な植生をつくり上げていく。

光空間ができると動物や昆虫も喜ぶ

草刈りや枝伐りで空間をつくると、とたんにチョウや鳥がやってくる。彼らは飛べる空間を求めている。人の手で敷地を刈り込むことで、動物や昆虫も喜ぶのを実感する（その点でも、エンジンカッターは生き物を無差別殺傷するので使いたくない）。実に嬉しそうに飛ぶ姿が見られるのだ。重層的な植生は当然のことながら多様な生き物を棲まわせる。

私たちのアトリエ周りは、昆虫や小動物の宝庫でもある。薪積み場や石垣など、敷地は多孔質で、緻密な表面積をもっている。そこに依存する昆虫類はかなりの種類と数になる。たとえばハチ類の豊富さ、多彩さは驚くべきものだ。

何も播かないのに、クリンソウが芽吹き大きく育つ。少し手をかけるだけで豊かな自然が再生する

もちろん、虫の多さは暮らすにあたって不愉快な面もあるが、囲炉裏やカマドの煙はそれをかなり軽減してくれる。縁側に向かって開口部の多い日本家屋のつくりは、開けておけば虫は逃げてしまうし、壁がないので箒で簡単に掃き出すことができる。

一方で、たとえばハチは、畑の害虫であるイモムシを捕らえてくれたりする。生き物の知識をもつこと、そして生き物との接触を楽しめる気持ちがあるいうことは、山で暮らすうえでとても重要なことだ。これからの時代は、都会でさえ生き物との共存を取り戻していかねばならない。ツキノワグマも生き物なら、発酵食品の菌も生き物だ。囲炉裏の隣の土間では、漬け物がうまくできるという発見も、私たちに大いなる喜びをもたらした。

草刈りも伐採も囲炉裏も動物も、暮らしの中で連鎖しているのである。

山暮らしにも技術がいる

私は以前、東京都内に長く住んでいたので、過去の暮らしとここでの暮らしのギャップはかなりのものだ。それでも山に近づこうと西多摩地区に住んでいた時代もあり、山暮らしへの気持ちの準備は十分すぎるほどできていた。もう一つ幸いだったのは、学生時代に土木を専門に学んだことと、若い頃にさまざまな肉体労働のアルバイトを経験してきたことである。この二つが役立つとは予想もしなかったことだが、とくに現場での経験は今、とても役立っている。

山暮らしには技術がいる。昭和 30 年代生まれの私たち以降の世代は、子供の頃に自然生活の原体験、肉体労働の原体験がない人が多い。それでも山に暮らしてみたいという人はたくさんいるだろう。また、いわゆる団塊世代の人たちの山村回帰も話題になっている。そのためのガイドブックもたくさん出ているが、基本的な部分が抜け落ちているのではないだろうか。いきなり薪ストーブやガーデニングの夢にはまる前に、やるべきことがある。すなわち、もっとも大切なものを守りながら、山村で生きるうえで基本となる知識と技術が必要なのだ。

一番大事なのは自然に対する礼節

それは、先人から学ぶことはもちろん大事だが、さらに重要なのは「自分で考える」ということである。人から教わってもいいが、自分で考える余地をどこかに残しておくことだ。自分で考えて経験した中からつかんだ発見は、何ものにも代えがたい。それがどんなに小さな発見でも、次のステップへの足がかりになり、大きな広がりをもたらしてくれる。

さて、「山暮らしへの気持ちの準備は十分すぎるほどできていた」と書いたが、実際暮らし始めると不安を感じないわけではなかった。そこで私たちはさまざまな経験を通じて、自信をつけていった。また、ここでの自然や水や食物が、私たちを強い方向へ導いてくれた。

敷地や家の再生を行ないながら、もっとも磨かれ、鍛えられたのは実は私たち自身かもしれない。そう思えば、ますます周囲の生き物たちすべてがいとおしく、感謝の気持ちでいっぱいになるのである。

日本の山は、人の手を待っている。無尽蔵の資源と輝きがそこにある。一番大事な「自然に対する礼節」を忘れなければ、その経験の中から驚くほどの恵みを受け取ることができるだろう。

山暮らし５年目。長らく放置されていた崩壊斜面を石垣で再生する。工事期間はコツコツと約１ヶ月、私の体重はこの間に 5kg 減った

暮らし始め、家、屋敷地のチェックポイント

今住んでいる、あるいはこれから住もうとしているところがどんな場所であるのか？　あらゆることを自分でしなければならない山暮らしでは、それを理解することがとても重要だ。寝泊まりする場所（家）の確保や修繕だけでなく、敷地や周囲にも目を配ろう。

山は町に比べて湿気が多い。だからつねに家や土地を乾かす工夫をしなければならない。それが家を長持ちさせ土地の崩壊を防ぐからだ。樹木が枝を伸ばし、草やツルに囲まれていないか？　それを整理して、光や風通しを確保しよう。上水道の点検と排水の流れはふさがれていないか？　雨の多い日本では、敷地の水みちを理解しておくのはとても大切だ。

崩れた石垣は放置しておいても草木に覆われるので、それほど危険はないが、修復してやれば平らな土地が確保できる。平地があれば、小屋が建てられる。野外作業の多い山暮らしでは、広い作業スペースや道具・資材を置く小屋がどうしても必要になってくるものだ。周囲の山林の間伐材が、最高の小屋素材となるだろう。

倒した木や刈った草は、自然状態で放置してもやがて土に還るが、時間もかかるし邪魔になる。薪に整理し、堆肥に積もう。その薪で日々の糧を料理し、暖をとることができる。石と土で炉をつくることができる。堆肥はもちろん、灰も畑にまくと肥料になる。

山暮らしは木と土と火と水で循環している。それらを上手に循環させることがコツであり、愉しみでもある。

次章からそれらの技術を具体的に紹介しよう。

谷の反対から敷地が見られる場所は？
周囲の山林の様子と所有者・境界を知っておこう
屋根に木の枝がかかっていないか
家の木がとなりの畑をじゃましていないか
雨どいの水はどこへ流れていくか
伸びた草を刈って風通しをよくする
トイレの処理は？
家の上の土地はどのように使われているか
水道バルブの確認
台所の排水はどこに？
地中配管のおよそのルート
水の中継タンクの内部と、前後の配管はどうなっているか
堆肥置き場はすぐほしい
オーバーフロー配管が壊れたら水はどこに逃げるか
水源はどこか

水源の滝。水に恵まれた場所で、小さな沢筋がいくつもある

私たちの居る場所

群馬県西上州の山あい、標高600m。矢印の屋根が私たちの住まい。地続きで畑や山林があり、水源は沢の湧き水。上流に人家はない

近くに塩分の高い鉱泉があるからか、アオバトの鳴き声が聞こえる

30年生ほどのヒノキ林。以前は畑だったところなので林内に石垣がある

40年生ほどのスギ林。間伐しながら木を使わせていただいている

初夏、オオムラサキが家に飛び込んできた

最初の夏の畑。さっそくイノシシがやってきた。翌年はぐるりとトタンで柵を作った

ムラサキヤシオツツジが咲く早春の庭

たまに林道でニホンジカに出会う。冬は山に鳴き声がこだまする

第1章
木を伐る、草を刈る

光と風を取り戻す最初の仕事

雨が多く植物の繁茂する山の暮らしは、湿気に悩まされる。放置され密閉された空間を、間伐やせん定・下草刈りで整理し、乾いた明るい住空間を確保しよう。木を伐り草を刈ることで、残した草木が新たに生長する。光空間ができると新しい植物が芽生えてくる。また伐った材はただ捨てるのではなく、木材に使えるものは使い、その他は薪にさばく。この章ではオノ、ナタ、ノコギリなどの道具とチェーンソーでの伐り方や運搬法、材や薪の積み方、枝葉を堆肥にするまでを紹介する。

1 木を伐り、草を刈る道具たち

エンジン草刈り機は使わなくても

草刈りには大小の手ガマ（鎌）、伐採にはノコギリ（鋸）、ナタ（鉈）が必要だ。薪づくりにはオノ（斧）やクサビ（楔）が、伐採や玉切り（丸太を必要サイズに切っていくこと）にはチェーンソーがないと作業がはかどらない。チェーンソーは山暮らしには必須のエンジン機器だ。

しかし草刈りは、最初はエンジン機器を使わず手ガマでやったほうがよい。草刈り機は騒音と振動が長く続き、地表の生き物たちを無差別に殺傷して、一見きれいでも荒涼とした環境をつくってしまう。最初の草刈りくらいはまず自分の手で、そうして敷地の四季の植生を観察する時間を持ちたい。

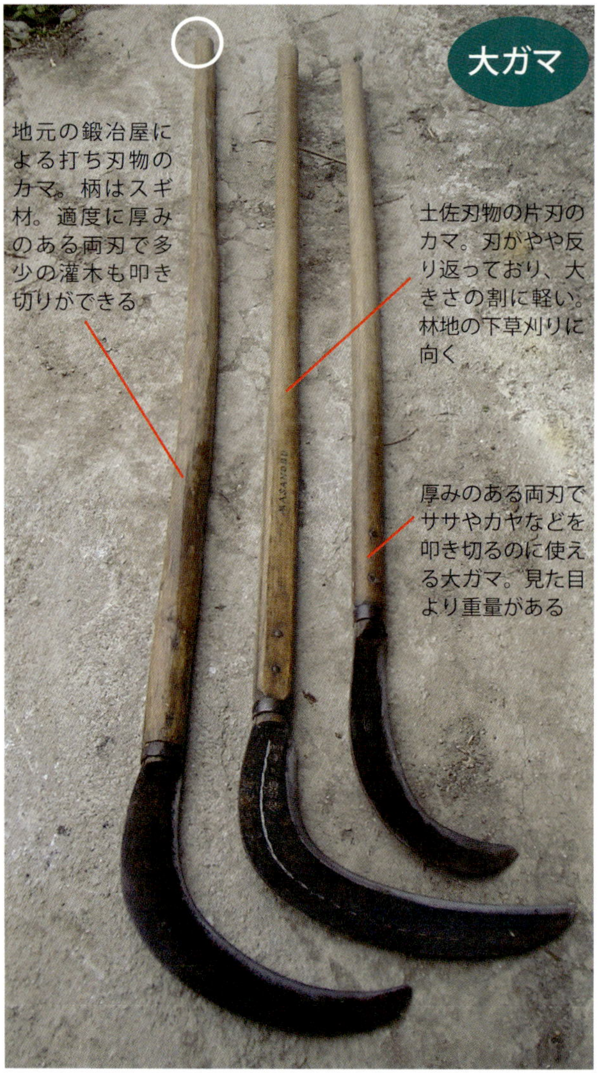
大ガマ
地元の鍛冶屋による打ち刃物のカマ。柄はスギ材。適度に厚みのある両刃で多少の灌木も叩き切りができる
土佐刃物の片刃のカマ。刃がやや反り返っており、大きさの割に軽い。林地の下草刈りに向く
厚みのある両刃でササやカヤなどを叩き切るのに使える大ガマ。見た目より重量がある

手打ち刃物がベスト

刃物はホームセンターで売っている量産品よりも、鍛冶屋による手打ちの刃物のほうが使いやすく、研ぎやすく、長持ちする（最近はホームセンターでも鍛冶手打ちを売っている所がある）。地元の人に聞いて野鍛冶を探してみよう。山間部の金物屋には山道具を置いている店も多い。ネットで購入することもできるが、刃物は実際手で持った感じがとても大切だ。

古道具・骨董屋、あるいはそのような店が出る市などがあったら覗いてみるのもよい。昔の刃物（とくに戦前）は鉄がいいので研げばまだまだ使えるし、驚く

カマ

写真上から、ホオノキ柄でとても軽いカマ。刃は薄く柔らかい草に向く。中、私が自分でカシの木で柄を継いだカマ。研ぎ過ぎて刃がチビている。刃はやや厚く、硬いカヤなども切れる。下、ねじりガマ。地面をひっ掻いて草を取るカマ

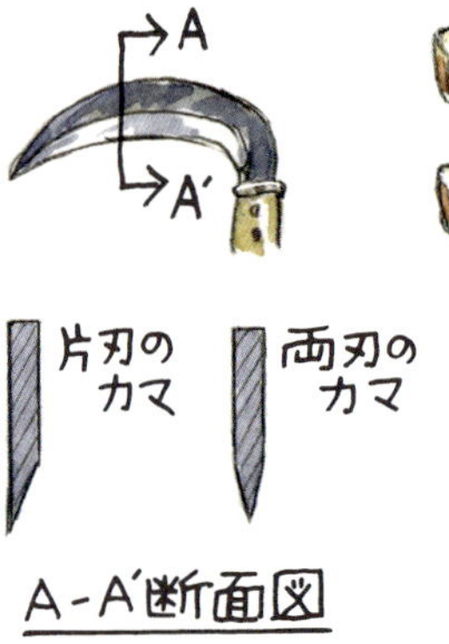
A
A'
片刃のカマ
両刃のカマ
A-A'断面図

突起

片刃の刃物は一方向の連続した動作に向く。両刃は左右から同じように切り込める。上はナタとカマが合体したようなナタガマと、突起付きのナタ（どちらもイタルさん所有）。地面にぶつけても刃が欠けない。ツル切りにも便利で、山村向きの道具

ほど安く手に入ることもある。私も薪割りオノ、トウグワ（唐鍬）、トビ（鳶口）、カマなど、古物を愛用しているものがたくさんある。自分で柄をつけかえれば手にピタッとするし、愛着もわく。

優れものの改良刃ノコ

チェーンソーがあると大きなノコギリは使わなくなり、枝打ちノコで十分事足りるようになる。小さな改良刃ノコは軽く、頑丈で、木工にも使えて、山暮らしにはなくてはならない道具である（替え刃で使い捨て仕様だが、ダイヤモンド粉のヤスリがあれば繰り返し、研いで使える）。

ノコギリ

写真上から、山仕事用の伐倒ノコ。柄に角度がついて引き切りに力が入る。中、改良刃の枝打ちノコ。あらゆる仕事に使える。下、枝打ちノコの目の細かいもの。木工にも便利

※日常で使用頻度が高いのは写真の白丸印のもの

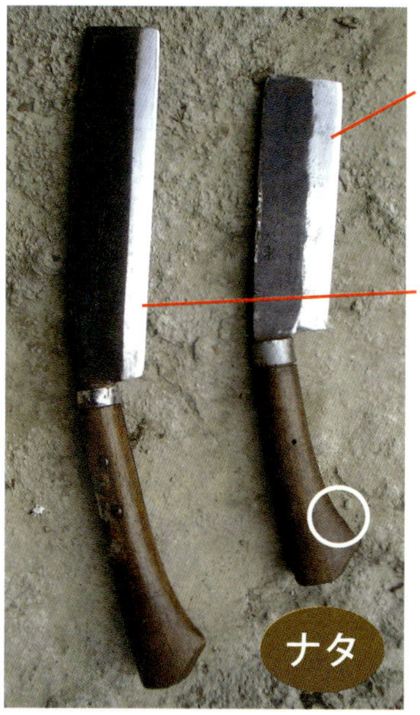
ナタ

両刃のナタ：左右どちらからでも切り込めるので細かい枝さばきに向くが、研ぎがやや難しい

片刃のナタ：研ぎやすいが、左から右へ振り下ろすとき深く切り込みにくい。重量があるので太い枝払いがしやすい

※ナタの背はハンマーで打つと軟鉄なのでへこんだり、柄がぐらついたりする。やらないほうがいい

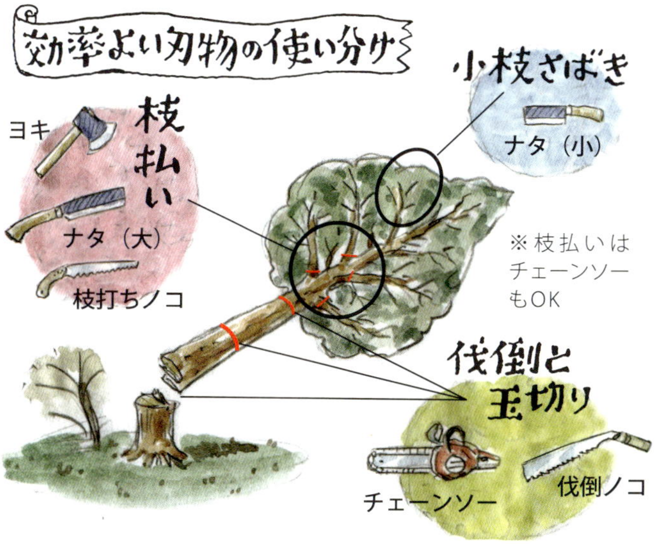
効率よい刃物の使い分け
小枝さばき
ナタ（小）
枝払い
ヨキ
ナタ（大）
枝打ちノコ
※枝払いはチェーンソーもOK
伐倒と玉切り
チェーンソー
伐倒ノコ

ヨキ・オノ

ヨキ：木を横方向からも伐れるようにオノよりも刃が鋭く、裏側でハンマーがわりにクサビなどを打てることから、古くから杣人（そまびと）に使われている道具。オノと同じに縦割りもできるし、チョウナがわりに丸太をはつるのにも使える。商品名「吉野斧」（西山商会 http://www.nishiyama-shokai.com/）

オノ：木を縦に割る道具。頭がくびれているので同じ重量でも刃長があり、ヨキよりも刃は厚い。薪割りに向く。刃と柄のズレがあるので、頭を打ちながらクサビがわりに木割りはしないほうがいい

山村ではヨキやカマをベルトの後ろに差す人が多い（あまりオススメできないが…）

2 刃の研ぎ方、メンテナンス

カマ・ナタの研ぎ方

毎日のようにナタ・カマを使う山暮らしでは、刃物の研ぎはとても大切だ。研ぎには砥石を固定して刃物を動かす場合と、刃物を固定して砥石を動かす場合の二通りがある。砥石よりも研ぐ本体が大きいカマやナタは、後者でやる場合がほとんどだ。砥石を一定の角度で動かすことが重要で、ブレると丸っ刃（切れ刃の断面が曲面状態）になって切れない。

刃が欠けたときはもちろんだが、ふつうの場合でも荒砥石でサッと研いでから、中砥石をかけたほうが早く仕上がり、砥石の減りも少ない。包丁やカンナ（鉋）とちがって、野作業の道具は仕上げ砥石の必要はないが、もし仕上げ砥石をかければさらに切れるようになる。

切れなくなったら研ぐ。刃の先端を眺めてキラリと白い筋（刃先が鈍くなると白く反射する）が見えたら研ぐ。研げたかどうかは親指の腹で刃先をなぞって確かめる。作業から上がったときに研いでおき、いつでも切れ味のいいものをすぐに使えるようにしたい。

砥石の扱い方

砥石は使う前に十分水を吸わせておく。荒砥石は品質にさほど差がないが、中砥石は種類（人造・自然石）、製造元によって研ぎ味がちがい、刃物と砥石の質による相性があるので、何種類か試してみたほうがいい。

草刈りのシーズン中は毎日のように砥石にお世話になるので、外の水場に置きっぱなしでもいいが、冬期は室内で保管したほうがよい。凍結で砥石が割れることがあるからだ。

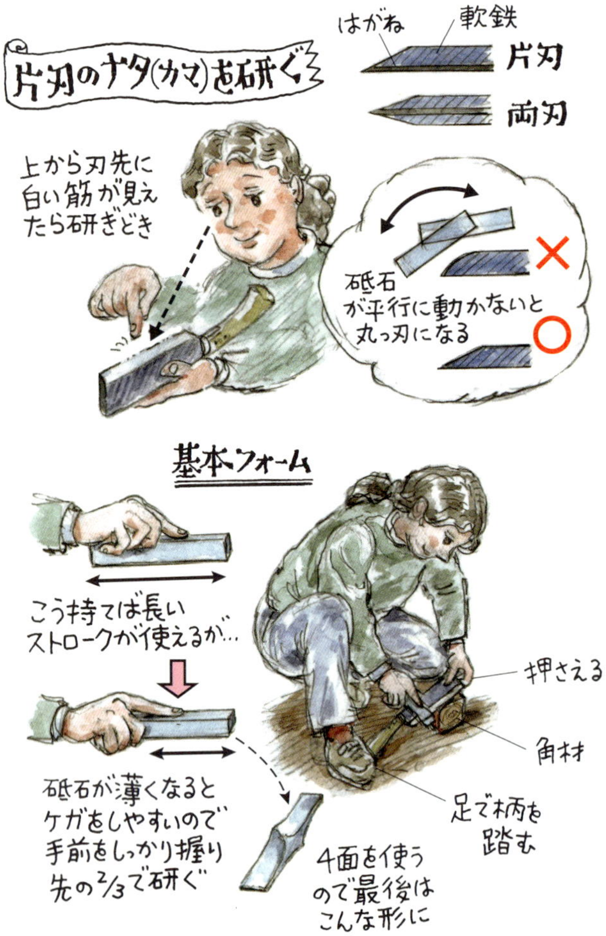

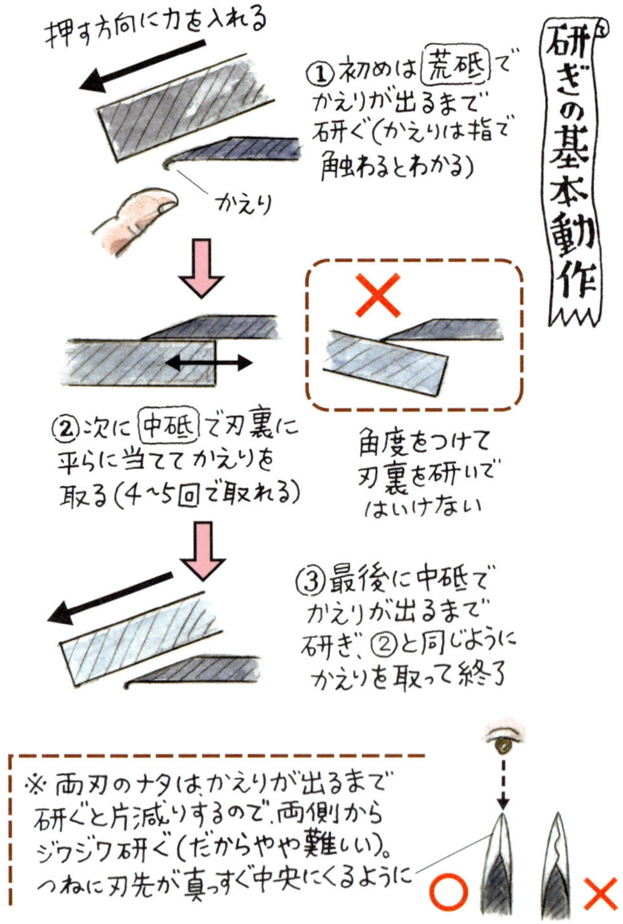

中砥石。左右から使うとこのようにプロペラ状になる

仕上げ砥石を木にはめ込み取っ手付きで使う。割れた砥石の利用

砥石の種類

荒砥石

中砥石と荒砥石が背中合わせにくっついているタイプ。作業に持ち運ぶとき便利

▼流しでカマを研ぐ

外の流しでカマを研ぐときは、シンクの角に刃を押さえるように置けばぐらつかない

大ガマの研ぎ方
表
裏
表側の刃の部分を研ぐのが基本
裏側はかえりを取ったりサビを落とす程度
通常は中砥を主に使う。刃が丸くなりすぎたり、刃こぼれしたら荒砥から研ぎ始める
荒砥
中砥
あぶくが止まるまで水につけておくこと
用意するもの
バケツに水
角材
MASA NOBU
手の動き
指を前に出してストッパーにするとケガが防げる
左手を刃に当てがい、右手で砥石を押し付けるように研いでいく
長時間刈るときは現地に水と砥石を持っていく
基本フォーム
ボロ布をヒモで巻いて刃をカバーして携行する
かかとで柄を踏む
角材に載せる
足で柄を挟む
現地で研ぐ方法

ノコギリの目立て

ノコギリの目立てはヤスリ（鑢）で行なうが、刃物の研ぎより手間がかかり難しい。それでも山仕事用のノコは目が粗いので、素人でも十分可能である。枝打ちノコは「替え刃」で使い捨てにするのが一般的だが、ダイヤモンドの粉末のついたヤスリなら目立てができ、繰り返し使える。

刃を固定し、ヤスリを一定の角度で動かすことが重要なのは研ぎと同じ。もう一つ大事なのは、根元から先端まで、刃先が凹凸がなく揃っていること。全部の刃先がきれいに研がれていても、これが守られていないとノコは切れない。「もっとも小さく削ってしまった刃に、すべての刃（左右とも）の高さを合わせる」という作業も必要になる。かえりは取らなくていい。

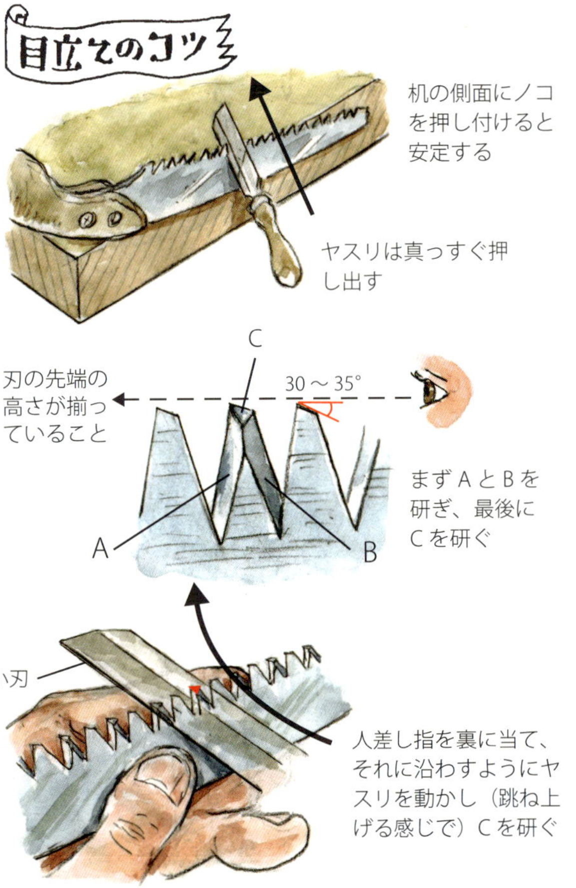
目立てのコツ
机の側面にノコを押し付けると安定する
ヤスリは真っすぐ押し出す
C
刃の先端の高さが揃っていること
30～35°
まずAとBを研ぎ、最後にCを研ぐ
A
B
小刃
人差し指を裏に当て、それに沿わすようにヤスリを動かし（跳ね上げる感じで）Cを研ぐ

※ヤスリの小刃は砥石で殺しておくと隣の刃を傷つけない

アサリを出す

ノコギリは左右の刃が外に開いており、オガクズを掻き出しながら、刃が挟まれず切り続けられるようになっている。これを「アサリ」という。

ノコ刃を研ぎ続けると刃先が短くなり、結果的にアサリが狭くなるので、それを開く必要がある。現在の改良刃・枝打ちノコは、刃の厚みの差がアサリになっているので必要がないが、伐倒用のノコを研ぎ進んだときはアサリを調整する必要がある。

左右に同じ幅が出るように、ノコの刃の根元を金床に当てがい、先の尖った金槌（タイルハンマーなどをグラインダーで調整して利用）で打って出していく（下図）。均等に開くように同じ加減で片面ずつ叩き、その後に目立てをする。

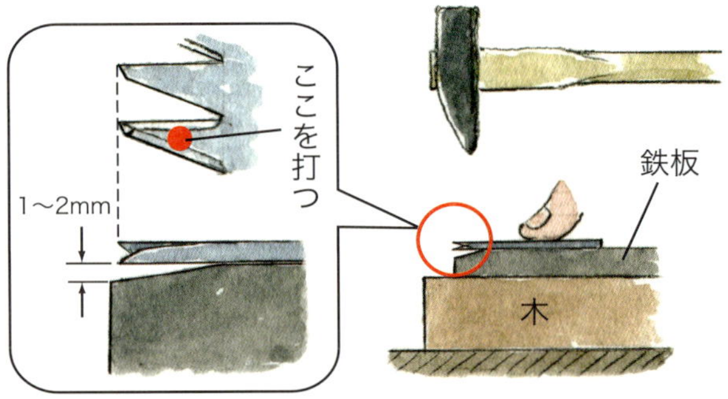
ここを打つ
1～2mm
鉄板
木

▲ アサリの出し方　厚めの鉄板の角を1～2mmほどグラインダーで削り、太い角材に載せれば金床がわりになる（上図）。左右のアサリの出を同じにしないと切れ曲がるノコになるので注意

手先の器用な人ならバイスなどに固定しなくてもこのような体勢でノコを目立てすることができるだろう

3 手道具の柄を継《つ》ぐ

身近な材で柄をつくる

一般にナタやヨキ、オノの柄にはカシが、カマの柄には軽いホオノキなどが使われ、ノコの柄には手が熱くならないようにキリが使われている。

私が暮らす地域では屋敷林（防風林）にシラカシが植えてあり、この枝がナタの柄などに使える。意外に虫が入りやすいので、秋期に伐って囲炉裏やカマドの煙の当たるところで何年か乾かして使うのが理想的だが、先人たちは薪の中から適当なものを見つけて継いでしまう。しかし作業中に柄が割れたり刃が抜けたりしたら危険だから、虫食いや割れのない材を選ぶ。私もイタルさんを真似てカマの柄を継いでみた。もう 4 夏シーズン使っているが、とても丈夫である。

スギの木の先端部は節だらけなので（生きている枝の）軽いわりに案外強い。強い衝撃がかかるナタやオノなどには向かないが、いろいろ使える。私の大ガマ、トビ、横オノは、このスギ材の柄を使っている。

柄を固定するには、スリットを入れて差し込みピンで止めるタイプ（ナタ、ノコ、カマ）と、穴に通してクサビで止めるタイプ（オノ、ゲンノウ、トビ）などがある。ピンには廃材から抜いたスクリュー釘の先を研ぎ直して使える。クサビは金属のものが市販されているが、空きが大きいときはカシを削って使っている。破損した柄をとっておき、それでクサビをつくることもできる。完璧さを目指すのでなく、あるものでしのぎながら経験を積むのも、山暮らしのコツ。

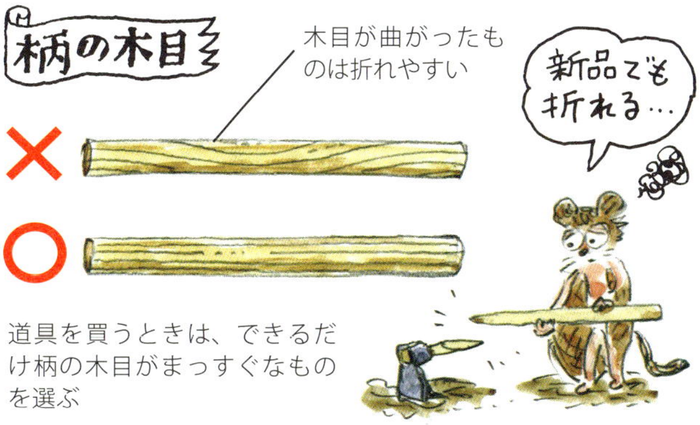

柄の木目
木目が曲がったものは折れやすい
×
○
新品でも折れる…
道具を買うときは、できるだけ柄の木目がまっすぐなものを選ぶ

▼カマの柄を継ぐ（ピンで止める）

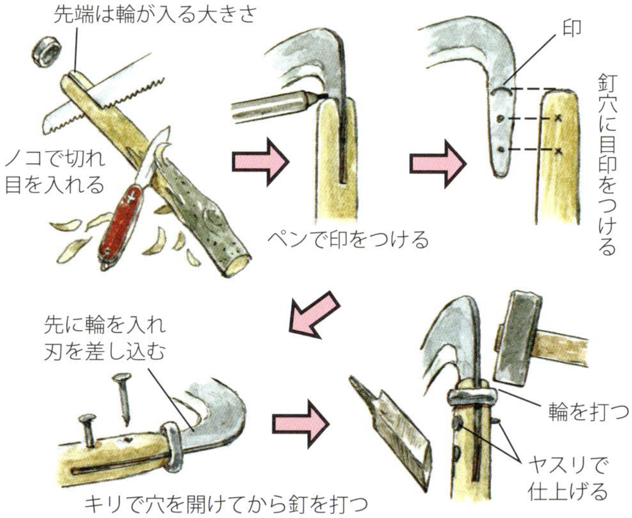

先端は輪が入る大きさ
ノコで切れ目を入れる
ペンで印をつける
印
釘穴に目印をつける
先に輪を入れ刃を差し込む
キリで穴を開けてから釘を打つ
輪を打つ
ヤスリで仕上げる

クワの柄を継ぐ（クサビで止める）▶
床下に転がっていた刃先のチビた二本グワが、まだ使えそうなので柄を入れた。穴に合う太さの柄がなかったので、スギ材に大きめのカシのクサビを入れて継ぐ。柄もクサビも、入れる前にカナヅチで“木殺し”をする（叩いて締める）

スギ
シラカシ

4 チェーンソー ── その構造

チェーンソーを選ぶ

チェーンソーは手オノや手ノコの 100 倍の効率を持つといわれている。それだけに、危険度も高く、内部構造や刃の研ぎを熟知する必要がある。最初に買うなら、信頼できるメーカーの中小型機で、振動防止機能のついている機種をおすすめする。

エンジン

チェーンソーは 2 サイクルエンジンが使われている。このエンジンは吸気・圧縮・爆発・排気の 4 つの動作を 2 回でやってしまうという、せわしいエンジンである。4 サイクルエンジンのように潤滑エンジンオイルを入れる部分がなく、燃料にエンジンオイルを混ぜて潤滑剤とする。それだけに小さな高速エンジンが作れるわけだが、排気ガスは臭いが強く、エンジンへのゴミの混入などデリケートな側面をもつ。

吸気のゴミ対策にはエアフィルターが、燃料のゴミ対策には燃料タンク内にストレーナーがついている。どちらも大変細かい網でゴミの侵入を防ぎ、所有者が自分で掃除できるようになっている。

チェーンとガイドバー

刃はむき出しで回転するので、あらゆる道具のうちでもっとも危険なものといえる。刃は丸ヤスリで研げるようになっている。チェーンソーを所有するならこの刃研ぎは必ずマスターする必要がある。切れない刃は振動が大きく、疲労し、エンジンにも負担をかける。オガクズが粉になり、エアフィルターや燃料のストレーナーを詰まらせた

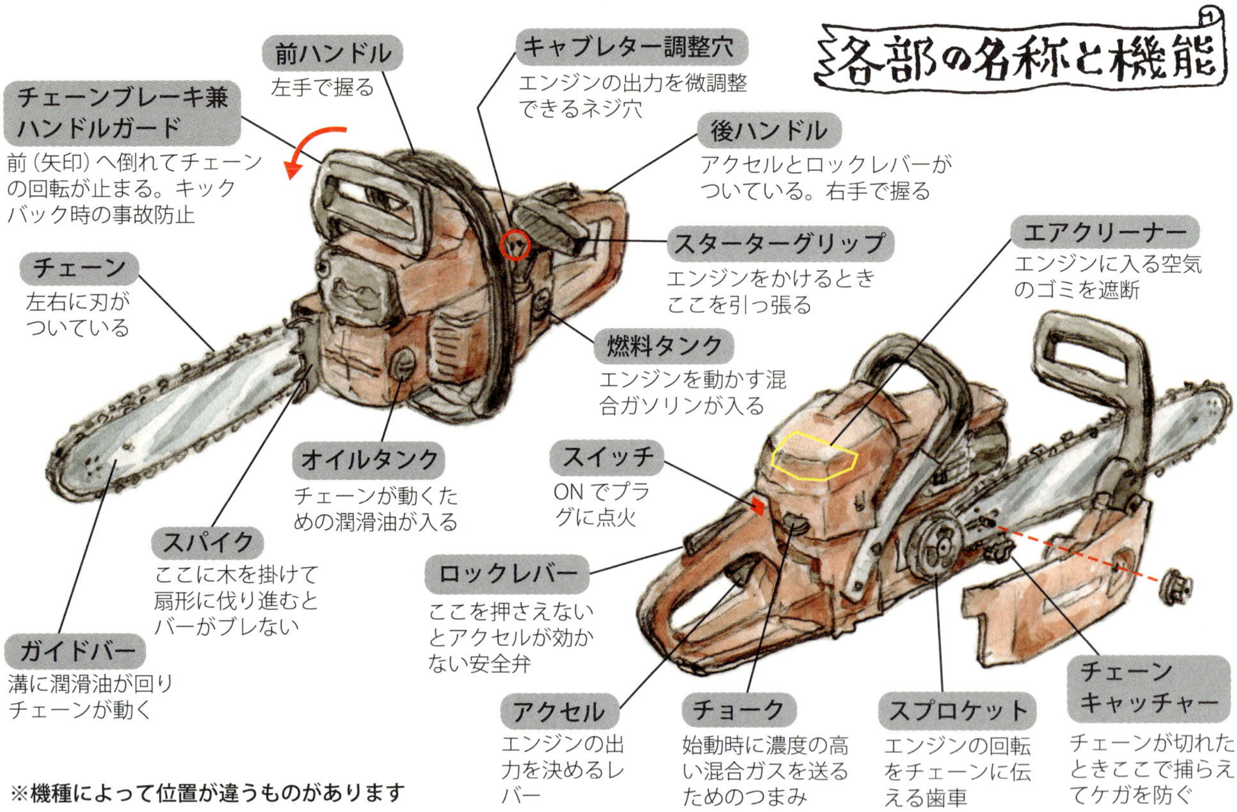
各部の名称と機能
前ハンドル
左手で握る
チェーンブレーキ兼ハンドルガード
前（矢印）へ倒れてチェーンの回転が止まる。キックバック時の事故防止
チェーン
左右に刃がついている
キャブレター調整穴
エンジンの出力を微調整できるネジ穴
後ハンドル
アクセルとロックレバーがついている。右手で握る
スターターグリップ
エンジンをかけるときここを引っ張る
燃料タンク
エンジンを動かす混合ガソリンが入る
エアクリーナー
エンジンに入る空気のゴミを遮断
オイルタンク
チェーンが動くための潤滑油が入る
スイッチ
ON でプラグに点火
スパイク
ここに木を掛けて扇形に伐り進むとバーがブレない
ロックレバー
ここを押さえないとアクセルが効かない安全弁
ガイドバー
溝に潤滑油が回りチェーンが動く
アクセル
エンジンの出力を決めるレバー
チョーク
始動時に濃度の高い混合ガスを送るためのつまみ
スプロケット
エンジンの回転をチェーンに伝える歯車
チェーンキャッチャー
チェーンが切れたときここで捕らえてケガを防ぐ
※機種によって位置が違うものがあります

りする。チェーンソーの故障の９割は「目立て」の不備が原因といわれている。

チェーンソーの刃はつねにオイルが潤滑していないとガイドバーとチェーンがうまく滑らないし、作業中にチェーンのリベットが焼き付いてしまう。そのために燃料タンクのほかにチェーンオイルを入れるタンクがついており、回転によってバーの溝をオイルが潤滑する構造になっている。これは木を削っている間に飛び散って消費される。使用後はオイルまみれのオガクズが内部に付くので、スプロケットの周りと（カバーを外して）、バーの溝はつねに掃除する必要がある。

燃料とオイル

チェーンソーを動かすには「混合ガソリン」と「チェーンオイル」の２種類が必要で、混合ガソリンは「ガソリン」と「エンジンオイル」を混合して作り、燃料タンクに入れる。「チェーンオイル」は購入してきたものをそのまま、オイルタンクに入れる。

どの機種も、混合ガソリン燃料タンクが空になると、チェーンオイルのタンクも空になるように設計されているが、チェーンオイルは満タンにし、燃料はタンクの満タンよりもやや少なめに入れておくと安心。

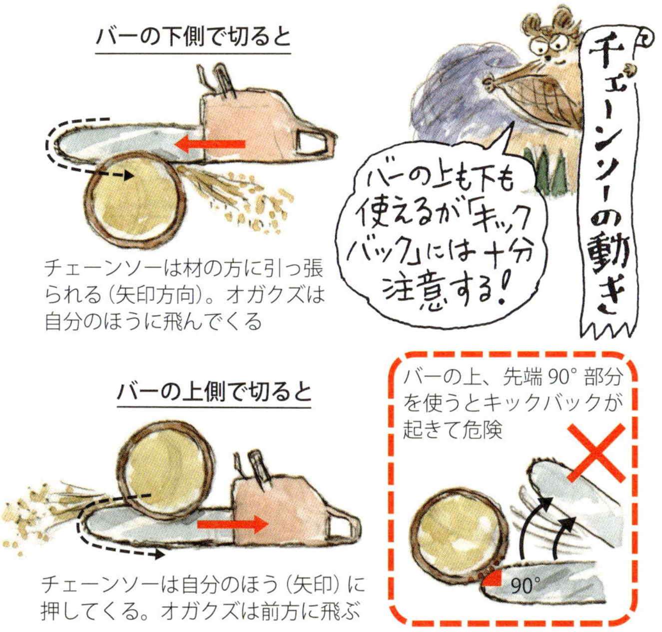

※キックバック＝バーが突然跳ね上がり、顔に向かってくる現象

◀**混合ガソリンをつくる専用のポリ容器**　目盛り通りに入れてフタをしてひっくり返すと混ざるようになっている。50:1 の目盛りはないので 25:1 の半量入ればよい

ホームセンターや専門店ではすでに混合された「混合ガソリン」が売られているが、自分で作るほうが安くできる。ガソリンに少量のエンジンオイルを混ぜ、軽くシャッフルする。「ガソリン」と「エンジンオイル」の混合比率は 25:1 のオイルと、さらに高性能の 50:1 のオイルがある。この混合比を正確に合わせる専用のボトル（写真上）も売られていて便利である。

ガソリンは専用の金属ボトルを持ってスタンドでレギュラーもしくはハイオクを購入すればよく、混合用のエンジンオイルはホームセンター等で販売している。ガソリン類に火気は厳禁である。焚き火の近くで混合や給油は絶対にしないこと。

混合ガソリンは長期保存すると劣化する。２ヶ月以内に使い切るのが理想的だが、使い切れず残った場合は、エアフィルターや燃料ストレーナーの洗浄用に保存しておくとよい。保管は冷暗所にしないと直射日光等で揮発し、缶が膨れたりして危険だ。

「チェーンオイル」は単なる潤滑油なので、自動車のエンジンオイルでも代用できないことはない（ただし廃油は不可）。分解性の早い植物性のオイルも市販されている。

◀**燃料専用の保存容器**　写真左、混合ガソリンとオイル用の２つがセットのもの。右、携行に便利な小さな金属容器。燃料入れにペットボトルは不可

5 チェーンソー —— 目立てとメンテナンス

安全に効率よく使うには

チェーンソーは木工用の電動ノコとちがって野外で荒く使うために刃先が摩耗しやすい。切れないチェーンソーは作業効率が落ちるだけでなく、ガソリンとオイルを必要以上に消費し、摩擦熱で刃自体を傷める。

またチェーンソーは切りながら大量のオガクズを出す。これがガイドバーのオイル供給の溝やエアクリーナーをふさいだりしてトラブルの原因になる。

チェーンソーを正しく使うには、刃の目立てをしっかりやること。そしてオガクズによって汚れる部分の掃除を確実にやること、この二つが大切だ。まずもっとも重要な目立てを学ぼう。

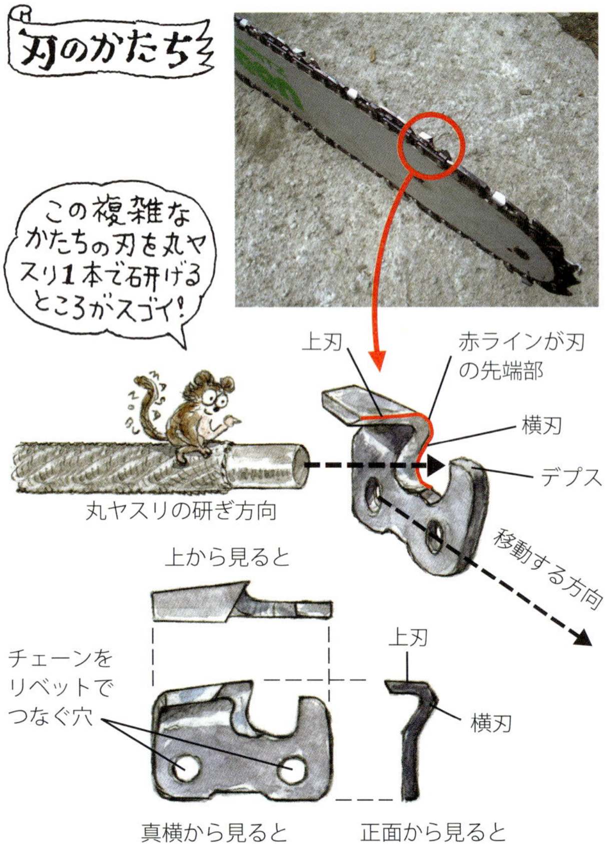

刃のかたち
この複雑なかたちの刃を丸ヤスリ1本で研げるところがスゴイ!
上刃
赤ラインが刃の先端部
横刃
デプス
丸ヤスリの研ぎ方向
移動する方向
上から見ると
チェーンをリベットでつなぐ穴
上刃
横刃
真横から見ると
正面から見ると

※このかたちの左右対称の刃が、交互に連結する

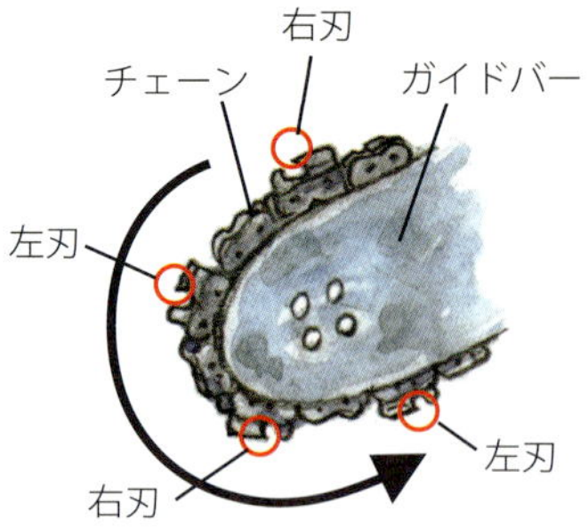

右刃
チェーン
ガイドバー
左刃
左刃
右刃

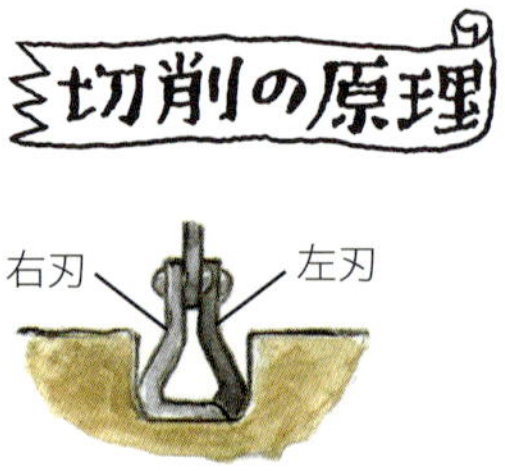

切削の原理
右刃
左刃

チェーンで連結された左右対称の刃が、木を削っていく

横刃はノコギリ、上刃はノミにたとえることができる

ポイントその1、刃のかたち

チェーンソーの刃はカギ型になっており、上側を上刃（トッププレート）、縦方向を横刃（サイドプレート）と呼ぶ。上刃と横刃はカーブを描きながら、とぎれずにつながっている。そしてこの刃が、左右対称にチェーン状に連結していて、ガイドバーの溝に沿って移動するわけである。

上刃は大工道具でいうとノミの役割をし、横刃はノコの役割をする、と考えると理解しやすい。

どちらが欠けてもチェーンソーは切れないが、現在チェーンソー主流となっているセミチゼル型の刃は、この両方が丸ヤスリ１本で研げる構造になっている。

とはいえ、その研ぎを正確に維持するためには、

1）丸ヤスリの角度を刃に対して一定に保つ（バーの直角方向に対して 35°、次ページ図）

2）上刃に対して水平に動かす

3）丸ヤスリ断面の上 1/5 がつねに刃の上に出るように研ぐ

という動きや高さを維持することが条件になる。

１)を守れないと上刃が丸くなってしまう。上刃が真っすぐ揃っていることは切れるための絶対条件である。

２）の水平が保てないと横刃の角度が狂ってくる。深

く研ぎすぎるのを「フック」といい、浅すぎるのを「バックスロープ」という。フックは上刃だけで木をかきむしる感じになり、振動も大きく機械にも肉体にも負担をかける。「バックスロープ」は逆にスリップして熱を持ち、切れ味が悪く、細かい粉のようなオガクズが出る。これがエアフィルターを詰まらせ、燃料・オイルタンクに入りやすく、燃料やオイルの通路を塞いだりして、さまざまな故障の原因になる。3）を守ることで上刃・横刃ともに一定の理想的な切削角がつく。

角度やヤスリの出を一定に保てる目立て専用のキットが各メーカーから売られているので、最初はそれを使うのもよいが、応用がきかないし、基本的な原理と研ぎの感覚を覚えておくことはとても重要だ。

ポイントその２、刃の組み合わせ

一つひとつの刃が正確なかたちに研がれていても、それだけではチェーンソーは切れない。実はここから先を理解していない人がとても多い。

チェーンソーのＬ型の刃は、刃の長手方向にそれぞれ「逃げ角」という「テーパー」がついている（これは、刃がうまく木に食い込むようにつけられている）。左カッター・右カッター両方の刃がすべて同じ長さの研ぎ具合になることで、テーパーの高さが揃い、アサリが一定になる。これが不揃いだと、すべての刃が研げていても、切れるチェーンソーにならないのだ。

これを修正するには、上から見ていちばん小さな刃のサイズに、左右すべての刃を合わせるようにするしかない（刃として切れるように研ぎ上がっていたとしても、さらに研いで刃長を小さくする）。

たとえば、こういう方法も有効だ。研ぎ始めるときに、チェーンをまわして全体の刃を見て、もっとも研ぎが必要な、先が丸くなった刃を探す（刃先の角に白く光る筋が見える）。その一本を完全に研ぎ上げるヤスリの往復回数を覚えておく。その回数をほかの左右すべての刃に与える。

この調整の苦労を知ると、石などに当ててチェーンソーの刃を欠いてしまうことが、いかに大変なことかわかるだろう。欠けた数本の刃のために、全部の刃を短くしなければならないのだ。後の刃の修正に一時間かかるなら、現場で一時間かけて石を確実に避ける処置をしたほうがずっとよい。

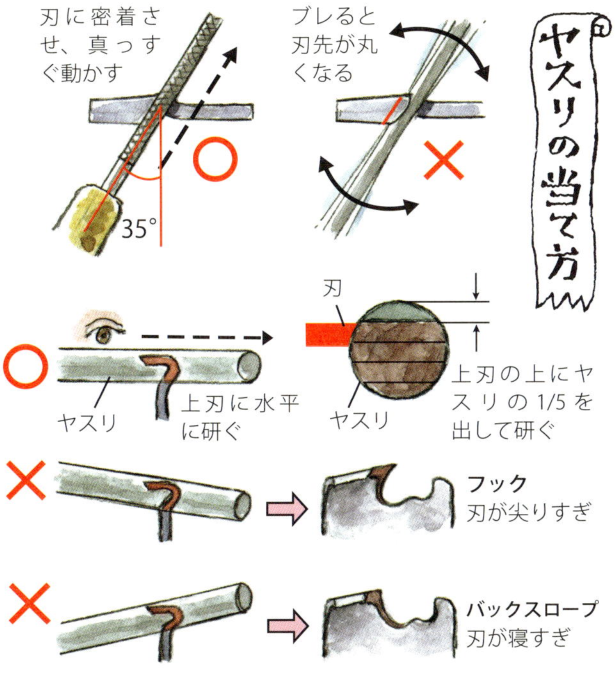

※理想は直角よりやや尖っているという感じ

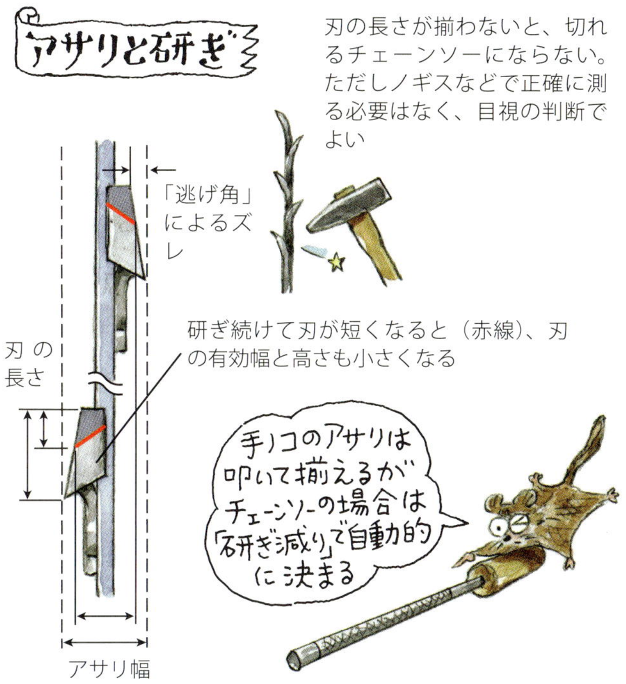

ポイントその3、デプスの高さ調整

さらにもう一つ、重要な構造がある。チェーンソーの刃の手前にはデプスと呼ばれる突起が出ている。大工道具でいえばカンナの「台」にあたる部分で、このデプスの高さと刃の高さの差が、木が切れる深さになる。デプスが出過ぎていては、カンナの刃が台から引っ込み過ぎているのと同じで、どんなに刃を研いでも木は切れない。また逆になると刃に負担がかかりすぎて、引っかかって振動が強くなる。理想的な差は0.6～0.65mmで、これは専用のデプスゲージを利用して、その出っ張り部分だけを平ヤスリで削るようにする。さらに先端のカドを少し丸めてやる。これも、最初のデプスをヤスリですり下ろした回数を覚えておき、全部のデプスに同じ回数をかけてやれば、いちいちゲージで測る手間が省ける。

新品購入時にはおおよそ調整されているが、新品でも刃を研いで初めてその本当の切れ味が出るので、デプスゲージで突起の出方を調べたほうがよい。デプスは毎回削る必要はなく、刃研ぎ3～4回につき1回くらいの割合で見ればよいだろう。多くの人はデプスを研ぎすぎる傾向にあるので注意する。

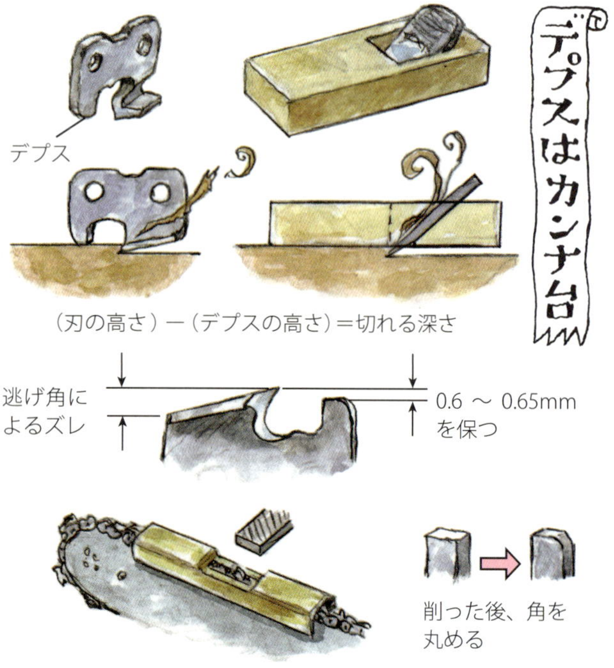
デプス
デプスはカンナ台
（刃の高さ）－（デプスの高さ）＝切れる深さ
逃げ角によるズレ
0.6 ～ 0.65mm を保つ
削った後、角を丸める

デプスゲージで高さを確認し、飛び出した分をヤスリで落とす。ゲージを外してからヤスリをかけること

バーをしっかり固定する

さて、「刃のかたち」「刃の組み合わせ」「デプスの高さ調整」、この三つどれ一つ外してもチェーンソーはうまく切れない。そして、この研ぎを実現するには、「刃物の研ぎ」のページに書いたように、刃を固定し砥石（ヤスリ）を一定方向に正確に動かすことが重要で、これはチェーンソーもまったく同じである。が、チェーンソーは研ぎにくいかたちをしているうえにチェーンが動くので、工夫が必要だ。また、左右の刃をまったく同じように研ぐのは難しいものである。

まず小さなクランプでバーを固定するか、切り株や丸太にチェーンソーで切れ目を入れ、そこにバーを差し込んで固定しよう。バーとのすき間には小枝や木のクサビを差し込み、チェーンがぐらつかないように緊張させる。

左右を均等に研ぐ

まず左カッターの刃を全部研ぐ。一つひとつ刃を送

▼バーをクランプで固定する

小さなクランプでバーを固定すると、チェーンを回しながら研ぐことができて便利だ。バーが傷つかないように板片を当てる

小枝を挟む
クランプ

丸太の割れ目にクランプをはめている。ノコで溝をつくってもいい

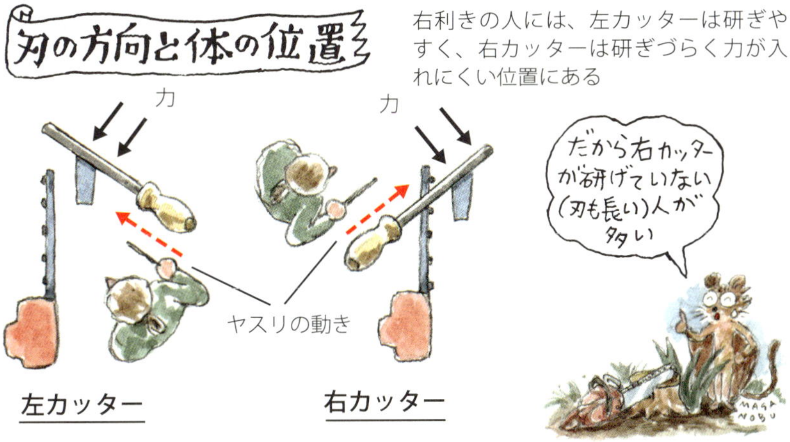
刃の方向と体の位置
力
力
ヤスリの動き
左カッター
右カッター
だから右カッターが研げていない(刃も長い)人が多い
MASANOBU
右利きの人には、左カッターは研ぎやすく、右カッターは研ぎづらく力が入れにくい位置にある

▼ヤスリの柄を自作する

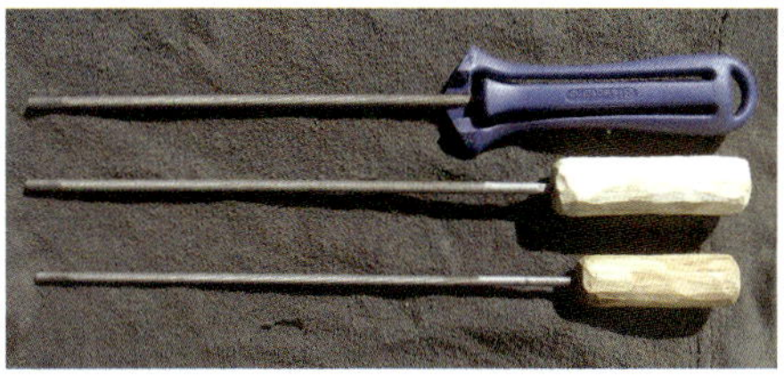

ヤスリの柄は市販のものもあるが、小枝で短いものをつくったほうが研ぎやすい

りながら研ぐよりも、体のほうを移動させて研げる範囲を研いでから（刃3個分くらい）、チェーンを大きく回して新たな刃を研ぎ始めたほうが早い。回すときは差し込んでおいた小枝を一度取らねばならない。研いだ刃はキラキラ光っているので、どこが始点でどこが終点か、わかると思うが、最初は油性のマジックペンなどで研ぎ開始の刃に印をつけてもいい。

次いで、右カッターの刃を研ぐ。右利きの人は、この右カッターは研ぎづらい。チェーンソーのボディが邪魔になるうえ、力を与えにくい側になるからだ。クランプで挟んだ場合は刃の位置が高いのでそれほどではないが、切り株に切れ目を入れて固定したような場合は、最初に左カッターが研ぎやすい位置（切り株なら上から見てセンターより右より）に入れておき、右カッターを研ぐときは一度チェーンソーを引っこ抜いて方向を変えて差し込み、研ぐとラクだ。

▼一般的なヤスリのもち方

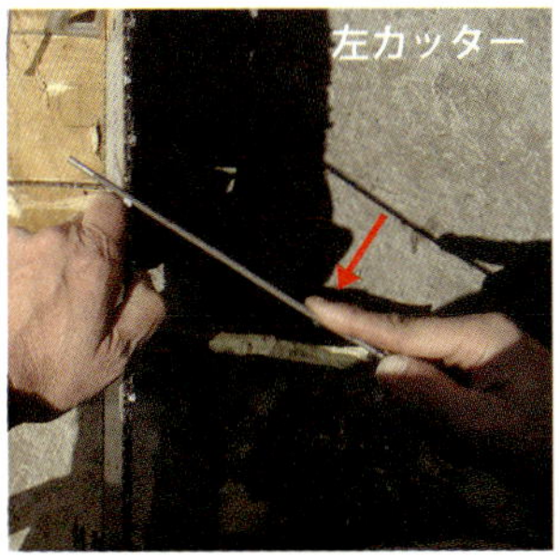
左カッター

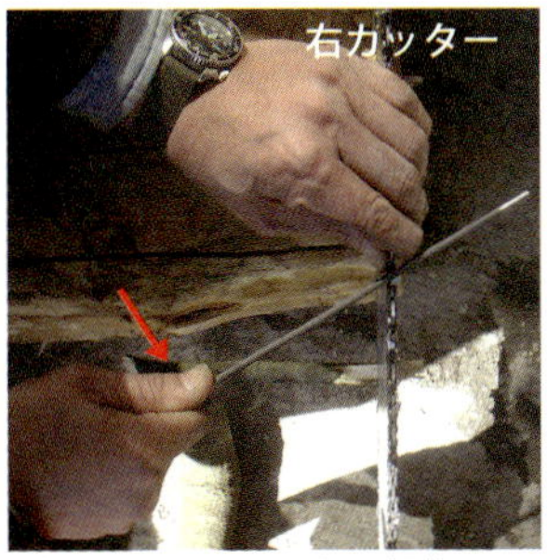
右カッター

左カッターのときは人差し指で、右カッターのときは親指で刃に押しをかける

ヤスリのあて方

ヤスリは、右手の人差し指や親指の先を掛けるようにして刃に密着させ、押し出す。押すときだけ力をかけ、引くときは力を抜く。ヤスリがどうしてもブレるようなら、ヤスリの先端に左手を添えて、両手で研いでもいい。

右、左の研ぎで共通するのは、ヤスリと腕・肘のラインを一直線に保ち、脇をしめた状態で肘を押し出す感じで研ぐことである。それにはヤスリを右、左とも手の甲を下に向けて持つのがよく（下写真）、ヤスリの柄は短いほうがいい（柄の尻が手の平に収まる短さ

▼ヤスリがブレにくいもち方（手の甲が下向き）

左カッター

右カッター

手の甲を下にすると脇がしまり一直線に押し出すことができる。これは上写真のような柄が手の中にすっぽり入る形のヤスリでないとできないが、慣れると精度の高い研ぎができる。左カッターは親指で、右カッターは人差し指をヤスリに引っ掛ける感じで押しをかける

が適当)。

ヤスリの種類

チェーンソーの刃のサイズによってヤスリの径は指定されているので、それを使う。研ぎ進めてカッターの刃の長さが半分くらいに短くなると、最初に使っていた丸ヤスリでは断面の 1/5 よりも上に飛び出すようになり、切削角が鈍くなってくる。標準で 4.8mm の丸ヤスリなら、その下の 3.9mm を使うようにするとよい。刃が小さくなっても、丸ヤスリの角度・水平・切削角はつねに一定でなければならない。

刃がチェーンオイルで濡れているようなら布で拭き取り、ヤスリにオイルはつけないようにしたい。駆動時に強く押し付けて木を切るとオイルが取れる。

ヤスリは必ず柄を付けて使う。木の柄を自分でつけて、手のひらに入るように短く柄尻を切る。広葉樹の枝などをけずって、電動ドリルで穴を開けて押し込めば簡単につくれる。ヤスリは消耗品と考えつねに切れるヤスリを使うこと。ヤスリは1本1本カバーをして、金属類などとこすれ合わないように携帯する。

使用後のメンテナンス

内部のゴミ……チェーンソーは構造上、オガクズが

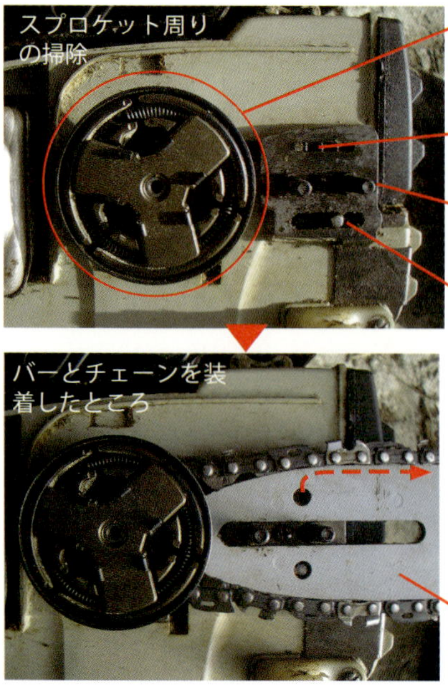
スプロケット周りの掃除
オガクズがたまりやすいスプロケット周り
チェーンオイルの出口
バーとカバーを止めるボルト部
チェーンの張りを調整する突起
バーとチェーンを装着したところ
チェーンオイルはバーの穴から小さなトンネルを通ってバーの溝に運ばれていく
バーは裏表を交互に使うと減りが均一になる

▼エアフィルターと空気の流路

エンジンに向かう空気の流路やエアフィルターの形状は、機種によってがちがう。それを把握し、掃除できるようにしておく

本体のスプロケット（歯車）周辺に溜まりやすい。仕事を終えたらクラッチカバーを外してゴミ掃除をする。油を吸ったオガクズはエアコンプレッサーで吹き飛ばすのが一番だが、なければ使い古しの歯ブラシや竹べら、ボロ布などでふきとる。

バーとチェーン……細い板べらなどでバーの溝や穴のゴミも取る。ここはチェーンオイルの移動通路でもある。バーの減りを均一にするために定期的に裏返して使う。作業で石を当ててしまったようなときは、その日にチェーンをよく確認して、十分に研ぎ直すか亀裂など破損があればチェーンを交換する。

エアフィルター……毎回掃除する必要はないが、切れない刃で粉のようなオガクズを出したり、ホコリのひどい日に作業をしたりしているとフィルターが詰まる。カバーを外してフィルターについているゴミをブラシなどで取る。取りにくいときは、フィルターを外してぬるま湯に石けんを溶かして古歯ブラシできれいにし、よく乾かしてからつけ直す。オイルを含んだオガクズがこびりついたようなときは混合ガソリンで洗う（機種によっては不可の場合もあり）。

トラブルシューティング

エンジンの回転が上がらない。アイドリングが高い・低い。こんな場合はキャブレターのつまみを調整することで解決できる。購入時のマニュアルにその方法が掲載されているはずだ。この調整は慣れないと難しいので、最初は専門店に持ち込んでもいいが、なるべく自分でできるようになりたい。キャブレターの調整は、必ずエアクリーナーを清掃してから行なう。

エンジンがかからなかったり、運転中にエンジン停止したときのチェック箇所は、

1）燃料は入っているか？

2）プラグは点火しているか？

3）エンジンまで燃料が来ているか？

4）エアフィルターは詰まっていないか？

これが問題なければエンジン内部の焼き付けなどの破損が考えられる。専門店に持ち込んで修理してもらうしかない。

私はニホンミツバチの蜂胴（飼育用の人工巣箱）を作るために連続使用して、エンジンをダメにしてしまったことがある。そもそもチェーンソーを横倒しに保管していて、チェーンオイルがエアクリーナーを汚していたのだった。エンジン修理はお金がかかる。そうなる前に十分なメンテナンスを！

保管の方法

林業のプロではない私たちは、チェーンソーを使わない日が何週間も続くことがある。あらかじめ長期間使わないことがわかっているときは、タンクから燃料を全部抜いたうえで、エンジンを起動させてすっかりガソリンが抜けるまで回す（自然に停止）。最後に、シリンダーの空間がいちばん小さくなる位置までスターターを引いてピストンを動かし（引いているうちにグーッときつくなり、コクンと軽くなった位置）、乾燥した暗所に保管する。

燃料タンクとオイルタンクを間違えたら？

オイルタンクに燃料を誤って入れたら、それは吐き出してしまえば問題ないが、燃料タンクにチェーンオイルを誤って入れてしまったら問題である。

まず、すぐに逆さまにしてオイルを抜き、混合ガソリンでタンク内部を洗浄する。針金の先端をフック状にしてストレーナーを取り出し、混合ガソリンで洗う。吸引部に口を当てて思いっきり息を吹き、詰まったオイルを出して何度も洗浄する。

それでもう一度、新規にストレーナー、混合ガソリン、チェーンオイルを間違いのないようにセットし、エンジンを回してみよう。最初はかかりにくいのでプラグがかぶってしまうかもしれない。チョークを開けて何度も繰り返しエンジン回しにトライしていると、過度な燃料でプラグが濡れ、火花が飛ばなくなってしまう。これを「かぶる」という。そのときはいちどチョークをもどし、スイッチをオフにしてスターターを空引きして空気を送り、シリンダー内部のガソリンを気化させる。もしくはカバーを外してプラグを抜き、先端に風を当ててガソリンを乾かす。ライターであぶってもいいが、燃料やチェーンソー本体から離れたところでやること。

数回トライすれば始動するはずだ（おめでとう！）。ただし、誤ってオイルを入れたときにスターターを引いてクランクを回してしまったら、キャブレターの掃除が必要になる。それも自分でできないことはないが……経験がなければ専門店に持ち込むことになるだろう。

燃料タンクの中に入っているストレーナーを針金フックで取り出す。機種によって形はちがうが機能は同じ。微細な孔で燃料のゴミ侵入を防いでいる。まちがってチェーンオイルを入れるとここが詰まってしまう。ストレーナーの先端を外して吸引部に口を当て、思いっきり息を吹き、詰まったオイルをにじみ出して、混合ガソリンで何度も洗浄する

6 草刈りと木の伐採時期

草刈りのピークは初夏

植物は光合成で養分をつくり生長するので、もっとも勢いを増すのは、一年でいちばん日照時間の長い夏至（6月21日頃）の前後といえる。日本ではちょうどこの頃に梅雨が重なり、水分もとれるのでまさに「爆発する」といった形容が大げさではないほど、草木は旺盛な生長を見せる。

7月も後半になると草たちは「伸び切った」という感じになり、8月のお盆時期（8月中旬）をすぎると、生長はぐっとおさまり、そこから先は晩秋に向かってゆっくりと終息していく。

敷地を効率よく草刈りするには、時期を逃さず早め早めに手を打つことが肝要で、伸び切ってしまった草は茎が太く硬く、切りにくいだけでなく、かさもあり、後の処理も手間がかかる。

植林木の生長や萌芽更新を促すための下刈りも同じで、草が伸び切る前に終えてしまったほうがよい。梅雨時期から始めて、梅雨が終わるまでに下刈りは終えるようにする。

木と竹の伐り旬は秋

一方、木の伐採は「材として使う」という観点があるので、草刈りとはまったく異なる。忙しい現代では木の伐採も四季を問わず年中行なわれるようになった。しかし、山村の人は昔から「伐り旬」というものを厳格に守ってきた。日本では木はふつう、秋に伐るものだ。

木は冬の終わり頃から早くも水を吸い上げ、細胞が活動を始める。夏には木質本体よりも中の水分のほうが多いほど水を含んでいる。光合成によってでんぷんをつくり、木の皮の裏側（ここが生長する部分）に糖分がたっぷり含まれている。こんな時期に伐採すれば木が重いだけでなく、木に穴をあけて中で蛹になり、翌年の夏に出て成虫になるカミキリムシやキクイムシ類の餌食になる。木の皮から虫がわき、樹皮の下を食い荒らされるのだ。

夏のお盆を過ぎると木の生長は急速に弱まる。私たちの感覚よりも木の季節感は一歩早い。秋には水を吸い上げるのを止め、落葉樹は葉を落とし始める。この頃が、木の一番いい伐りどきである。緯度や高度によって若干の差があるので、伐り旬は土地の人に聞いてみるとよい。また、秋の新月に伐採したものは虫がつくことがなく材質も非常によくなるという。試してみる価値はあるだろう。

竹も、春や夏に伐ると虫が入るし、長持ちしない。

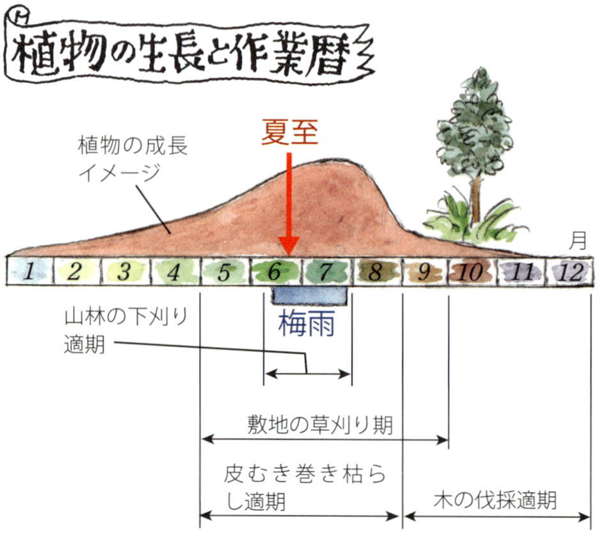

山の人はつねに伐り旬を考える。それが効率や安全にもつながるからだ。伐った竹を来年の畑の支柱用に切り裂くイタルさん。ちなみに竹は末（すえ／根とは逆の細い方）から刃物を入れ、写真のように手で裂いていくと、きれいに割れる

やはり伐り旬は秋である。霜が降りる直前までの１～２週間がいいともいわれている。

スギの葉枯らし材

木の中の水分が多く、芯材の水分が抜けにくいスギは「葉枯らし」という方法をとるといい。間伐などで伐採したとき、あえて枝払いをせず、生き枝（緑の葉のついた枝)を残しておく。葉はゆっくり枯れながら、芯の水分を抜いてくれる。翌年の春～初夏頃までそのまま山に放置して、枝払い玉切りをして集材する。

伐採木に皮をつけたまま放置しても、秋～翌春の間は害虫の活動がないので、材は虫食いから守られる。水分が抜けているので重量も軽くなっており集材もラクである。

この「秋伐り葉枯らし材」のスギは色つやもすばらしく、カンナをかけると芳香がする。人工乾燥の木(石油等のボイラーで熱を加えて強制的に水分を揮発させる）は、質感がパサパサで、赤身の色が褪めて鈍い色になっている。木の匂いも薄い。一方、秋伐り葉枯らし材はみずみずしいキメの細かい木肌で、赤身の色が爽やかに美しい。この材に雑巾がけをすると、ゆっくり退色しながら深い色つやを増していく。

全国にはこの「葉枯らし材」を銘木のように売りにしている企業もあるが、山に住んでいれば葉枯らしは難しい作業でもなんでもない。そしてその効果は小径材でも同じなのだ。

ヒノキの巻き枯らし材が使える

もう一つおすすめしたいのは、ヒノキ林の「巻き枯らし材」である。

ヒノキは枝を横に張りやすく、しかも枯れ枝が落ちにくいので、間伐をしないで放置しておくと密閉状態になり、お互いに支え合って立っているような線香林になってしまう（生き枝がごく少なく線香が林立しているような状態)。そのような林は下層植生もなくなって生態系としての自然度が低く、土砂崩壊をおこしやすい。かといっていきなり強度間伐をすると、支えがなくなり風雪害で折れやすい。それを解決する間伐手法が「巻き枯らし間伐」である。

皮をむくか、ナタやチェーンソー等で幹に輪状に傷を入れて、樹液の流れを止め枯らしてしまう。枯れると葉が落ちて枝が上を向くので空間ができ、間伐と同じ効果があるうえ、枯らした木が支えになって風雪害も防ぐ（詳しくは『図解　これならできる山づくり』鋸谷茂・大内正伸著／農文協　を参照)。

このように巻き枯らし間伐は、山の荒廃林を救う方法なのであるが、実はこの枯らしたほうの木が、材として使うことができる(ただし皮をむく方法に限られ、

秋伐り葉枯らし後､自然乾燥したスギ材（ヨキではつった厚板)。きめ細やかで美しい質感｡｡ 細い木でも葉枯らし材は価値がある。多くの人がこのスギ材の本当の美しさと芳香を知らない

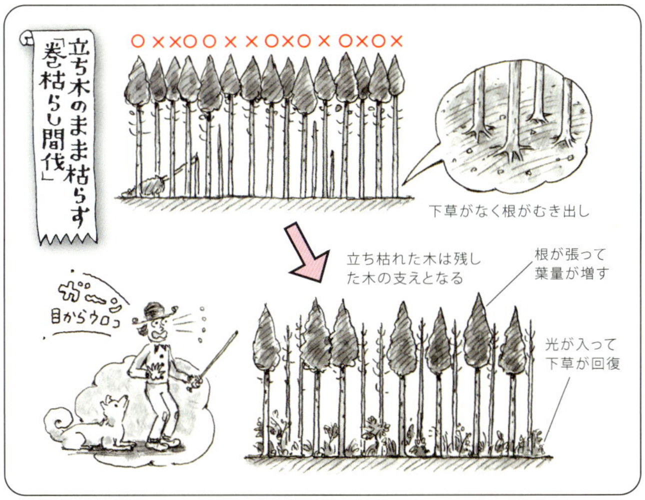

巻き枯らし間伐のイメージ。『図解　これならできる山づくり』43 ページより

▲ヒノキの巻き枯らし間伐　皮にぐるりとノコ目を入れ、縦にナタ目を入れてナタで皮をむいていく。皮の先をつかんで横に引っ張ると上まではがれていく。下のほうはバナナの皮むきの要領で根元まで。5～8月なら実に簡単に皮がむける

輪状に傷を入れるほうはできない)。

なお、巻き枯らしは、木が活発に水を吸い上げ養分が流動する春から夏にしかできないが、虫の活動期に間伐するにもかかわらず皮を剥いでいるため昆虫たちが産卵できず（カミキリムシ・キクイムシ等の穿孔害虫、ニホンバチ等は皮に産卵する習性をもつ）、虫食いから逃れることができる。伐った丸太を野外で保管したり、ログハウスをつくるときは、丸太の皮を剥ぐ。やはり同じ理由で虫食いを防げるからである。

私たちの山では薪にキイロトラカミキリがよくやってくるが、皮をむけば被害が少ない

立ち木のままの葉枯らし材

皮を剥いだ木は林内に２～３年以上置いて、十分乾燥させてから伐採する。水分が抜けているので軽くて運びやすいし、葉枯らしと同じ効果でこれまた色つやもすばらしく、割ったとたんにヒノキ特有の芳香がする。この方法は「立ち木のままの葉枯らし材」ともいえる。そういえば、「昔そんな施業をやっていた人がいた」という話を何人かの林家から聞いたことがある。古くからその効果は知られていたのだろう。

皮をむいて枯れて２年以上過ぎた巻き枯らし木は、割ればすぐに材や薪に使えるほど乾燥が進んでいる。丸太の乾燥が進むと芯割れが入るものだが、こちらは根っこで組織がつながっているので割れがみられない。

伐り方としては、風雪害を受けない程度に、残した周囲の木の枝の回復をみながら、枯らした木を順次伐倒して使っていく。

状態がよい山なら巻き枯らし間伐と伐採を繰り返してもよいし、優勢間伐（良木を抜き伐りする間伐）で巻き枯らし材を使うのも面白いだろう。

巻き枯らし３年後の立ち木を見上げてみる。すでに葉が枯れ落ちてできた空間に、隣接の木が枝を伸ばしている

巻き枯らしの効果で光が入り、林床には広葉樹も自然に生えてきた。皮をむいた箇所に穿孔害虫の虫穴はほとんどみられない

7 草刈りの実際

早朝から刈る

草は早朝から午前中が刈りやすい。草が水分を多く含んでいるのでいくぶん柔らかく、カマの刃が滑らずよく切れるからだ。気温もまだ上がらないので体力的にもラクだ。

梅雨時期にあたるので小雨の中でやらざるを得ないときもあるが、日中でも草が湿っているので刈りやすく、虫も少ないのでゴアテックスの雨具をつければかえって快適だったりする。ただし足下が滑りやすいのでスパイク足袋などを履く。

効率よく作業を進めるために

短い手ガマを使うときは、葉に添える左手を切るケガをしやすいので、私はどんなに暑くても左手だけは手袋をして刈ることにしている。

カマは刃の切れ味が落ちると効率がとたんに悪くなる。２時間以上草刈りするときは砥石と水を持参して作業途中に研ぎ直したほうがよい。

時節柄、刺す虫が多い。手ガマで地べたに近づいてじっくり刈るようなときは、蚊取り線香を腰に下げる。山の下草刈りではよくハチの恐怖が語られるが、手ガマで刈るとハチの巣に近づいたとき雰囲気で察することができる。ハチの巣を残してやるくらいの余裕を持ちたい。

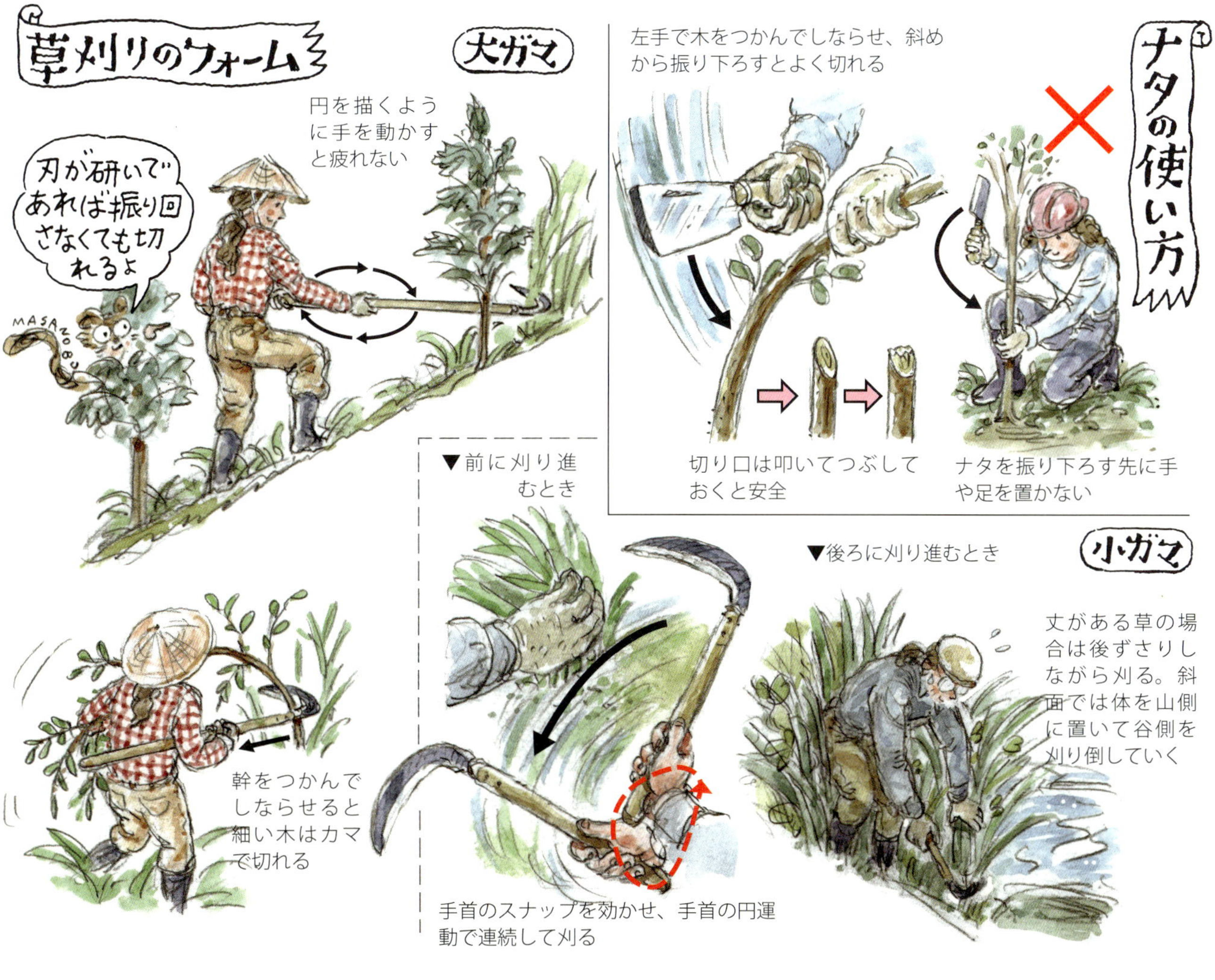
草刈りのフォーム
大ガマ
円を描くように手を動かすと疲れない
刃が研いであれば振り回さなくても切れるよ
MASANOBU
幹をつかんでしならせると細い木はカマで切れる
左手で木をつかんでしならせ、斜めから振り下ろすとよく切れる
ナタの使い方
切り口は叩いてつぶしておくと安全
ナタを振り下ろす先に手や足を置かない
▼前に刈り進むとき
手首のスナップを効かせ、手首の円運動で連続して刈る
▼後ろに刈り進むとき
小ガマ
丈がある草の場合は後ずさりしながら刈る。斜面では体を山側に置いて谷側を刈り倒していく

8 伐採の実際

掛かり木と重心、受け口の関係

生の木は水を含んで重く、胸高直径が 10cm ほどの木でも、倒し方を間違えれば大けがや死亡事故につながる。伐採は自然が相手なので太さや木の癖、天候など同じ条件はない。次の２つを肝に銘じよう。

1）危険を避けるために体を置く場所を最初に考える
2）伐採の要点は「力学」を読むこと、これにつきる

基本を守って、確実に狙った場所へ倒せるようにしたい。敷地の森林整備、あるいは木工材や薪材を得るための伐採は、基本的に抜き伐り（間伐）となるので、周囲の木との関係をみて、掛かり木（倒そうと思った木が他の木に掛かって倒れないこと）にならない位置に倒す。生き枝は谷側に発達するので重心はそちらにかかっている。重心のある方向に倒すのがムリがないやり方。谷側に視野を向け、倒せる空間をみつけて（邪魔になる半枯れの小木などは、あらかじめ伐り倒しておく。倒したい木の周辺の灌木やツル植物なども同様）、そのラインと直角に受け口をつくる。ノコ・ナタでやる場合も、チェーンソーでやる場合も、途中で角度が合っているか確認し、正確な受け口をつくるのがもっとも重要だ。斜面での作業では、水平切りが狂う傾向にあるが、受け口のラインは水平でないと倒す方向の正確さが守られない。

ツルと追い口

受け口ができたら、反対側から追い口を入れていく。受け口の奥の切り口部分よりもやや上から水平に切り始め、受け口の開削ラインの手前まで切り進んだところでいったん止める。木の中にはまっすぐにつながった幅２～ 3cm 程度の部分だけが残る。この部分をツルという。ツルの残し方は、木の太さや傾き方などで変わるが、切っている木が動くのを感じたら、入れて

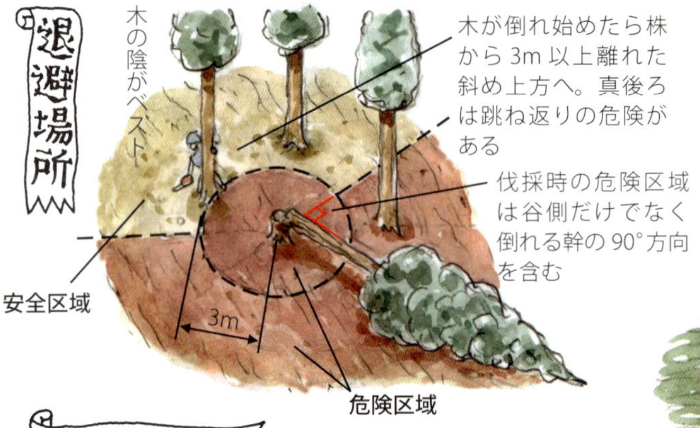

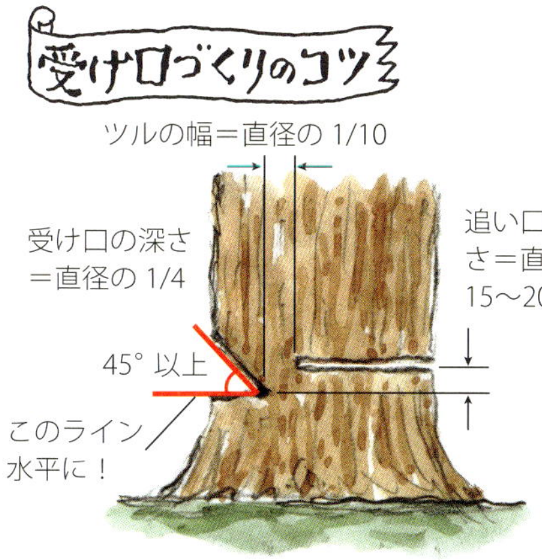
受け口づくりのコツ
ツルの幅＝直径の 1/10
受け口の深さ＝直径の 1/4
追い口の高さ＝直径の 15～20%
45° 以上
このライン水平に！

水平と 45° を正確に出す
斜面でもチェーンソーのハンドルを持ってぶら下げると水平や 45° が自然に出る
45°
水平
※誤差があれば覚えておく

伐倒方向を正確に出す
受け口のラインにバー差し込み、肘を幹に当てて直角方向を確認
チェーンソー自身も直角定規がわりになる

いるノコやチェーンソーを抜き、手で木を押す。すると、ツルの部分がちょうどドアのちょうつがいのような機能をもって、木は受け口の直角方向にゆっくりと倒れていく。手押しではなくバーを抜いた追い口の溝にクサビを打ってもいい。クサビは手よりもずっと大きな力をかけることができるので、厚いツルにも対抗でき、より安全だ。

正確なツルを残すには

ツルを切ってしまうと木は倒れる方向のよりどころを失うので危険だ。またツルの片側を切ってしまったり薄くなったりすると、ツルが切れた反対の方向にねじれながら倒れてしまう。

ツルが厚いと木は倒れてくれないし、薄いとツル自身が切れて方向を失う。平行に的確に残るように切るには、受け口を切った位置から体や足の位置などを動かさずに反対側からチェーンソーを入れると、腕や体が平行位置を覚えているので正確に切れる。

また、チェーンソーのバーの付け根にあるスパイクを利用して、扇形にバーを動かしていく方法もある。これだと少なくともスパイク側のツルを切ることは絶対ないので、あとは反対側をどこまで切るかを見ていけばよい。手ノコの場合は受け口の開削部分にどの程度まで近づいたか、じっくり見ながら切っていく。

伐採の位置は、低くすればそれだけ材を長く収穫できる。このとき根の張りによる繊維の流れではツルが「部分切れ」しやすい場合もあるので、注意する。

また切る位置の木の直径が 30cm 以上の場合は、残したツルの力で材に割れが入ってしまうことがある。芯抜きやツル下に切れ目を入れるようにすると万全。

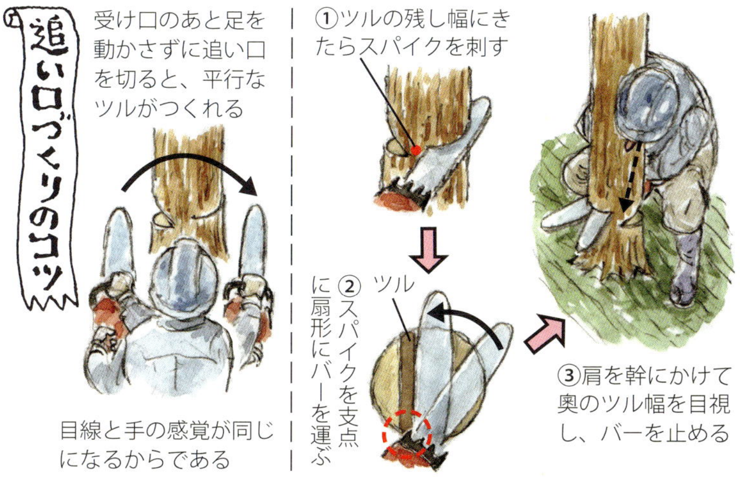
追い口づくりのコツ
受け口のあと足を動かさずに追い口を切ると、平行なツルがつくれる
目線と手の感覚が同じになるからである
①ツルの残し幅にきたらスパイクを刺す
②スパイクを支点に扇形にバーを運ぶ
ツル
③肩を幹にかけて奥のツル幅を目視し、バーを止める

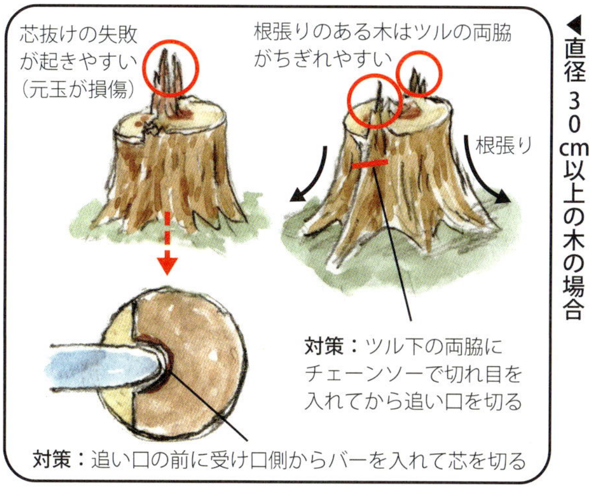
◀直径30cm以上の木の場合
芯抜けの失敗が起きやすい（元玉が損傷）
根張りのある木はツルの両脇がちぎれやすい
根張り
対策：ツル下の両脇にチェーンソーで切れ目を入れてから追い口を切る
対策：追い口の前に受け口側からバーを入れて芯を切る

9 特殊な木（枯れ、折れ、曲がり木）、傾斜木の伐採

危険な特殊木の伐採

間伐遅れで風雪害を受けたような林では、枯れ、折れ、曲がり木が多い。まず優先的にこれらを切り倒したいが、クセのある木は伐倒に十分な注意が必要だ。

1）枯れた木……枝が落ちているので、倒れるときに空気抵抗がない。音をたてずストーンと早く倒れる。腐った木はツルを残したつもりでも効かないときがある。倒す前に、共同作業者に近寄らないようしっかりと声をかける。

2）折れた木……残された幹に亀裂が入っている場合がある。はやりツルが正確に効く木ではない。また枝が残っていて重心が高い場合は、亀裂に沿って裂ける危険がある。受け口・追い口を入れる前に亀裂の上をロープなどでぐるぐる巻きにしてから伐るとよい。

重心が定まっていない木は、追い口を切ったときにバーを抜かないで（エンジンは止める）、手で押して倒す。抜けばバーの厚み分だけ空間ができて木が追い口側に傾いてしまうからだ。なるべく下のほうに切断面を入れると、力が効いて倒しやすい。

3）風雪害で弓ぞりに曲がった木……は、伐採にもっとも危険な木である。追い口を入れている最中に木が裂けて跳ね、それに殴打されるという事故がよくおきる。やはり伐り始める前にその上をロープ（できればチェーンかワイヤー）などで巻いておくと安心だ。いつでも背後に逃げられる態勢にしておき、木が少しでも動いたり筋が切れる音がしたら、チェーンソーを抜いて身をすばやく後退させる。図のVカット方式も細い木に有効だ。受け口を２ヶ所V字形に入れ、や

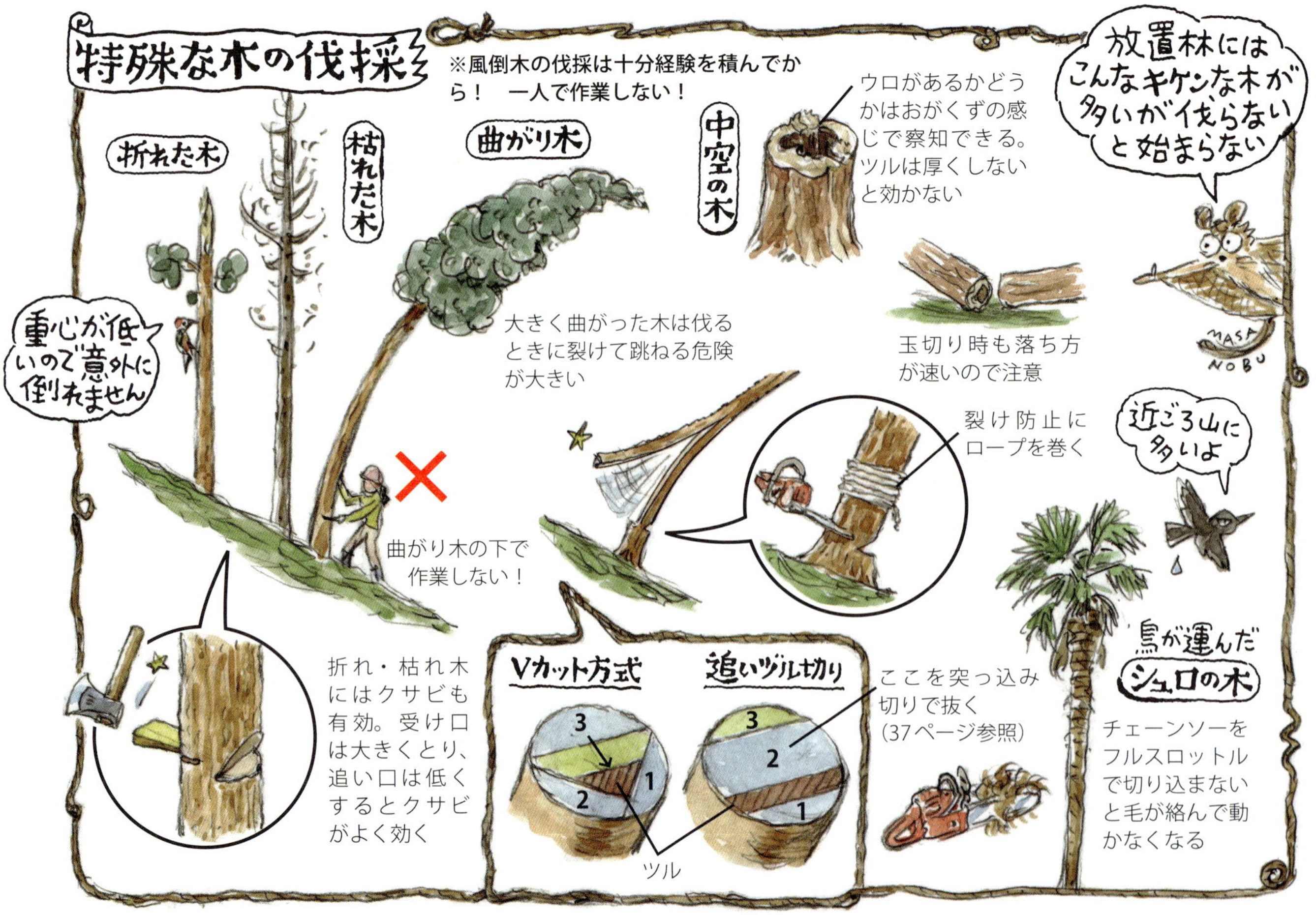

や高い位置から追い口を入れる。

４）下部直径が 20cm 以上の曲がり木の場合……通常に追い口ではなく「突っ込み切り（追いヅル切り）」を使う。突っ込み切りはチェーンソー独自の方法で、最初に受け口を入れたら、次に幹の中央からバーの先端で切り込んでいき、そのまま先端を押して幹の向こう側に刃を抜いてしまう。ツルの部分を残し、追い口側も切らずに 2cm ほど残してバーを引き抜く。こうすることで曲がり木の中の力が抜け、最後に追い口側の残しておいた部分（追いヅル）をチェーンソーで切ると、大きく跳ねずに倒れてくれる。

コツは最初の刃の入れ始めにキックバックを起こさないように十分注意すること。突っ込み切りで押していくときの力の入る足位置を最初に固定しておき、腰の重心を移動させて切り込みを始める。足位置を移動させずに切るのがポイント。

重心とは反対側に木を倒したいとき

この場合は木に何らかの力を与えて重心を変えねばならない。次の３つの方法がある。

１）ロープで倒す方向へ牽引……倒したい方向にロープで引いておいて倒す方法が一般的だが、重心を起こせるだけの張力がないと、追い口の最中にチェーンソーが挟まれてしまう。この危険は木が大きくなればなるほど強まる。突っ込み伐りなら回避できるが、追いヅルを切り落としたとき、確実に目的の方向に倒れる張力があるか見極めねばならない。人力で無理と思われる場合はチルホールなどの牽引機や滑車などを利用して十分な準備をする。

２）クサビを使う……先に追い口を入れて、そこにクサビを入れ木を起こしておく。次に受け口を切り、ツルを残した後、さらにクサビを打って倒す、という方

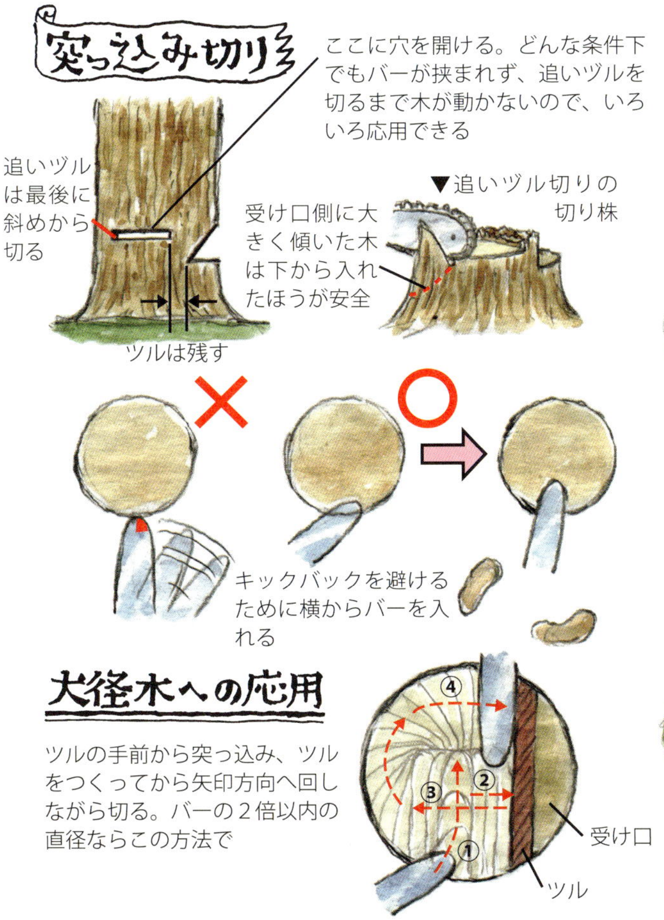

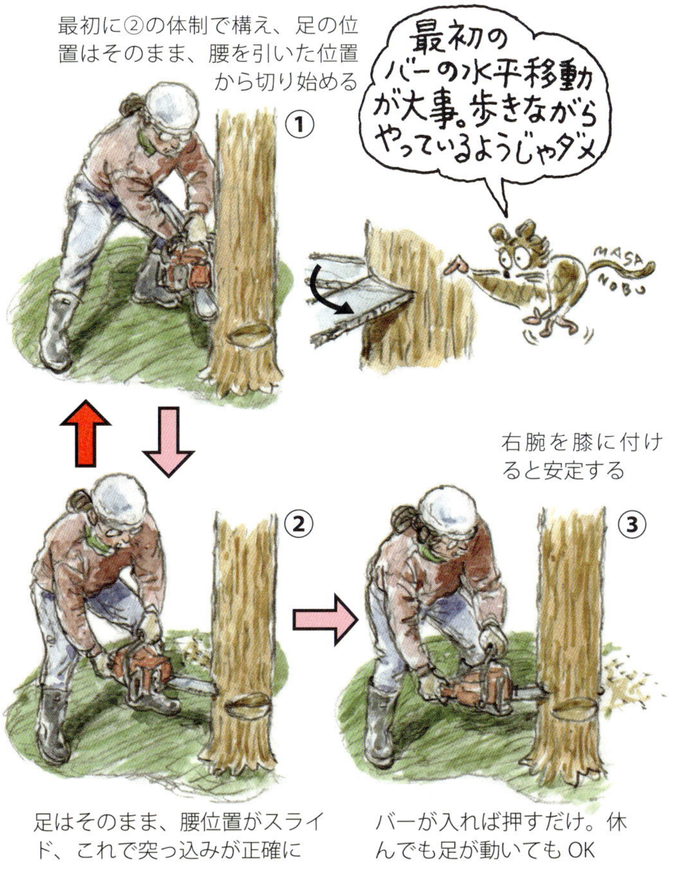

法がある。クサビは小さな道具だが、木を起こすのに大きな効力がある。

3）牽引機（チルホール※）を使う……最初に倒す方向に受け口を切るのは普通の木と同じ。その後、牽引機で木を起こしながら追い口を入れていく。牽引機は滑車を使わず直線で引くと、作業者が伐倒木の危険区域に身を置くばかりでなく、ワイヤーが破損したときに飛んできて非常に危険だ。滑車を使って方向転換し、作業には細心の注意を払う。牽引機で引いていてもツルが切れると反対方向に倒れかねない。同じ方向にもう１本のロープで支点をとり、そちらも立ち木に結ぶなどしてつねに引いて（テンションをかけて）おくと安心だ。牽引機・滑車・クサビは十分学習してから使うこと。テキストには『伐木造材のチェーンソーワーク』（石垣正喜・米津要著／全林協）をおすすめする。

※**チルホール**……手動式のウィンチで、片側に支点を取り、ハンドルを往復させることでワイヤーロープを引っ張る小型機械。自重が 7kg、牽引能力 750kg の商品名「チルホール T-7」が林業関係ではよく使われる。価格は 20m のワイヤーロープが付属して 7~8 万円代。問い合わせは（株）チルコーポレーション　http://www.tircorp.co.jp/

クサビの使い方
木の重心は樹高の 1/2~1/3 にあるので、クサビによる押し上げはわずかでも、重心を大きく移動させることができる
①クサビは大小２個使う。ノコ道を開くためにまず小さいクサビを打つ
プラスティック製
②２本目の大きいクサビは離して打ち、木を起こす
ゆれを見ながら打つ
カシ材
鉄輪

※クサビは昔は硬木（カシなど）に鉄輪をはめて使われていた。いまは強化プラスティックが主流となっている

10 掛かり木の処理

現在の人工林では避けられない

木を伐るとき、とくにスギ、ヒノキ人工林を相手にするとき、起こりやすいのが、掛かり木だ。前にも述べたが、掛かり木というのは、切り倒した木が周囲の木の枝などに引っかかって倒れないことだ。掛かり木は起こさないのが一番いいが、現在の人工林の状況下では避けられない。しかしもたれ掛かられている木を倒すのは、掛かった木が自分に向かって倒れることになり、危険なので絶対に避ける。掛かり木の対処法は、「木を回転させる」「ロープで揺さぶる」「根元を引く」の３つ。どうしても倒れないときの奥の手としては、「掛かったまま玉切り」がある。

１）木を回転させる……掛かった木を回転させることで枝の絡みを解放し、落とす方法。太い木に向くやり方だ。掛かった位置が立ち木の左右どちらかを見きわめ、木回しやフェリングレバーを使って右掛かりなら

やってはいけない掛かり木処理
●もたれ掛かられている木の伐倒（掛かった木が自分に向って倒れてくる）
●掛かり木下での作業（風でいつ落ちるか知れない）
●あびせ倒し（失敗するとさらに複雑な掛かり木に）
●掛かられている枝の枝打ち

掛かり木の外し方 その①
掛かり具合を見てどちらに回せばいいかを見きわめる
フェリングレバーを用いる
木を回す
ツルの両側は切って回転しやすくする
木の揺れに合わせ、弾みをつけフェリングレバーを回す

倒れ始めたらフェリングレバーを外しすぐに木から離れる
足位置が逆だと危険
▼力を入れやすく、かつ逃げやすいフォーム

右回転、左なら左回転で落とす。木が回るようにツルは両側を切っておく。木回しのレバーで体を打たれないよう注意。

2）ロープで揺さぶる……４～５ｍのロープが１本あればできる方法。ツルを落としてから、もやい結びで幹にロープをとりつけ、落ちやすいと思われる方向に引く。木がたわんで振り子運動を起こすので、その動きに合わせてロープを引き、テンションを大きくかけてやるとよい（ロープの結び方は見返しを参照）。

3）根元を引く……根元を持ち上げながら、掛かった木と逆方向に引いていく。細い木に向く（太い木は重くて動かせない）。手でやってもいいが、倒れ始めたら手を離して木から離れること。根元にひばり結びでロープを止め、同じように引き上げてもいい。最初にツルを切ったとき、根元が地面に落ちて刺さるとやりにくい。テコ棒で最初浮かせるのも有効。

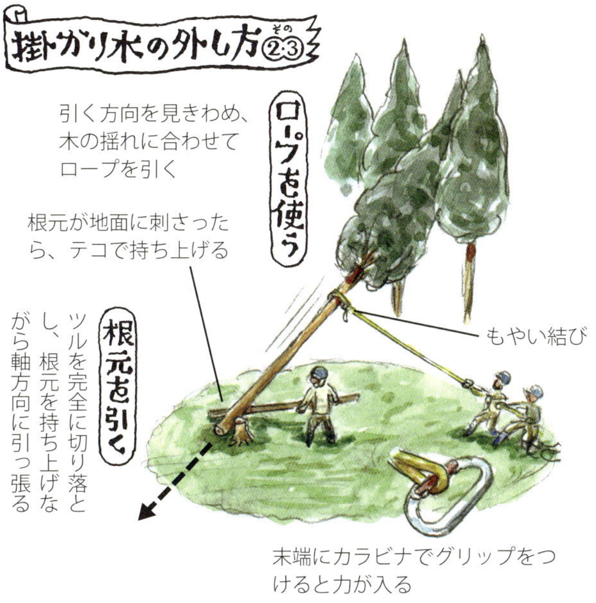
掛かり木の外し方 その②③
引く方向を見きわめ、木の揺れに合わせてロープを引く
ロープを使う
根元が地面に刺さったら、テコで持ち上げる
根元を引く
ツルを完全に切り落とし、根元を持ち上げながら軸方向に引っ張る
もやい結び
末端にカラビナでグリップをつけると力が入る

4）掛かったまま玉切り（折り倒し）……これはダルマ落としなどとも呼ばれる奥の手である。ヒノキの荒廃林などではほとんどの木が掛かり木になるので、伐り捨て間伐作業のプロの間ではよく行なわれている。材が細切れになるので長い材は採れなくなる。

玉切りした木が上からストン！と落ちてくるし、落ちた木がどちらに倒れるか不安定なので、十分に注意して行なうにしても危険な方法である。時間をかければ上記の３方法で掛かり木はたいがい外せるのであまりおすすめできない。やるならチェーンソーを胸の高さ以上に掲げないこと。

折り倒し
掛かったまま玉切り
① 幹の右側に立ち、チェーンソーの上刃で伐り始める
② 手で押し倒し待避する
かなりキケンです！
斜め下から幹に直角に切り上げ、わずかに切り残す
手で押して倒す
※受け口はつくらず、追い口も切らない

11　枝打ちとせん定

枝の切り方

枝切りには、林業的な材や林分の向上を目指す人工林の「枝打ち」と、庭木の管理としての主として広葉樹の「せん定」、そして広葉樹の伐採根株に出てくる萌芽枝の「芽かき」の３種がある。

１）人工林の枝打ち……樹木の下方の枝を付け根から落として、枝のない通直な幹を長く得ることで、将来の木材価値を高める。かつ、林床への日照や風通しがよくなって、環境もよくなる。切り口はやがて年輪にくるまれてふさがれていく。これはいわば木に対する外科手術なので、一度に大量の枝を打つとダメージを与える。また生きた枝を大量に失えば幹の太りも悪くなる。スギ・ヒノキの場合、樹高の１／２までは生き枝を残すようにする。しかし現実的には、間伐遅れの山ではすでに樹高の高い位置まで枝が枯れ上がっている場合が多い。枯れ枝を残しておくと、製材したとき死に節となって穴が開くので、枯れ枝はできるだけ残さず切るのが基本である。

「枝打ち」は、枝の付け根の「枝座」と呼ばれるふくらみを残すように切る。枝座を切ると材にシミが入るので注意する（床柱などに使われる磨き丸太は材の中よりも表面の平滑が優先されるので、枝座を切る枝打ちがなされている）。時期は木の水分の流動のない時期が無難だが、幹に傷をつけなければ周年可能。

高枝を切るには専用の高枝伐りバサミを使ったり、梯子を使って行なう。傾斜地の山林の場合はアルミ製の軽いものが便利だが、スギ・ヒノキ材を使って自作

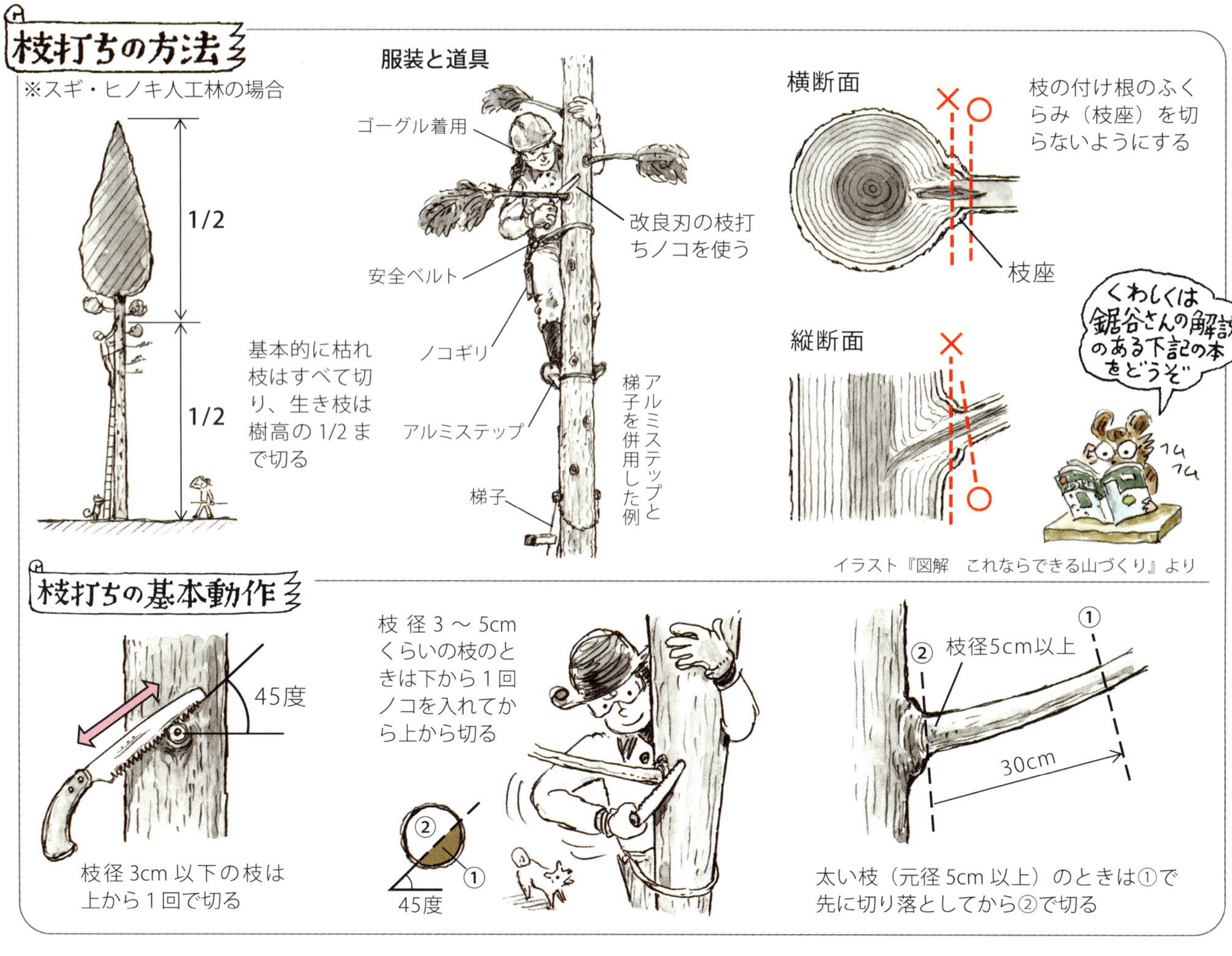

もできる。ヒノキは枝が折れにくいので枯れ枝をハシゴがわりに登っていき、下りながら枝を落としていくこともできる（スギは折れやすいので不可）。

2）広葉樹のせん定……せん定は庭木の管理に入るが、山暮らしの敷地では防風林があったり、花木や果樹などが庭から離れた位置に散在していることも多いので、庭木と自然木の境界が曖昧になる。毎年せん定を考えねば木はどんどん大きく生長し、そのせん定もうまく行なわないと後から出た枝が錯綜してしまい、見苦しくなり、木の健康状態も悪くなる。

基本的に木の性質として、幹の付け根から枝を切ればそこからふたたび枝が出てくることはないが、枝の途中から切ると、そこから新しい枝が生えてくる。前者を「間引きせん定」、後者を「切り戻しせん定」といい、この２つの方法を組み合わせ、どの枝を切るか、仕上がるイメージをもってせん定したい。交差する枝を少なく風通しをよくし、全体の葉に光が当たるように考える。

3）芽かき……広葉樹を根元から伐った場合、その切り口から出てくる萌芽枝（「ひこばえ」ともいう）の部分せん定である。里山の雑木林では 15 年程度のサイクルでこの萌芽更新をくり返し、新たに植樹することなく林を再生し、循環利用していた。しかし伐って放置しておけばいいというものではなく、夏には周囲の草を刈り、萌芽枝が育つように光を与えてやらねばいけないし、ある程度萌芽枝が育ったところで２～３本に間引かねば、大きな木にならない。クヌギ、コナラ、ヤマザクラなど、萌芽力が強く、薪にもキノコ栽培の原木にも使える有用樹は、このような手入れで利用したい。

伐採後３年経ったクヌギの萌芽枝。２～３本にスッキリと間引いて夏の下刈りをすることで大きく生長する

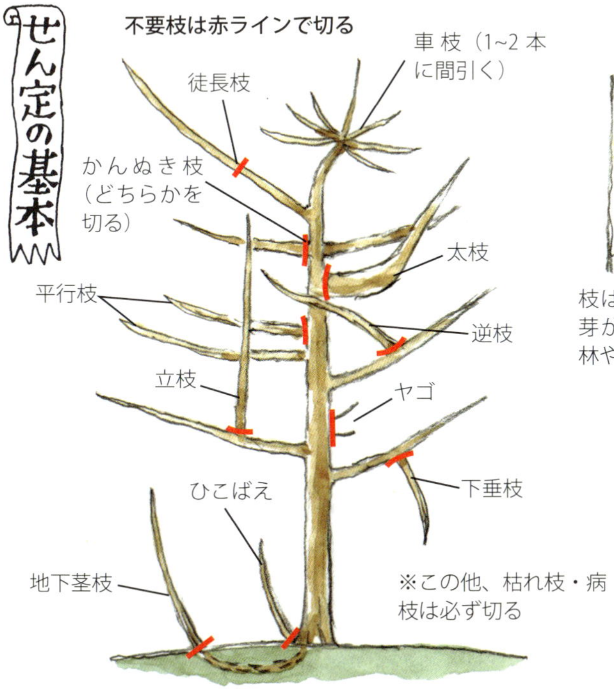
せん定の基本
不要枝は赤ラインで切る
車枝（1~2 本に間引く）
徒長枝
かんぬき枝（どちらかを切る）
太枝
平行枝
逆枝
立枝
ヤゴ
ひこばえ
下垂枝
地下茎枝
※この他、枯れ枝・病枝は必ず切る

枝は付け根から切らないと新芽が出てしまう。ただし防風林や垣根のせん定は例外

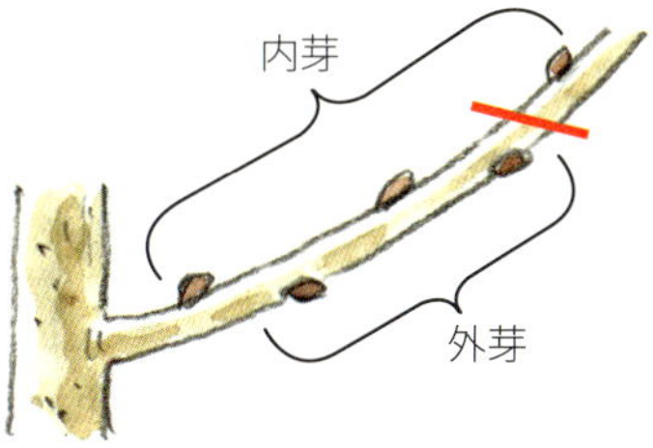
内芽
外芽

枝先の芽を残して切るときは外芽（主幹の外側に向いた芽）の上で切ると風通しのよい枝ぶりになる（5mm 斜め上から切る）

せん定の時期……植物が休眠している最中～生育開始の直前が最適期。落葉樹なら12～2月、常緑樹なら３月頃が目安（例外あり）。ただし花を楽しむ樹木や実を収穫する場合は、例外として開花・収穫が終わるまで待ってから行なう。以下簡単にまとめると、
１）花の咲く木は落下直後、実のなる木は実が落ちてから。２）落葉樹は葉が落ちた時期に大きなせん定ができる。３）常緑樹は寒さで木が痛みやすいので厳冬期の大きなせん定は避ける（３月以降がよい）。４）一般に冬期は大きなせん定が可能であり、それ以外の時期は小さなせん定のみとする

12 倒した木の処理（枝払い・玉切り）

ツルを切る

倒した木はツルがちぎれていなければ両側から切り、根株から落とす。このときノコやチェーンソーが挟まれやすいので注意する。木のどの方向に加重がかかっているかを読み、少しでも木が動いたらバーを抜く。クサビを使ってもよい。バーは下刃を使い、先だけで切らずに中心で切りながら、上に引き抜くように動かすと挟まれにくい。この動作はツルの右側を切るときに自分の左足を切りそうで怖いのだが、スロットルとハンドルをふだん使うときと逆の手に持ち替えることで避けることができる。

バーが挟まれない方法

バーの先端で切るより中央で切るほうが、挟まれずに長く切り続けられる。ツルは切り進むにつれ重量がかるので挟まれやすいが、左図のようにバーを刺し、下刃を使って引き抜くように切るとうまくいく

ツル切りの際、引き上げたチェーンソーが左足を切りそうで危ない。持ち手を替えてチェーンソーを操作すると安心だ

逆にもつことで体が開き、左足が後方に下がる

枝払いのコツ

枝払いは倒した木の枝の付け根を切っていく作業で、チェーンソーでやる場合はキックバックがおきやすいので十分注意する。幹が通直な針葉樹は連続作業で手早く枝払いが行なえるが、慣れないとガソリンを浪費する。幹をチェーンソーで伐ったとしても、枝払いはナタかヨキでやるのも一つの手である。

下側の枝が地面に寝ているときはテンションがかかっている。バーが挟まれるし、枝が切れた直後に幹が動くことがある。幹の上側の枝を切り終えたら、幹の方向を返して下の枝を上に出してから切る。

ナタ・ヨキで枝を払う場合は刃物で切る側に体を置くと、幹に跳ね返った刃物で足を打つ危険がある。刃物と体の間に幹を置くように作業するとよい。

払った枝をさらに小さな薪にさばくには、まずこれ

安全な枝払い

枝払いは木の元（根元側）から末（先端部）に向かって切るのが基本

必ず幹を挟んで体と刃物を離してナタを振るう。手前を切るとバウンドして足を切りそうになり、危ない

反対側は左手を添え、バットを振るように切るのも安全な方法。切りきれない枝は幹を転がして位置変え、もしくは手ノコでやる

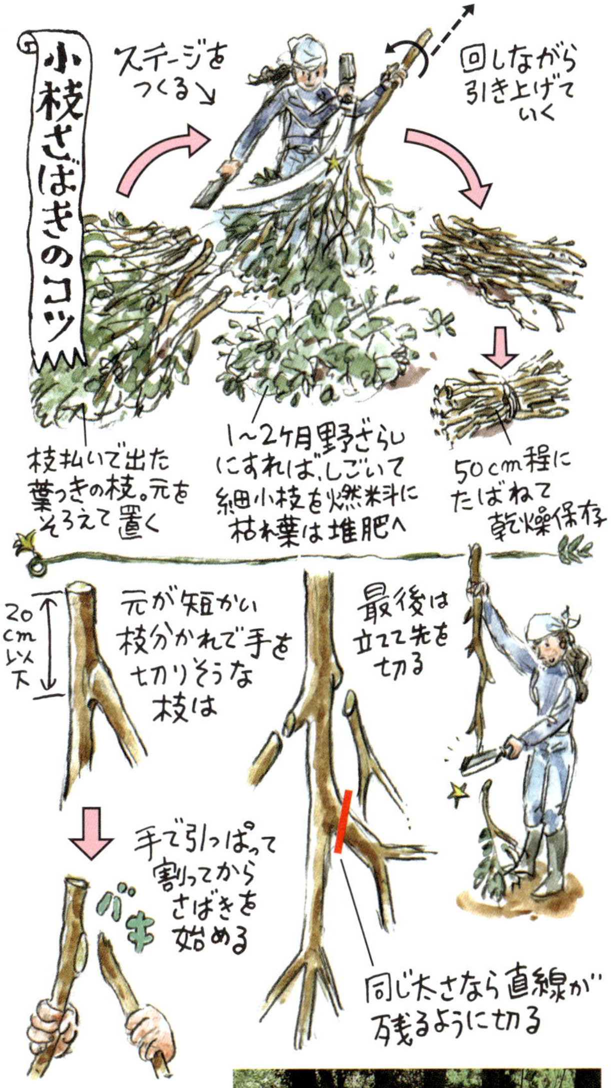

▲**小枝をさばく基本姿勢**　左手で枝の元をつかんで、幹の上にナタを滑らす

から伐る枝と伐った枝の置き場を整える。いきあたりばったりやっていると、足の踏み場がなくなるので作業性を考える。

玉切りは垂直に

「玉切り」とは、幹を使いやすいサイズに分断していく作業をいう。市場で取引される標準サイズは長さが３ｍもしくは４ｍだが、自家用に用材や薪として使う場合はそれに応じた運びやすい長さに切ればよい。切り口ができるだけ直角になるよう心がける。

寝ている丸太の玉切りは、バーで地面の石を切る危険があるので、小丸太などを下に入れ幹を起こしてから行なう。幹の上下どちらが圧縮側かを考え、ノコやバーが挟まれない手順で行なう。中・大径木のときは最初に「コの字」に切ると挟まれない（下図）。

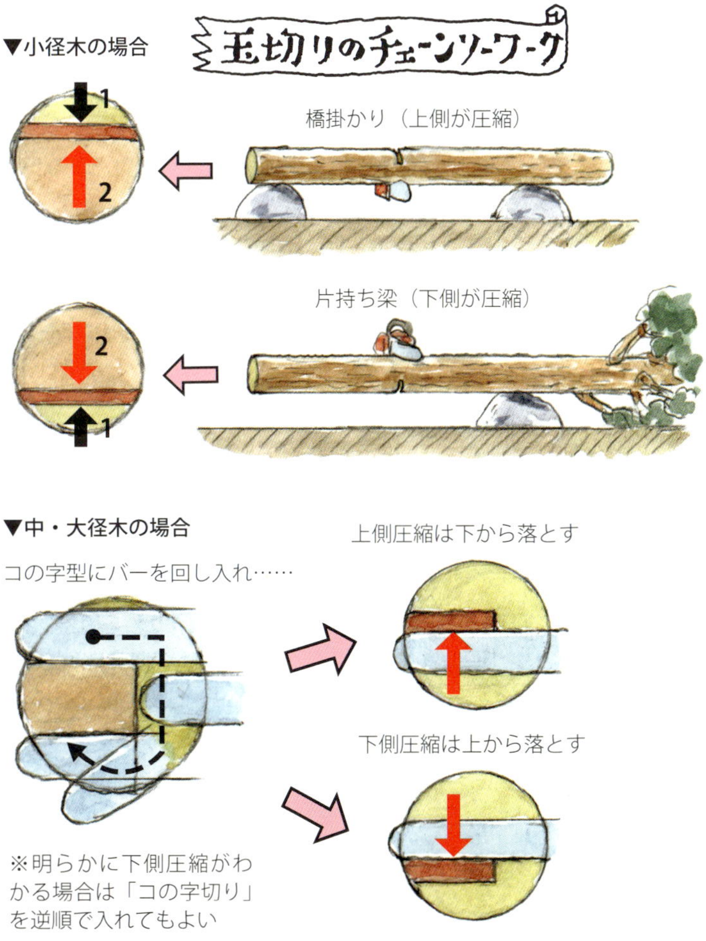

13 高所作業の枝切り

服装と装備

家の周囲には必ず木がある山暮らしでは、敷地を維持するために高所の枝切りは避けて通れない。

切る位置が低ければハシゴをかけて枝落としをすればいいが、そこからさらに幹を伝って上に登り、目もくらむような高所で作業する場合は、体の動きが制約される。枝葉をこすりながら潜り込むような動きも必要になるので、髪の毛を引っ掛けないように帽子をかぶったりバンダナで覆ったりしよう。ポケットや裾が広がった服では枝などに引っ掛かる危険があるので、すっきりした動きやすい服で、靴は地下足袋でズボンの裾は足袋の中に入れてしまう。できればスパイク付きの地下足袋が滑らなくていい。地下足袋は底が柔らかく、足裏の微妙な感触が伝わるので高所作業には適している。

屋敷林の意味

私の住む地域ではシラカシの木が「防風林」として屋敷に植えられている。周囲に競合する木のない独立樹のようなものなので生長が早く、定期的に枝伐りをしないと、枝が家にかかって落ち葉やドングリが雨樋を詰まらせる。屋根のためにもよくないし、日当たりを悪くしたりする。しかしそれは、薪や材がごく近くで得られることでもある。カシは道具の柄やカンナ台、あるいはクサビなどもつくれ、ケヤキなどは太くなれば柱や板、あるいは臼が採れる。昔の人は材の採取も考えながら、せん定に強い木を選択的に植えたのだ

安全帯をつける

このような作業のとき昔は「腰縄をつける」といって、腰に結んだロープを枝にかけて作業していたらしい。私たちは最初、腰にロッククライミング用の9mmザイルを「もやい結び」で巻き、先端に「二重８の字結び」でカラビナをつけ（腰の結び目との間は約1m程度）、スリング（転落加重に耐えられる輪状に結んだロープ）を何本か持って登り、作業場所についたら付近の枝にスリングを「ひばり結び」で支点をとり、それにカラビナをかけて作業していた。このときロープをピンと張っていれば作業中の体にも安定感が生まれるし、万一落下してもロープで確保される。

もし新たに確保用ロープを購入するなら、高所作業専用の「安全帯」を利用したほうがいいだろう。最近イタルさんから「安全帯」をいただいたので使ってみたが、使いやすく安心感がある。腰の結び目とフックの間は約1.6mあり、フックもカラビナに比べて大きく使いやすい。これだと作業する近くの太枝にぐるりと巻いてフックをロープにかけられる。

いずれにしてもハシゴなどで作業場所まで登るときは空腰だし、作業場所で支持ロープの長さ以上に動くときは、一度カラビナを外して支点を付け替えねばならず、そのときも空腰となる。ロッククライミングのときのように、最初から腰に長いロープを着けたまま、支点をとりながら、どこで落下しても確保する人が助ける、というやり方もあるが、道具が複雑になって面倒だし、落下する枝にロープが絡まる危険が大きい。高所作業は、まず「絶対に落ちない」と確信を持てるだけの基礎体力（腕力、握力、脚力など）と木登り術を持っていることが大切で、最初からクライミングギ

アに頼らないほうがいい。

足場をかける

頑丈な角材や、太鼓に落とした丸太などを持ち上げて、高所の枝に渡して足場をつくると作業がしやすくなる。わずか5～6cm幅の角材でも十字に渡してロープで結わえば足場になる。幅が狭いほうが枝の窪みなどにも安定して収まる。足場の角材や丸太は少なくとも両端のどちらかはロープで結わえる。

3点支持で動く

高所での安全確保はロッククライミングと同じで3点支持が基本。移動するときも作業するときも必ず3点がどこかに着いているようにする。すなわち両足が枝や足場に着いているなら、もう1点、手なり肩なり膝なりをどこかに接して安定をはかる。移動するとき（片足を上げるとき）は両手がどこかをつかんでいなければならない。

高所でチェーンソーを使うには

直径が15cm以上になると手ノコでの作業はかなり疲れる。足場がいい位置をとれないこともあり、力の入れにくい格好でノコを挽くのでなおさらである。チェーンソーが使えれば作業は大幅にラクになる。

クライミングと3点支持

×
○

手で登るのではなく、足登りにウェイトをおく。体を離して登ると、次に手足を運ぶポイントがよく見える

フック
袋

もっとも基本的な腰ベルト形の安全帯。フックを使わないときはロープといっしょに小袋に入れておく。まずは使い方を熟知しよう。厚生労働省「安全帯の正しい使い方」パンフレットが以下のサイト（安全衛生情報センター）からダウンロードできる。http://www.jaish.gr.jp/information/mhlw/h181122.html

ハシゴから作業場所まではフリー（支点なし）で登る
移動中は3点が必ず木に着いているように
チェーンソー作業中は体の一部を木にすりつけていると3点支持になり、安定する

高所でチェーンソーを使うにはまず下でエンジンをかけ、暖気運転を終えてから（1～2分ほどエンジンをアイドリング状態で回しておく）いったんエンジンを切り、ハンドルにロープを付ける。このロープを伸ばしながら足場まで上がり、着いたらチェーンソーを持ち上げる。助手がいれば上からロープを下ろして、それにチェーンソーを結わえてもらえばよい。ロープを外しエンジンは「落としがけ」でかける（下図）。

チェーンソーで伐るとき、最後まで枝を伐りきらず、いったんバーを抜いてエンジンを切り、チェーンソーを木にぶら下げる（図のような専用のハンガーを用意する）。そして手ノコに変えて最後の切り落としをするとよい。チェーンソーは両手を使うのでどうしても不安定になる。手ノコだと片手が枝につかまれるので、枝が落ちるとき揺さぶられても安心だ。

樹上の足場から、暖気運転を終えたチェーンソーをロープで持ち上げる。小さな足場でも作業性と安全性は格段に高くなる。樹上でエンジンをかけるには下図の落としがけがよい

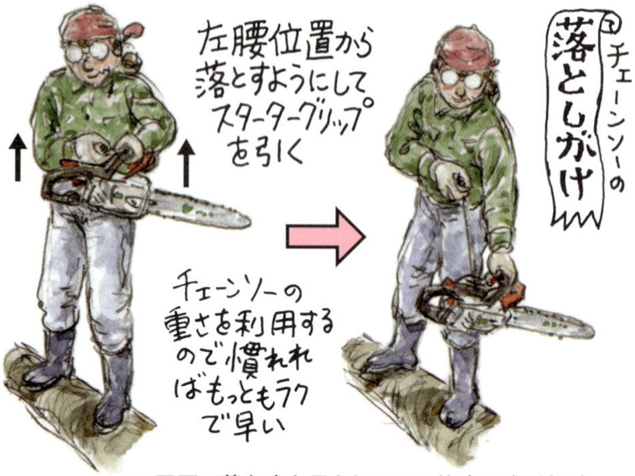

チェーンソーの
落としがけ
左腰位置から落とすようにしてスターターグリップを引く
チェーンソーの重さを利用するので慣れればもっともラクで早い

※正面で落とすと足を切るので注意！（要練習）

枝落下時の注意

高所で太い枝を落とすときは、その枝周りの小枝をできるだけ切っておく。大枝が落ちていくときに自分に向かって小枝が当たらないか？　掛かり木を起こさない空間があるか？　十分確認する。場合によっては補助ロープをつけて助手に下で引いてもらうようにする。助手は逃げ場をしっかり確保しておく。

下に屋根や配管や痛めたくない植物などがあるときは、丸太や角材、板などを使って覆いをしておく。これをしないとまちがいなく大破するし、その後の枝払いの処理も面倒になる。

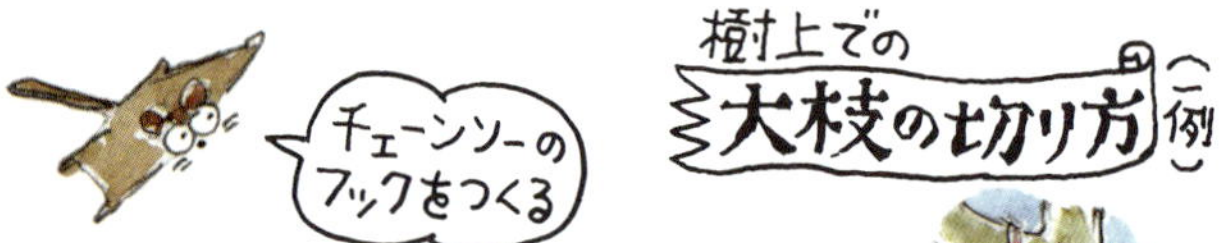

樹上での
大枝の切り方
（一例）
チェーンソーのフックをつくる

まずロープと番線（太い針金）などで右図のようなフックをつくっておき、作業場所にチェーンソーが下げられるようにしておく

枝の下から径の 1/3 くらいまでチェーンソーで切れ目を入れる。その位置は、落としたとき木が掛からず、作業しやすい位置で決める

枝の上からチェーンソーを入れ始める。このとき、下の切り口のより外側に数センチずらした位置から切る。枝が動く前にバーを抜き、エンジンを止めてフックにかける

バキ

※上からいきなり切るとこんなふうになる

手ノコに持ち替えて仕上げ切りをする。木が割れるとき振動があるのでしっかりつかまっておく

14 木を人力で運ぶ

肩で運ぶ

伐った丸太を運ぶのは肩で担いでいくのが簡単な方法だ。丸太の片側を持ち上げて肩に載せ、重心の中央まで丸太を弾ませながら肩をずらしていく。移動中は丸太をかつぐ肩より体が山側にくるよう立ち位置をとる。こうすれば転んだとき丸太の下敷きにならない。ちょうど重心中央でバランスをとるのがコツ。2人で運ぶ場合は片側ずつに立ち、両手で持ち上げて運ぶ。

トチカンで運ぶ

傾斜の下に集材するならトチカンで引きずる方法が便利だ。細いクサビに鉄輪がついている簡単な道具で、輪ロープをつけ木の木口にハンマーやヨキの背でクサビを打って、引っ張っていく。クサビは意外に抜けないものだ。斜面ではトチカンを打った木口を持ち上げるだけで木は滑り落ちてくれる。摩擦とスピードの感じを確かめながらロープを操るのがコツ。

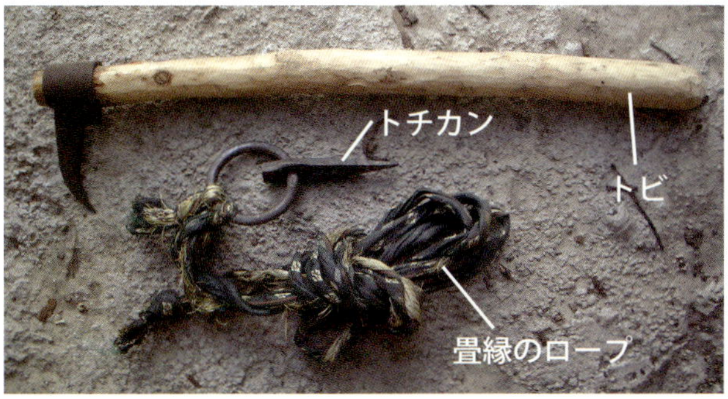
トチカン
トビ
畳縁のロープ

片手で使えるトビとトチカン。どちらも古くからある優れた道具。トビの頭は古道具屋を探せば数百円で。トチカン購入先は「広瀬重光刃物店」愛知県豊田市足助町西町10 TEL 0565-62-0116 FAX 0565-62-0136 http://www.kajiyasan.com/

意外に抜けない
立木や石の間を上手に縫うようにすべらせて下ろす

トビを使う

貯木場に集めた木を整理するときは、小さなトビが一つあると便利である。木口にトビを打って丸太を浮かせたり引いたりできるので、指を挟んだり腰を痛くすることがない。

薪材を運ぶ（背負子の使い方）

最初から薪にするとわかっている木は、50～60cmに切ってから、ロープで束にしてまとめて運ぶとよい。ロープは摩耗しやすいので、廃材の畳縁（畳の打ち直しのとき廃棄されるもの。畳屋さんで入手できる）を平ロープとして利用すると便利だ（ほかの野外作業・農作業にも使える）。薪の束は片手に1束ずつ持って運んでもいいし、背負子に数束結わいて運んでもいい。背負子は枠がスギ・ヒノキの割材で、背中と肩ひもが麻・ワラ縄、ボロ布等でつくられている。

▼背負子ヒモの止め方（一例）

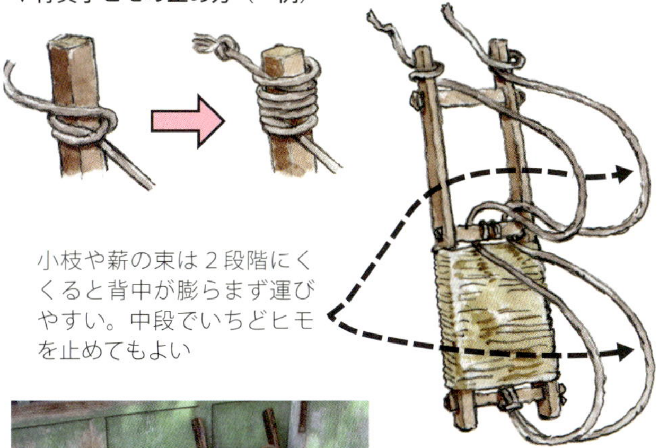
小枝や薪の束は2段階にくくると背中が膨らまず運びやすい。中段でいちどヒモを止めてもよい

写真右、スギでつくられた和式の背負子。写真左、アルミフレームのバックパック（の袋部を外したもの）。後者は折りたたみの底部と、腰に重さを分散するヒップベルトが付いている

15 丸太から材を取る

木取りの考え方

木は根元から先端の小枝まで、すべて薪として利用できるが、木の種類によってさまざまな使い方ができるので、その特性を理解して、暮らしの中に活用したい。それが山暮らし最高の面白さの一つでもある。

建材として真っすぐな柱や梁をとるなら、一番下の根曲がりの部分は切り取る。根曲がり部は繊維が曲がっているだけでなく、乾燥時に狂いやすい。しかし太いので薪にするのは惜しい。丸太椅子やテーブル、彫刻看板などに使うといい。中細の部分も垂木などに使えるので、素性のよいもの（曲がりやくびれがないもの）は薪に裁断せず長いままストックしておく。

広葉樹の枝のＹ字に分かれた部分は炉のカギなどに使える（128 ページ参照）。太めの枝はさまざまなクラフト材料に。太いスギやヒノキの枝の付け根には赤芯が入り込んでいる部位があり、クラフト材として面白い活用ができる。

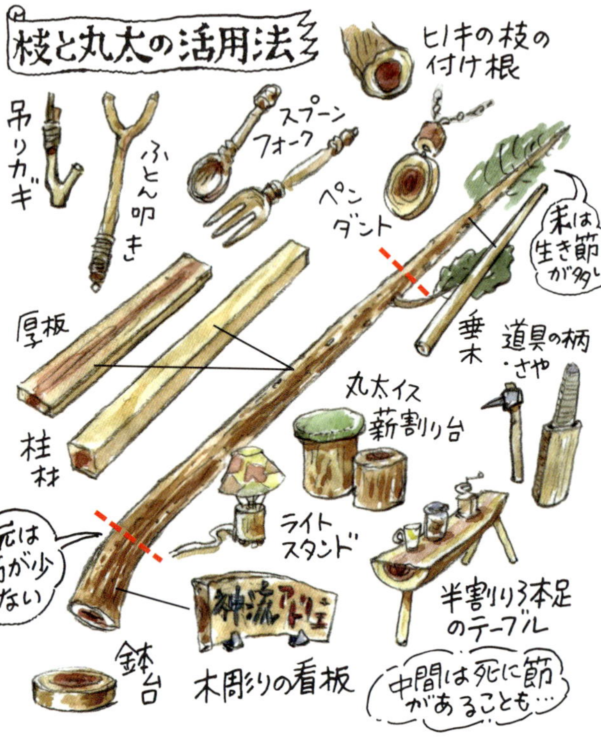

枝と丸太の活用法
ヒノキの枝の付け根
吊りカギ
ふとん叩き
スプーン
フォーク
ペンダント
末は生き節が多い
厚板
柱材
垂木
道具の柄・さや
丸太イス
薪割り台
ライトスタンド
元は節が少ない
神流アトリエ
半割り3本足のテーブル
鉢台
木彫りの看板
中間は死に節があることも…

クサビで木を割り、ヨキで板をとる

丸太のまま使うならともかく、板として木材を使いたい場合、製材が問題になってくる。現在、簡易製材機としてチェーンソーを利用したものや、丸ノコ型のものが販売されているが、いずれも値段が高く、個人で購入するには現実的ではない。チェーンソー型は製材ノコとしての歩留まりが悪く、大量のオガクズが出る。また騒音も酷く、ガソリンとオイルを大量に消費する。

おすすめしたいのはクサビを使って木割りして、そこから板をとる方法である。木は木目の中心に軸を

クサビをつくる

ここに注意

カシなど硬木の伐採枝を削ればクサビがつくれる。厚みを分けて何種類かつくるとよい（薄いほうが割る力が強い）。市販の金属製は長く使うと頭がめくれ、ここでケガをしやすいので注意（グラインダー等で削ってもいい）

▼細長丸太を半割りにする

①
②
③

節だらけの細い長材でも見事に半分に割れるものである。クサビは２本交互に使い、最初のクサビを芯に打つのがコツ

とって割れば、かなり長い木でも半分に割れる。半丸のほうに部分部分（20㎝ピッチぐらい）にノコ目を入れ、ヨキとハンマーで割っていく。こちら側は枝繊維があるので一気に長い割りができないからだ。これで１本の丸太から分厚い板状のものが２枚採れる。それを両側からヨキではつって平らに修正しながら削り、板にしていくのだ。

▼ 長い太丸太を半割りにする

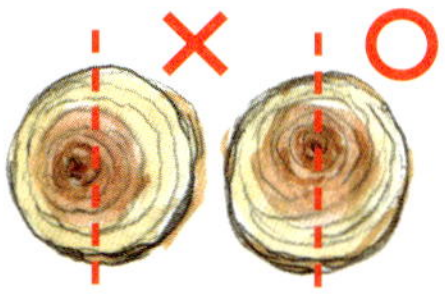
×
○

芯を外さないで打つ。足で踏んで横からクサビを打つのが安全だし力が入る

１本目のクサビでできた割れ目に２本目のクサビを打ち込む。長材の場合はもう一つ太めの木のクサビを用意し、後ろに打つ

スギ・ヒノキは
びっくりするくらい
キレイに割れる
MASA NOBU

上写真の割り材を加工して本棚を制作中の筆者。本が座る面だけカンナをかけ、その他はヨキではつった味を残す

クサビは金属製のものがいいが、カシ材で自作しても使える。小口に最初に打ち込むときは金属製を使い、割れ目ができてから木のクサビを打ち込んでもいい。一つのクサビでは割れないので、一つ目でできた割れ目に２本目のクサビを打ち込む。すると最初のクサビがゆるんで外れる。そのクサビをまた先に打つ、というふうにしていく。

はつるときは下に捨て木の台を敷いて、その上に小口を載せて材を立てながらヨキを振り下ろしていく。コツは、最初は大胆に、水平が出てきたらヨキの運動を２段階にする。すなわち最初のひと振りは木材に打ち込んでバリを出し、ふた振り目はそのバリを削り取る、というリズムで下がっていくのだ。ヨキ目は意匠

▼ スギ短丸太から厚板をとる

①

②

短い丸太は立ててクサビを打ち込む。まず芯で２つに割って、割り面をヨキで平らにはつる

③

④

反対側は裏にノコで切れ目を入れてから、ヨキをあてがい頭をハンマーで叩いて割っていく。芯からズレているので素直に割れないからだ（さらに節があればそこで引っかかる）

⑤

⑥

長材の場合は 20cm ピッチでノコ目を入れるといい。目で確認しながらヨキで削り、両側の平面を出していく（対角線を目視しながらねじれをとる）。短い材なら立てて削ったほうがラク

としても温かな表情でいいものである。もちろんカンナをかけて平滑にしてもかまわない。

　はつりの作業では大小の木《こ》っ端《ぱ》が大量に出るが、これは囲炉裏やカマドで使える。この割り破片は乾燥が早く、薪材として炎が立ちやすく、火力を上げたり維持したいとき、太い薪と併用するととても便利なものである。オガクズが燃料になりにくいのとは対照的だ。

長い材の場合は横に倒してヨキを使う。刻み目が味わいになる

◀間伐材でつくった風呂のふた

間伐材だから精巧な加工ができないわけでは決してない。ヨキで仕上げたものは波打つ面が美しいだけでなく、水切れがよくカビにくい。電動カンナとサンダーで仕上げたものは一見きれいだが、ルーペで見ると表面はケバ立っていて、塗装しないとカビやすい

板を取る道具たち。端切れは横オノでカマドの薪にする。横オノは刃がついていないがスギ・ヒノキの小割りには最適な道具

ヨキで材をはつる　　横オノで材を小割りに

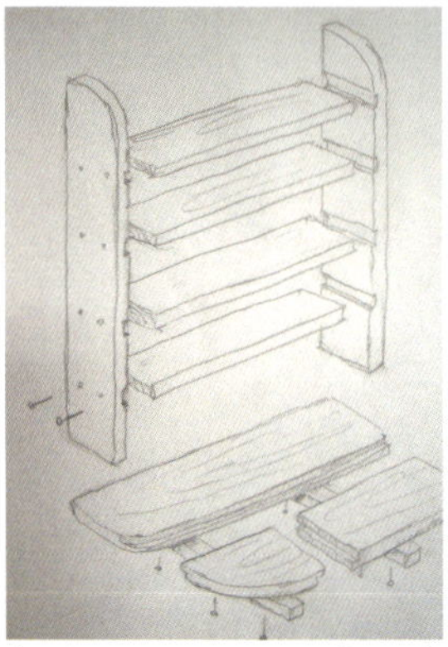

台所のコーナーにスパイス棚をつくる。幅広の板がなかったので小さな板３枚を組み合わせて底板をつくった

16 薪づくりと枝葉の利用

薪割りと乾燥、保存法

薪は半年以上乾燥させて使うのが理想的。野積みしておくと雨に濡れるので薪小屋をつくるか軒下におく（日当りと風通しのいい場所）。屋根が高すぎると雪が吹き込んで濡れるので、上にトタンなどをかぶせて石の重しを置いてもいい。

薪は太くなるほど乾くのに時間がかかる。太い薪は半割りか４つ割りにしたほうが乾きやすい。枯れ枝なら晴天で２～３日、生小枝なら１～３ヶ月、直径６～7cm以上の薪なら半割りにしても半年以上の乾燥期間が必要になる。山暮らしでは１～２年分の薪をつねにストックしておき、古い乾燥した薪から順に使っていくのが常道だ。ヒノキなど脂（ヤニ）の多い木を薪に使いたいときは、割ったあとしばらく（２～３ヶ月）雨ざらしにしてから乾燥させると、ヤニやアクがとれて乾きやすくなる。

山村では昆虫が多いので、薪が虫食いにやられるのはしかたがない。硬い広葉樹の薪が、積んでおくと２～３年目には内部がボロボロになっていることもある。こうなると薪としての歩留まりが半分以下になってしまう。

基本的に生きた立ち木には穿孔害虫（カミキリムシ、キクイムシなどの甲虫）は入れない。樹皮に産卵したとしても、元気のいい木は傷からヤニを出して幼虫の成長を阻むからだ。しかし、衰弱した木、伐られた木はその勢いがないので、虫食いが進行していく。彼らは秋～冬には活動しないので、この季節に伐採することで、虫食いは防げるが、翌年夏の昆虫活動期には薪積み場に産卵に来る。この産卵時期に薪にネットをかけておく手もある。

スギ・ヒノキなどを建材やクラフト材として保存管理するときは、皮をむいておくと虫食いをかなり防げる。カシ材などは皮をむきにくいので、囲炉裏やカマ

三方に波トタン板を囲んで、廃材の重しとロープで止める

井桁に組む方法。自立して崩れない

角材と番線で枠をつくり波トタン板の上に石を置く

１月に伐ったクヌギはすでに切り株から樹液がしたたり落ちていた。二夏経過した薪をノコで切ってみると虫食い穴だらけでまるでレンコンのようだった！　薪をハンマーで叩き割り、テッポウムシを採りだしフライパンで空煎りして食べてみる。ナッツのような味でなかなか旨い。キツツキの気分で……

アオゲラ

ドの煙のかかるところに保管し、いぶして虫食いを防ぐといい。

細かい枝葉は堆肥へ

広葉樹の枯れ葉は小枝のまま野外に積んでおくと、やがて葉が落ちる。そこから枝を薪として取り出した後、残りの葉と小枝は堆肥にする。堆肥の分解を早めるには空気の流通が必要だが、枝で空間ができて都合がいい。生ゴミや草刈りの雑草などもこの中に入れていく。

屋根をかけて雨風から堆肥を守り、ときどき水をかけて水分調整をする。フォークで切り返しをすると分解が早まるが、この作業はけっこう体力がいる。そのままでも１年もするといい堆肥ができるものだ。

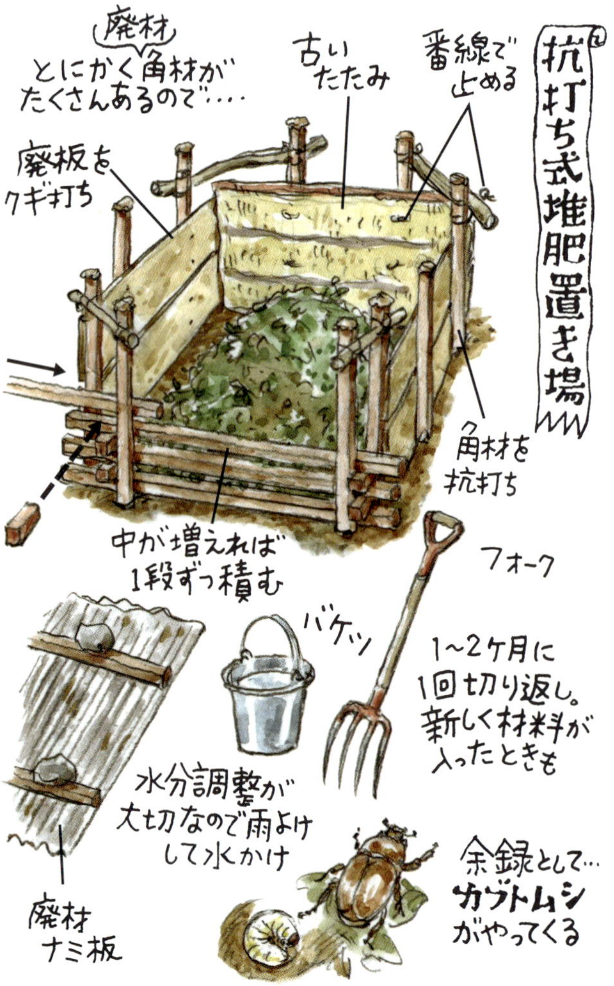

刈ることで新たに芽生える植物たち

田舎や山村に移住するとさっそく鶏やヤギなどを飼う人が多い。私も生き物は大好きだが、引っ越して最初の数年間は、周囲の植物の観察をするためにも動物は飼わないほうがいいと考えた。

高温多湿の日本の山では植物の繁茂は旺盛でその種類も多い。そして人口密度の高い日本では、過疎とはいえ山村は数百年以上の人の営みがあった場所。つまり、人為に持ち込まれたであろう植物もかなりあり、それらは土の中に潜在したまま、息を吹き返す日を待っているかもしれないのだ。

敷地の草刈りを手で刈りながら、できるだけ地面に目を近づけて観察を続けると、その兆候が現れる。いかにも「私は特別の存在」といわんばかりの、特異で美しいロゼットや新芽を見つけたら、その周囲の草を刈って育ててみるのもいいし（ヤマユリ、クリンソウ、ワサビ、フキ、ミツバ）、ツル植物に被圧されていた灌木類を手入れで蘇らせるのも楽しい（チャノキ、果樹類）。球根でじっと耐えていたユリ科植物は、この草刈り管理だけで出てくる、出てくる。

外来種のアメリカセンダングサやアレチウリなどは見つけしだい退治し（種子ができる前に根こと引っこ抜く）、花の美しいもの、食べられるもの、を見つけては育てていく。そうして数年、敷地の四季の植物の様子がわかってきたら、タネ採りや株分けなどで、植物を増やしていってもいい。新たなガーデニングはそれからでも遅くない。日本の山村では、うまく管理すると植えなくても花咲く庭園になることを覚えておこう。

自然に芽生えたカタクリとフクジュソウ

第2章
石を積み敷地をつくる

石垣再生の手法と実際

山村の放棄地には石垣が崩れた場所が多い。敷地で大切なのは土が動かないようにすること。それには石垣の補修、そして水の流れを考えることが大切だ。石垣をつくることで邪魔な石を土留めに利用でき、新たなスペースをつくることもできる。石積みのさまざまな組み方とその手法、必要な道具、完成後の維持管理を紹介する。

沖縄の流し場

1 石垣の種類と機能

日本の風土が育んだ石垣

斜面の多い山村で生きるには、耕地や宅地を確保・維持するために石垣で土を止めることが不可欠であり、古くから各地でその土地の野石（自然石）を積んで見事な石垣がつくられてきた。機能としては土留め擁壁だが、一方で風よけや敷地の区切りに垣根として使われるものもあり、こちらは台風被害の多い海岸地方などに多くみられる。

日本は火山国なので石が多い。土地を整備するのに石は邪魔だが、石垣をつくれば石が１ヶ所に集められ整理される。右ページ下図を見ていただくとわかる通り、平らな敷地が増えるばかりでなく、土地に秩序が生まれて草刈りなどの管理がとてもやりやすくなる。

石垣には、城郭に見られる「切り石」を用いた精巧なものもあり、明治以降は道路や鉄道の発達とともに規格サイズに石を切って組み合わせる「間知石（けんちいし）」と呼ばれる技術も発達した。現在はコンクリートブロックなどを用いた擁壁が圧倒的な主流となり、石垣積みの技術は消え去ろうとしている。

また、現在は公共土木工事や宅地造成工事では、昔ながらの石積み（「空積み」）が許可されないのが現状で、自然石を使ったとしても裏にコンクリートを充填する「練り積み」が行なわれる。「空積み」は職人の

角の「算木積み」が見事な野石による土留め石垣（静岡県安倍川流域）

愛媛県佐田岬の海岸線で見つけた小屋の風よけ石垣。目に沿って平行に割れやすい緑色片岩による「平積み」の例

亀甲形に加工した石による精巧な石積み（富山県八尾町）

間知石

花崗岩の間知石による土留め石垣（茨城県水戸市）

穴太（あのう）積みと呼ばれる、石工による城郭石垣発祥地。面取りした野石による「平積み」がベース（滋賀県大津市坂本）

河原の丸石による「谷積み（乱積み）」の石垣。西日本の棚田には石垣の土留めが多く見られる（愛媛県土居町）

技巧によって積み方が変わり強度がブレるし、石の大きさが一定ではないので構造計算ができないからだ。

石垣の優れた機能

しかし山村に入れば古い石垣だらけである。数百年崩れていない石垣に守られた屋敷や畑、棚田はいくらでもある。昔の空積みの石垣は水はけがよく、相互の石がかみ合い補強し合うので地震にも強い。また多少崩れても部分補修がしやすい。

これに対して、コンクリートが練り込まれた石垣は、排水用のパイプが詰まりやすく、また基礎の沈下や地震の際には亀裂が生じやすい。台風では、排けきれない水を含んだ土圧に耐えられず、ブロックごと崩落することがある。そうなると、部分補修はできず、一からつくり直すことになる。

さらにいえば、コンクリートの擁壁や吹き付け壁はやがて汚くくすんだ外観となるが、構造美にあふれた石垣は、時とともに風合いを増し、景観を引き立ててもくれる。また石と石との間の隙にはさまざまな動植物が棲みつき、自然環境的にも優れた機能をもつ。

崩れた石垣は自分で直せるなら直したほうがいい。経済的にも美的にも、そして未来のためにも。石垣は石を動かせるだけの体力と、少しの道具があればできる。時間と労力はかかるが、その構造を知り、要点を学べば積めるものだ。山村の古くからの住人は、みな自分たちでそうしてきたのである。

▼集落の石垣（野石・谷積み）の直しを手伝う

大雨で崩れた石垣をイタルさんの手伝いで補修した。崩れた原因は裏込め石が少なく水抜けが悪かったから

石垣再生は石積みよりも石と土の移動に労力がかかる

最も小さな石の石垣といえよう。裏込め石が足りなくて他所から補給した。この規模の補修なら２人で半日ほど

石垣には2つのタイプがある
風よけ石垣
土留め石垣

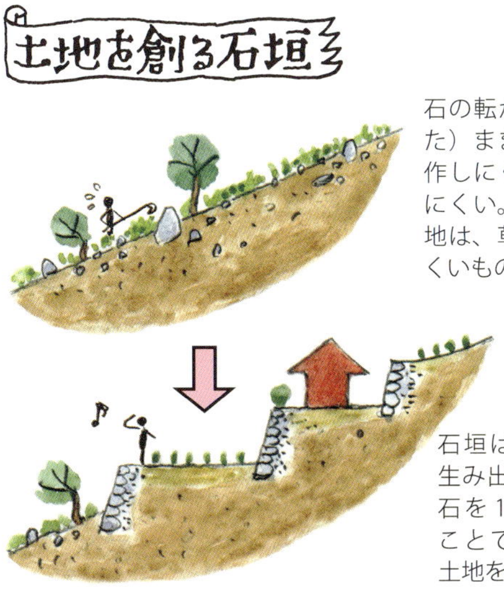
土地を創る石垣

石の転がった（埋まった）ままの斜面では耕作しにくく、家も建てにくい。石が隠れた草地は、草刈りがやりにくいものだ

石垣は平らな土地を生み出すだけでなく、石を１ヶ所に集めることで管理しやすい土地をつくりだせる

2 構造と土留めの原理

土留め石垣の構造

ここでは主に野石（自然石）による土留め石垣の構築を解説する（この応用で風よけ石垣もつくれる）。

擁壁としての石垣は、石の自重によって土を止めるわけだが、石が重ねて組まれることで、面としての土留めも機能する。正面からを見ると、基礎として動かないように大きな「根石」が底部に埋め込まれ、その上に石が積まれていく。下には大きな石が積まれ、上にいくほど石はやや小さくなる傾向にある。大きな石を高い場所に持ち上げるのは大変なので、自然とそうなるのだが、一番上の天端《てんば》は大きめの平石が積まれることもある。角石は動きやすいし、ここを頑丈にしておけば上の土地も広く使えるからだ。

石の形と裏込め石

石垣に積み込まれた石は平面的には小さく見えても、掘り出してみると、奥行きのある石であることが多い。平面に現れる部分を石の「ツラ（面）」といい、奥行きを「控《ひか》え」と呼ぶが、ツラの長さに対して控えは 1.5 倍以上あるものが多く使われている。そして石の角度は奥に向かって（地山に向かって）下がり勾配になっている。これが石が抜けずに崩れない秘訣でもある。

野石（自然石）は土地土地によってさまざまな種類があり、そのまま使う場合もあるが、積みやすく石を

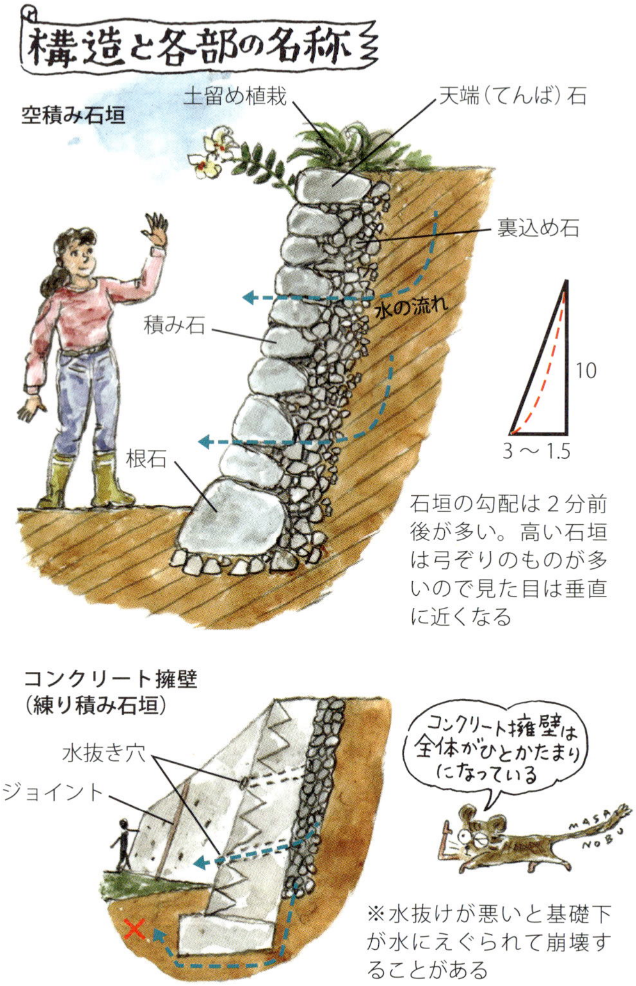
構造と各部の名称
空積み石垣
土留め植栽
天端（てんば）石
裏込め石
水の流れ
積み石
根石
10
3 〜 1.5
石垣の勾配は 2 分前後が多い。高い石垣は弓ぞりのものが多いので見た目は垂直に近くなる
コンクリート擁壁
（練り積み石垣）
水抜き穴
ジョイント
コンクリート擁壁は全体がひとかたまりになっている
MASA NOBU
※水抜けが悪いと基礎下が水にえぐられて崩壊することがある

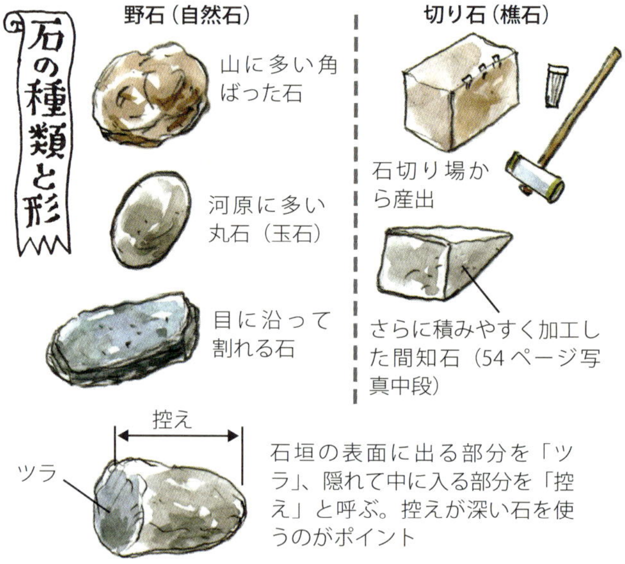
石の種類と形
野石（自然石）
山に多い角ばった石
河原に多い丸石（玉石）
目に沿って割れる石
切り石（椎石）
石切り場から産出
さらに積みやすく加工した間知石（54 ページ写真中段）
控え
ツラ
石垣の表面に出る部分を「ツラ」、隠れて中に入る部分を「控え」と呼ぶ。控えが深い石を使うのがポイント

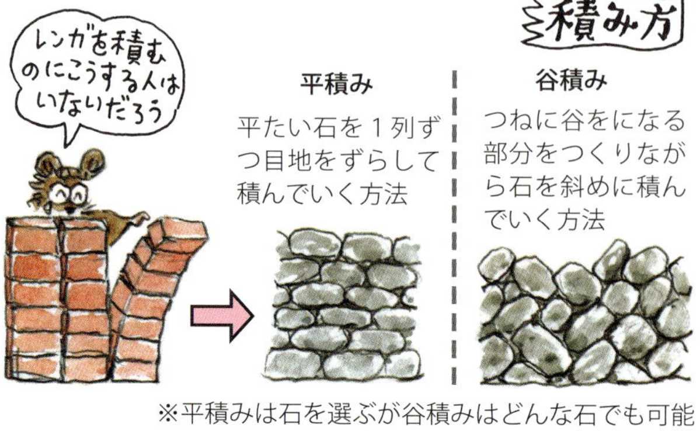
積み方
レンガを積むのにこうする人はいないだろう
平積み
平たい石を 1 列ずつ目地をずらして積んでいく方法
谷積み
つねに谷をになる部分をつくりながら石を斜めに積んでいく方法

※平積みは石を選ぶが谷積みはどんな石でも可能

割って加工している場合も多い。これに対して切り石（樵《こり》石ともいう）は見栄えを追求し、石同士の擦り合わせを精巧にし、平面をできるだけ整えようとするものだ（しかし、これが土留めに強いわけではない）。

そして、積まれる石の裏には大量の小石が積み込まれている。これを「裏込め石」と呼ぶ。この石は表には見えないが、地山との緩衝となって積み石を強固にし、かつ隙間から雨水や浸透水を排水するのに大きな役割を果たす。この部分が土だと排水ができず、水を含んだ重い土圧に石が動き、崩壊しやすい。「石垣は裏込めで保つ」と言われるほど重要なものである。

積み方の種類

石の積み方は大きく分けて「平積み」と「谷積み」がある。平積みはレンガを積むように平らに石を重ねていくもので、「布積み」とも呼ばれる。谷積みは石を斜めに差し込むように積んでいくやり方で「乱積み」とも呼ばれる。また石の大きさが揃うと一定の規則性が生まれ、その形から「矢羽根積み」と呼ばれるものもある。積み方の選択は材料にも左右される。

平積みは、積み方が単純だが、石の大きさ高さが均等に揃った石でないとやりにくい。また、平積みだけで高い石垣を組むと崩れやすい。

石の建築の多い西洋では、建造物と基礎が連続しているため「平積み」の石垣がほとんどだが、日本では木造建築であることで石垣だけが独自に進化したのと、急峻で雨の多い斜面を守るために「谷積み」が発達したようだ。全国の山間地を眺めてみると、谷積みの石垣が多いのは、石の形の自由度が高く、強度的にも優れているからである。

河原の丸石をレンガのように積んだ「平積み」の例（愛媛県土居町、右写真も）

丸石を規則的に積んだ「谷積み」の例。その形から「矢羽根積み」とも呼ばれる

お城の石垣は切り石が多い

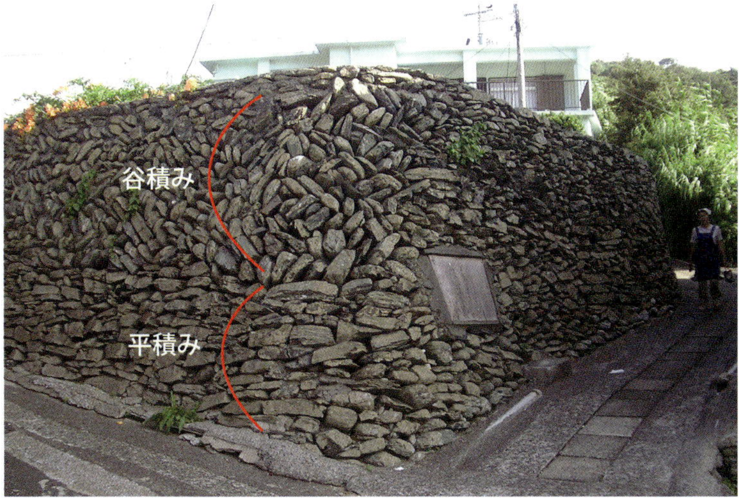
谷積み
平積み

下部が平積み、上部が谷積みに分かれた愛媛県佐田岬の風よけ石垣。この裏側に家が隠れている

切り石による「乱積み」の石垣（香川県高松市）

切り石による精巧な擦り合わせに曲面までついた石垣（岡山県閑谷学校）

3 必要な道具と服装

土と石を移動する道具

石垣を積むためにはまず土を掘り、その土を移動して作業スペースをつくらねばならない。崩れた石垣の補修であれば、その土の中から積み石と裏込め石を選り分けてく。この作業にはツルハシが活躍する。スコップも先の尖ったものと平らのものと、２種用意すると便利だ。

ツルハシで動かないような大石を掘り出すにはテコを用いる。これには丈夫な角材かスギ・ヒノキ間伐材などの丸太を用いる。丸太は掘り出した大石を移動するときのコロにも使える。

土や小石の移動にはホームセンターで売られているプラスティックの箕が便利である。昔は木の箱状のものを自作して運んでいたようだ。

石を積み始めると、石の位置を調整し動かすためのバールが必要になる。

石を加工する道具

石を専門に割るための玄翁《げんのう》も市販されているが、石垣補修ではすでに積まれた石を使うので、そこまでは必要ないだろう。しかし小さな出っ張りを欠いたりすることで石がうまく収まるということがあるのでハンマーは持っておきたい。頭が 1kg 程度のブロック割

スコップ２種。角と丸、先の形で使い分ける。ツルハシは石を掘り出すのに抜群の性能を発揮する。土工になくてはならない道具

裏込め石や土を運ぶのにプラスティックの箕（み）

左から、タガネ（ノミ）、ハンマー、ゴーグル、バール

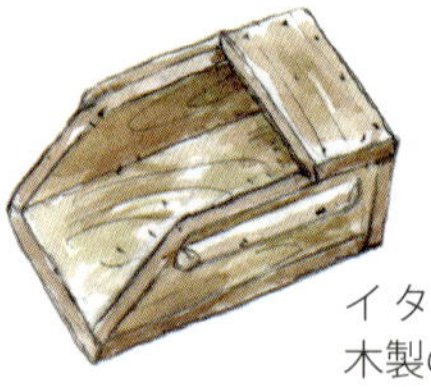

イタルさん自作、木製の石運び箱

石を割る（はつる）道具▶
イタルさんによれば昔は集中的に石が必要なときは、石割り（はつり）専用の玄翁を使い、仕事のたびに木炭とふいごを使った鍛冶仕事で玄翁の頭の角を鋭く出していたそうだ。現在プロの間では超硬合金タンガロイの玄翁（高価）がよく使われる（角修正はグラインダーで研ぐ）。玄翁の柄はグミ、ヒイラギ、カマツカ材が衝撃を吸収し優れているが、現在はピアノ線をゴムで覆った特殊素材の柄（写真左）も売られている。また金属製の矢（セリ矢など）を使って石を割る方法もあり、石によっては焚き火で焼いて割る方法もある。石の割り方については『石垣を積む　一職人の覚え書き／実践テキスト編』佐藤武著（東京新聞出版局 1999）が詳しい

石割り玄翁 (3.5kg) とゴム＋ピアノ線の柄

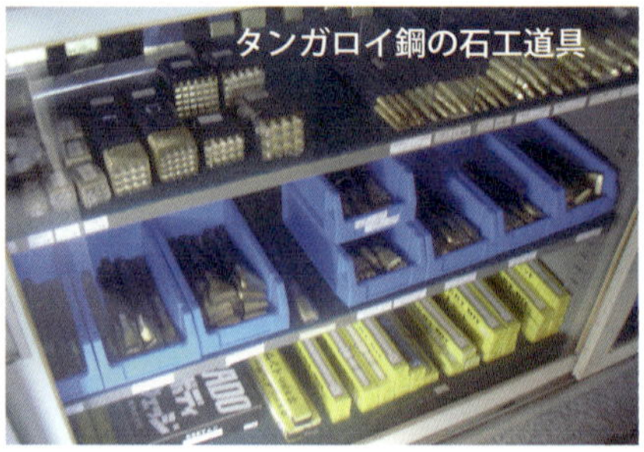

タンガロイ鋼の石工道具

西谷商店／香川県高松市牟礼町牟礼 2760-6
TEL 087-845-2333　FAX 087-845-6393
http://www.nishitani-de.net/

り用のもので十分である（積んだ石を叩いて締めるのにも使う）。また、はつり用のタガネも何種類かあると便利だ。小さな形成ならブロック用のもので代用できる（前ページ写真）。タガネを使うさいはゴーグルで目を保護する。

足場と水糸

高さ 1.5m 以上の石垣を組むときは足場をつくると作業がしやすい。支点に異形鉄筋数本と、その上に載せる足場板が必要になる。廃材の金属管（ガス管など）や角材も使える。異形鉄筋はホームセンターなどで「イケイマルコウ」の名称で売られている。直径 D=16mm、長さ L=910mm のものが 1 本 300 円程度である。

石垣の平面を見る測量道具として、丁張り用の水糸、それを止める板材、釘などがあるといい。

服装

軍手は布製ではすぐに穴が空くので、ゴム引きのものが必須。長袖着用はもちろんだが、手甲があるとさらによい。重い石の移動には腕全体の摩擦を利用するので、そのとき袖が擦れるからだ。

土にまみれる足は長靴よりも地下足袋がよい。それもスパイク付きのものが滑りにくい。落石の危険もあるので帽子は必携。高い石垣を積むときはヘルメットを着用したい。

高い石垣を積むには足場がいる。写真は、上で石を積むイタルさんに筆者が裏込め石を運んでいるところ

野外作業で直線や高さを見るのに便利な丁張り用の水糸。ナイロン製のもの。ホームセンターなどで入手できる

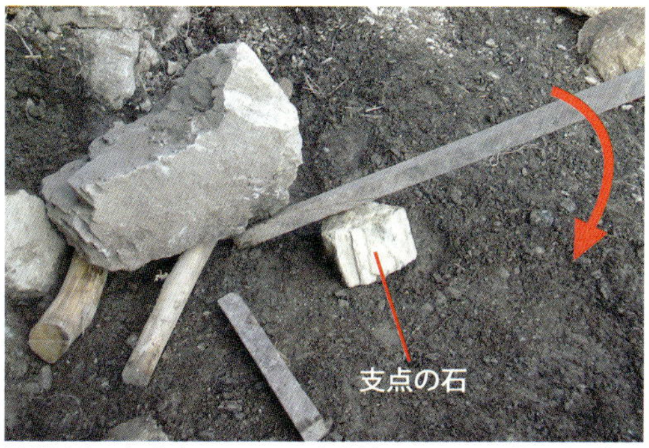

間伐材の丸太をコロに、角材をテコに。大石を動かすさい、石の下にあてがう小さな角材もあると便利

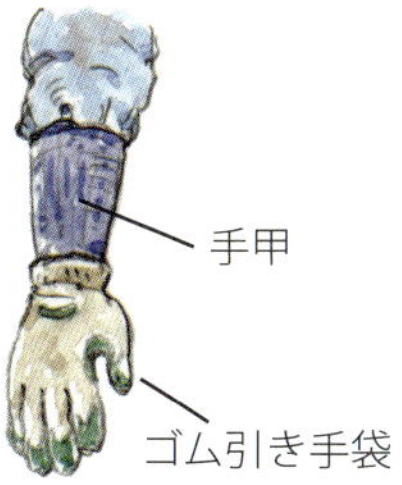

異形鉄筋を打ち込み、足場板の支えとする

半割り丸石で平面的にツラを揃えた石垣の例（静岡県久能）。かつて高知では、クジラ脂をしみこませた縄を石の中央に巻いて燃やし、石を割ったという

石割りの基本

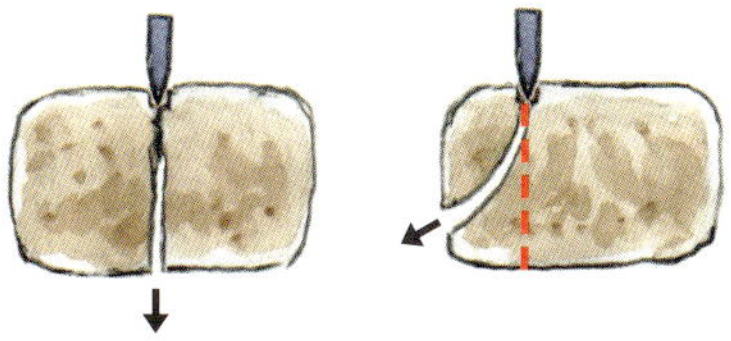

矢を使って割る場合、石の真ん中に矢を当てれば真っすぐ割れるが、端で割ろうとすると割面は横に逃げていく

ハンマーは角を使って割る。柄を立てれば浅く割れ、寝かせれば深く割れる。ただし石に目（節理）がある場合は別で、目に沿って割れていく

4 石垣再生の手順

灌木の処理と土移動

新規に石垣を組むには大量の石をどこかで確保しなければならない。山では地面を掘るだけで石がゴロゴロ出てくることが多い（河原や沢は石の宝庫だが、大量に採取するには許可が必要になる）。現実には崩れた石垣を再生することが多いと思うので、ここではその手順を紹介しよう。

崩れた石垣は多くの場合、土に埋もれた斜面になっていて、何年も放置されていれば雑草や灌木が生い繁っている。抜くか伐採し、根もできるだけ取り去っておく。その中で、植え直せば土留めとして使えそうな植物は別にとっておく。私の地方ではユリ科のリュウノヒゲが石垣天端の土留めに一部使われていて、補修時によく使い回しされる。

雑草、灌木を整理したら次に中段あたりから土を掘り、土の中から石を取り出していく。掘り進めると上部が崩れそうになってくるので、ツルハシで突っついて下に落とす。上手に身をかわしながら作業を進める。

石の集め方と運び方

土に潜っている石は、ツルハシの尖ったほうを用いてテコの要領で浮かせて、動かす。石が表面に出てきたら、大石は転がして移動させ、中小の石は手で投げて1ヶ所に集めておく。さらに大きな石はテコで掘り出してから、コマのように回転させながら移動する。

▶根を切る

伐採株は根ごと引き抜くのは難しいので、土を掘り下げて根を手ノコで切る

▶石を掘り出し移動する

大石をツルハシで起こし、転がしながら後方に移動する。小さな石は手で投げたほうが早い

特大の石を移動する
石の周りを掘る
どんな大石でも1点なら回る
テコで動かす
石をあてがう
浮いた石の下にカイ棒（角材などでよい）を差し込む
棒の上をすべらせる
平場に出たら、底の1点を軸に、左右に振りながらジワジワ横移動

▶崩壊地を掘る

草木が生い繁る石垣崩壊地。ツルハシで石を取りながら斜面の土を掘っていく

既存石垣との擦り付けや、裏込め石までの奥行きを考え、その分の厚みを掘り出す

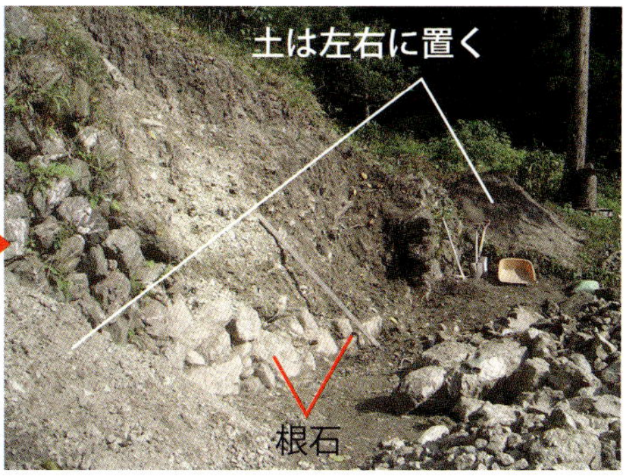

ようやく根石が出た。これから作業するスペースを十分残しておく

それらの石は、右図のように大きな積み石用と、小さな裏込め石用とに選り分け、小山にまとめておく。土も別の場所に集めておく。これらの石や土は、積む手順を考えたレイアウトで置いておくのがコツ。石垣で一番最初に積むのは大石だから、大石は手前に置いておく。手前に土や小石の山があると作業はしづらい。

どこまで掘るか？

さて、斜面をどこまで掘り出していけばいいのだろうか？　答えは、「石を積む前段階の斜面をつくり出す」と考えればよい。完成予想の石垣の位置と傾斜と、積み石＋裏込め石までの奥行きを考え、そこまで来たら掘り進むのを止めればよい。左右に既存の石垣が残っているなら、それが奥行きの参考になるだろう。また、地山が見えだしたら（土の見た目が「層状」で、固さがちがうのでそれと解る）掘りを止める。底面は根石の位置まで掘り下げる。崩れた石垣でも根石は動かず残っていることが多い。それが掘り下げる基部の目印になる。もし根石まで動いているようなら、新たに根石を据え付ける深さまで掘らねばならない。

新規に石垣をつくるのはもとより、崩れた石垣の再

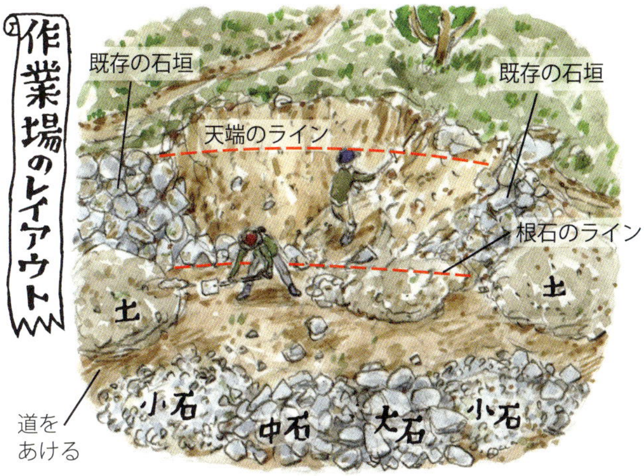

生にしても、「石を積む」よりまず「石と土を移動させる」ことが作業の大半を占めることを覚悟しておこう。そのためにツルハシやスコップ、テコの使い方を習得すると作業が軽減できる。また、工事の全行程にいえることだが雨の日は石が滑りやすく土が重くなるので工事を中断する。もし何日も雨が続きそうなときは、工事箇所にブルーシートをかけて保護するとよい。また水たまりができないように、現場にはなるべく土の窪みをつくらず水はけをよくしておく。

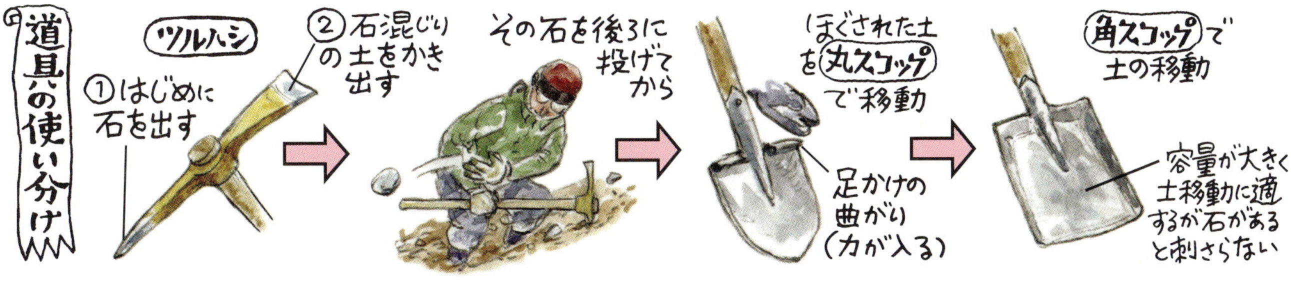

5 丁張りで直線をみる

水糸でツラを揃える

さて石を積み始める前に、仕上がり平面の位置や、立面の傾斜角を、「丁張り」によって決めておこう。

まず、石垣を積む作業箇所の両端に角材の杭を打つ。ここに長めの小幅板を、石垣の仕上がりの傾斜になるように、やや傾けて打ち付ける。角度は既存の石垣に沿うなら目測でいいが、新設の場合は集落の既存の石垣を観察しておよその角度を決める（だいたい２分勾配程度になっているはずだ）。角度を見るには釘打ちした小幅板から「下げ振り」を落として測る。

次に、２本の小幅板の間に水糸をピンと張る。この線を目安に石を積んでいくのだ。積み石が高くなるにしたがい、この水糸も上へずらしていけばよい。

野石は不定形なので、石垣の面を平坦に見せるのは難しいが、「丁張り」をとり、それに沿って石のツラをきちんと直線に揃えるだけでもずいぶん印象が変わる。仕上がりが端正になり、力強い印象を与えるものだ（石の出の先端をツラと考える。下図③）。

ツラを曲面にしたい場合は何点か多角形に角材を打ち、そこに水糸を張って目安とすればよいだろう。

①既存の石垣に合わせて傾斜をとり、小幅板を打ち付ける。ここに２本の水糸を平行に張って、基準面とする。

②根石を据える。石を水糸に合わせながら丁寧に置いていく。微妙なずらしはバールで行なう

２本の水糸で垂直方向を揃える

石垣は立面の傾斜角に対してツラがまっすぐであることも重要である。よくないのはお腹がふくらんだように中間が出てしまうことで、それだと土圧に弱い形となる。むしろゆるく逆ぞりしていたほうがいい。城郭の石垣が逆に反っているのは、外敵の侵入を防ぐためもあるが、アーチと同じ原理で、土圧にも強く、理にかなっている。

高い石垣の場合は水糸を二本張って、垂直方向の直線もみるようにしたい。間隔は 50cm 程度で、上から見てその二本が重なるラインに合わせるように、石を置いていく。

次の石を置いたら、その下の石はもう動かせない。のちのち後悔しないように、一つひとつの石の出っ張り具合はバールやハンマーなどで慎重に調整しながら積んでいきたい。

③水糸には石のツラを合わせる

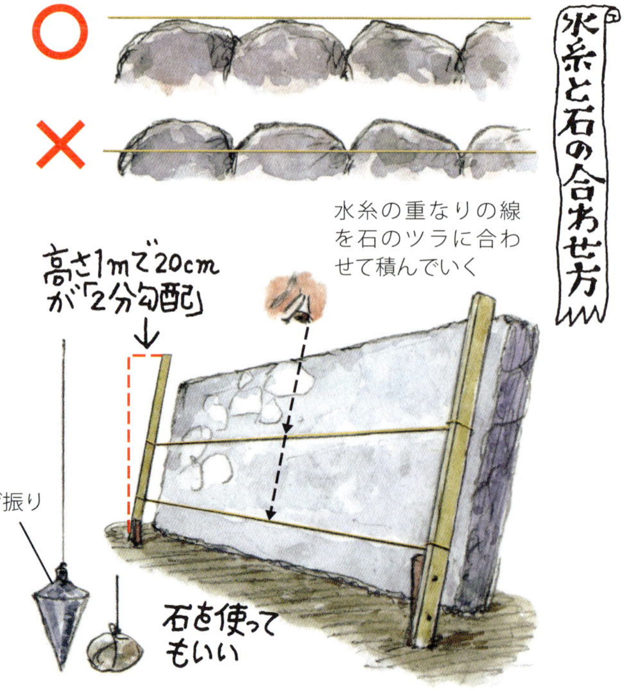

○
×
水糸と石の合わせ方
水糸の重なりの線を石のツラに合わせて積んでいく
高さ1mで20cmが「2分勾配」
下げ振り
石を使ってもいい

6 石の選び方と石の積み方

積みやすい石を選ぶ

積み石は、少なくとも控えが 25 ～ 30cm 以上ある大きさの石が理想だ。20cm 以下の小さな石は裏込め石に使うよう選り分けておく。

石の形は長方形やラッキョウ形の石、平たい石が、控えの奥行きをとりながらツラを揃えやすく、積みやすい。いちばん積みにくいのは、球形の石である。角石と丸石では角石のほうが積みやすい。丸石は接点が滑りやすく、ツラの平面が出しにくいので、半割りにしてツラを出してから積んでいる例もあるし、裏にモルタルを充填してコンクリート一体型の擁壁としてしまうことも多い（その場合はパイプなどで排水のための水抜き穴をとる必要がある）。

根石を据える

根石が動いているようなら、まず根石を据え直す。根石は集めた石のうちで最も大きな石を用いる。石垣の下の地面が平坦なら、根石はそれほど深く埋めなくてもよいが、斜面になるようなら、根石は予定のグランドレベルに隠れるくらい埋まるように据える。根石をおく地面は丸太などで突いて、よく締め固めてから据えること。ぐり石を敷いてもいい。

大石を利用する

石は「ツラ（表面）より控え（奥行き）を長くとって積む」のが正しいが、大きな石で座りのよい石なら控えを前に出して横長に使ってもよい。石垣が高くなればなるほど、下部の石には力がかかるので、控え（奥行き）のある石が望ましいが、高さ 2 m 程度の石垣なら、40cm 程度、高さ 1.5m の石垣なら 30cm ほどあれば十分。ただし次に載せる石の安定を考え、「奥が下がっていること」、そして「裏込め石が入れてあること」が絶対条件だ。

重量がある大きな石は価値がある。大きな石を使った石垣はそれだけで崩れにくい。自重で土圧に耐えてくれるからだ。そしてボリュームがあるので、石垣の高さと面積を稼げる。「重いから動かすのが大変

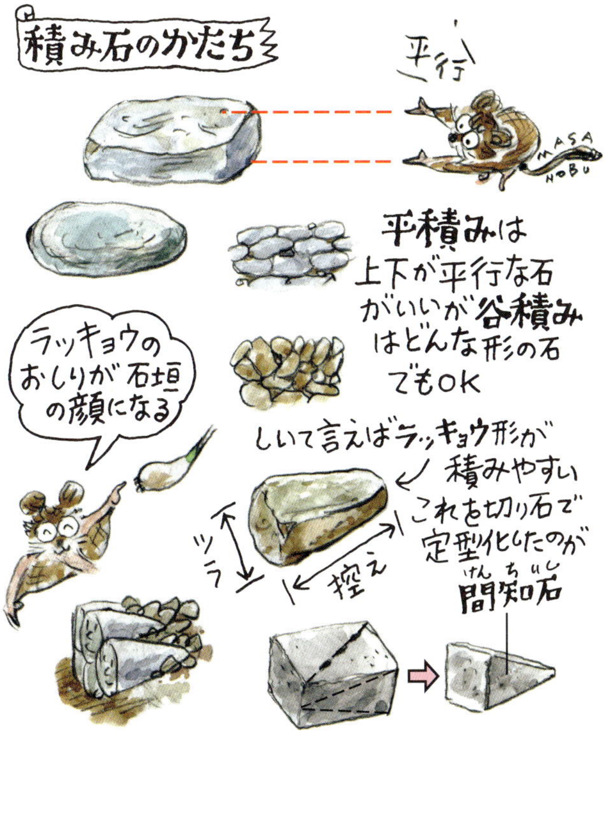

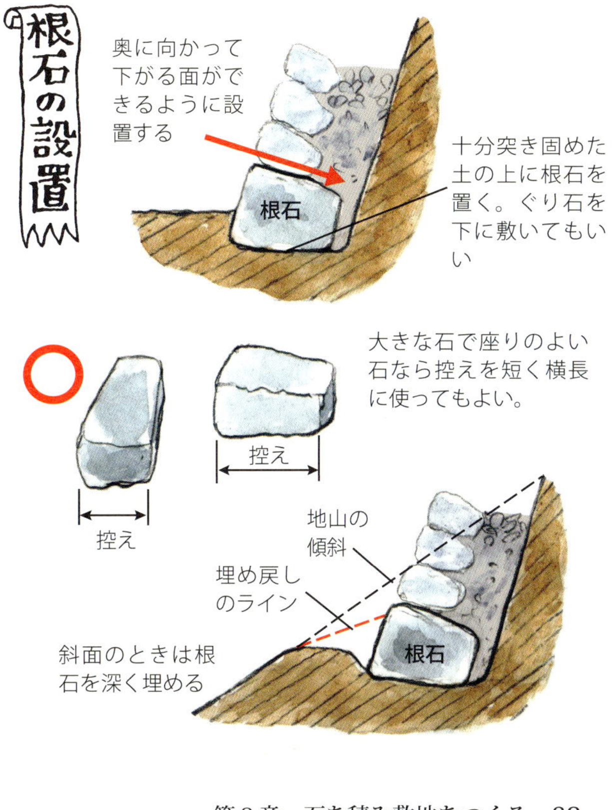

だ」などと考えず、大石はできるだけ低い時点で用いるようにする（重い石は高くなるほど積むのが大変になる）。テコを用いたり、ずり上げるコツをつかめば、案外動くものである。

積みは３点支持が基本

根石の上に、下から一段ずつ、大きい石から順に積んでいく。ある部分を先に高く積むようなことをすると、底辺の石が動いてしまうのでよくない。

一段積んだらその裏側に裏込め石を入れ、土の壁との空間を埋める。上から棒などで突いて小石がしっかり噛むようにする。そしてまた一段積んでいく。できるだけ谷積みに習う積み方をする。つねに互いの石がかみ合うように、うまく石を傾けながら、しかも次の石が入る谷間をつくりながら、積んでいく。

転がせないほどの大石はテコで石と木を挟みながら持ち上げていき、テコで押し込む

不定形の野石は、面ですりあわせることは難しい。どうしても点でくっつくことになる。だから空間ができて排水には強いが、美しく安定して組むことはとても難しい。できるだけ平面のツラを表に見せたい。だからといって力学を無視すれば崩れてしまう。以下の３つは必ず守らねばならない法則だ。

１）石はツラ（表面）より控え（奥行き）を長くとって積む（特大の石は例外）

２）石は奥が下がっていること

３）石は３点でしっかり固定されていること

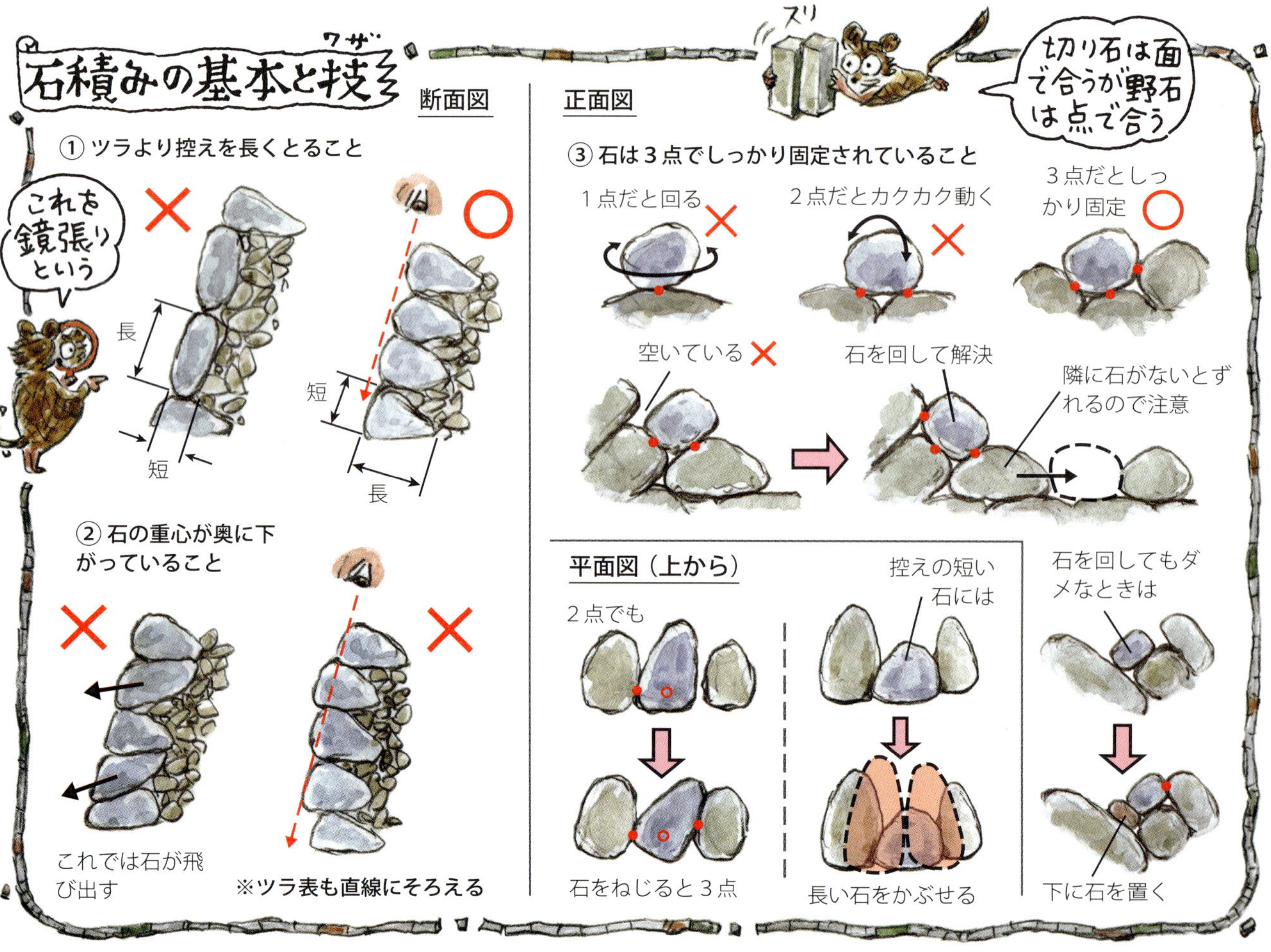
石積みの基本と技《ワザ》
断面図
①ツラより控えを長くとること
これを鏡張りという
長
短
短
長
②石の重心が奥に下がっていること
これでは石が飛び出す
※ツラ表も直線にそろえる
ズリ
切り石は面で合うが野石は点で合う
正面図
③石は３点でしっかり固定されていること
１点だと回る
２点だとカクカク動く
３点だとしっかり固定
空いている
石を回して解決
隣に石がないとずれるので注意
平面図（上から）
２点でも
石をねじると３点
控えの短い石には
長い石をかぶせる
石を回してもダメなときは
下に石を置く

▶石を回して3点固定

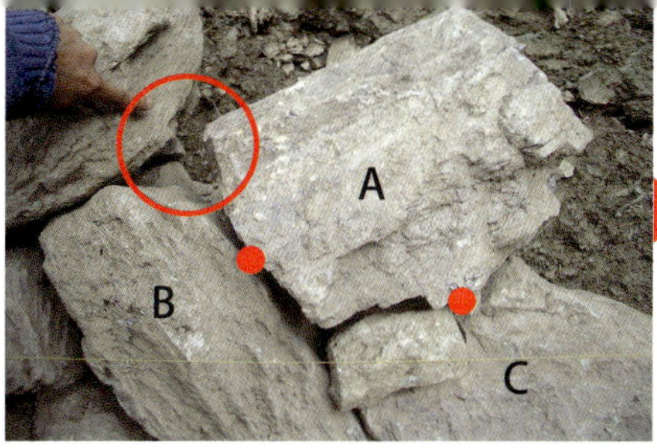
A
B
C

石Aは2点で接しているだけで隣の石とすき間があるよくない例。石を回して3点がつく形にするか、石を変える。ここに小さな石をはめ込んですき間を埋める、というやり方はベストではない。小さい石は重量がないので動きやすく、積み石には向かないから

D
A
B
C

結局Aは回転して隣へ。かわりに石Dが入って、それぞれが3点を得て安定した

3点で固定されると、石はとても安定する。石は原理的にはいつも3点で止まっているが、この3点をできるだけ隣の積み石との関係の中で得るようにする。動かしているうちに隣の石とはまり合って、カチッと動かなくなる位置があるものだ。仮に2点で固定しても奥に挟み込んだ裏込め石（飼い石）で3点目を得てもよいが、接触している石は2つでなく3つが望ましい。接点はツラの表面だけでなく、内奥にとってもよい。石をねじることで3点を得る、ということもよくある。

さて、以上の3つを守ったうえで、なおかつ

4）ツラが平らに美しく揃っている、のがよい。

慣れてくると、石を見ればどの面がツラになるかがわかる。2～3の候補の中からその空間にうまく収まる石を探すこと。そして納得いくまで石を回し、動かしてみることだ。そのとき丁張りの糸に石のツラを合わせることを忘れない（62ページ参照）。石が大きいときは、バールを使って微調整するとよい。また、出っ張りがあって収まりが悪いときは、ハンマーでその部分を欠いてから、石を入れるといい。

うまく安定して石が収まったのに、正面から見ると大きめの穴やすき間が目立つ場合もある。そこには穴に見合った小型の石を探してはめ込むようにする（下図）。この作業は石垣がすべて積み上がった後でもよい。

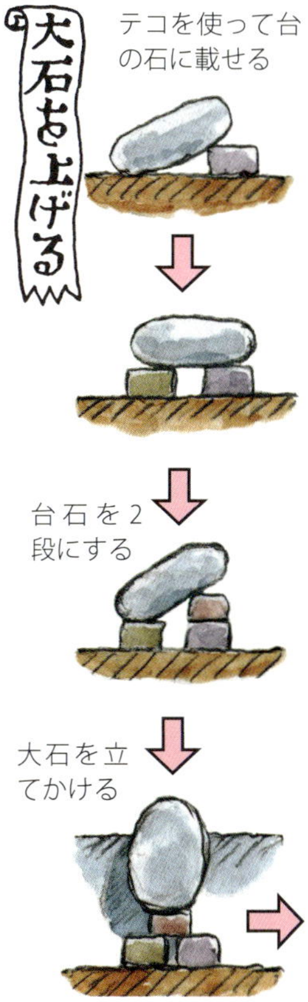
大石を上げる
テコを使って台の石に載せる
台石を2段にする
大石を立てかける

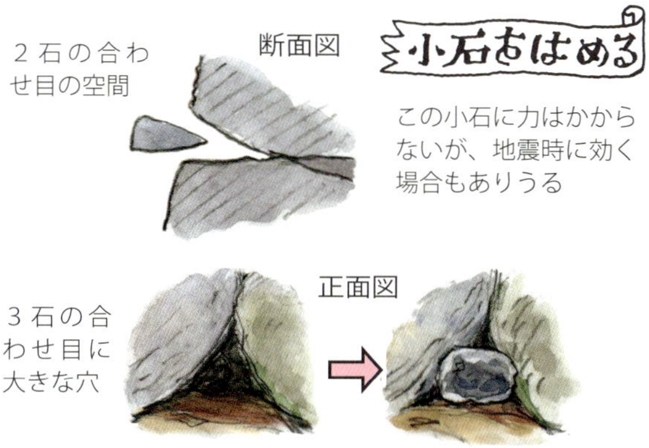
小石をはめる
2石の合わせ目の空間
断面図
この小石に力はかからないが、地震時に効く場合もありうる
3石の合わせ目に大きな穴
正面図

大石は立てかけてからずり上げる。そのままではとても持ち上がらない石も、立てかけてすべらせていくとなんとかなるものだ。腕と胸を石につけて体全体を使う。高い位置なら別石で台をつくる（左図参照）

7 裏込め石・飼い石挿入の注意点

裏込め石を入れてから次の石を積む

石を一段積んだらその裏側に裏込め石を入れ、土の壁との空間を埋める。これが手順だ。そしてまた一段積んでいく。こうしないと石が安定して積めない。

裏込め石は、上から落とし込んだだけでは不十分で、積み上げた石の裏にしっかりと入っている必要がある。組み上げた石の裏に大きな空きがあるときは、そこにうまく挟まるような石を押し込む。必要に応じてハンマーを使い、石を食い込ませる。

裏込め石はすき間なくたっぷり詰める。必要に応じて飼い石を挟み込む。ここには土を入れない

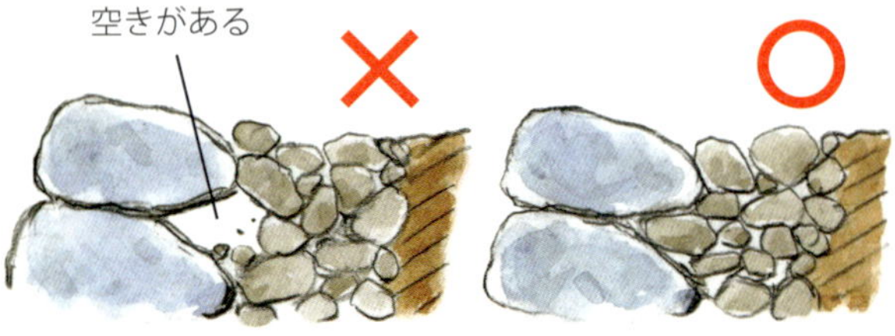
空きがある
×
○

積み石の裏側にすき間ができないように、裏込め石を詰める。必要に応じてハンマーで叩いたり、鉄棒で突いてもいい

飼い石をはめ込む

また、石のツラがうまく揃うのに、3点がどうしてもとれない場合がある。このようなときも裏側に石を置いて3点目をつくる手がある。このような石を「飼い石」という。飼い石には平たい石が向いている。なるべく水平に差し込むようにする。

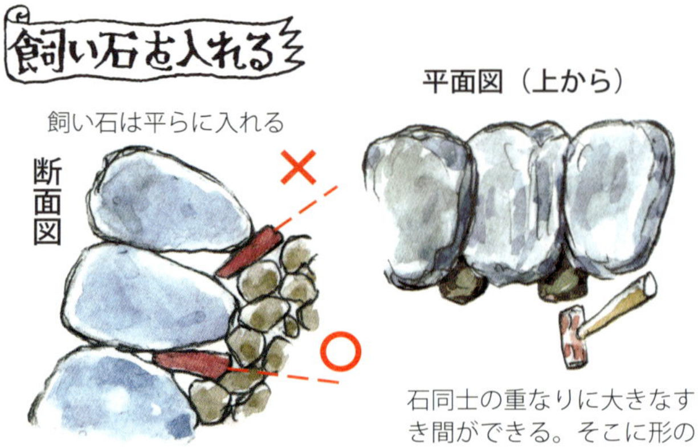
飼い石を入れる
飼い石は平らに入れる
断面図
×
○
平面図（上から）

石同士の重なりに大きなすき間ができる。そこに形の合う石を詰める

裏込め石の裏には土を埋め戻す

裏込め石の量は多ければ多いほどいいが、上に積み上げていくほど背後の土壁との空間が開く。これを全部小石で埋めていくと石が足りなくなる。また当初かき出した土も余ってしまう。そこで奥行き30～40cmを目安に石を置き、空間ができたらそこには土を埋め戻すとよい。土はよく踏むなり丸太で突くなりして、十分転圧する。このとき、裏込め石の中に土を詰めないように。排水をよくするために空間を残しておく必要があるのだ。

崩れる石垣の原因は裏込め石が不十分だったケースが多い。そのため再生するときは小石が足りなくなることが多い。日頃から畑地から出た小石などを集めておくなど、石垣積みの準備をしておくといい。

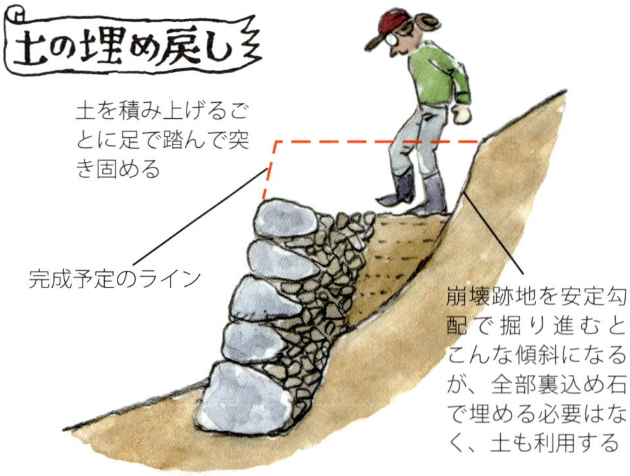
土の埋め戻し
土を積み上げるごとに足で踏んで突き固める
完成予定のライン
崩壊跡地を安定勾配で掘り進むとこんな傾斜になるが、全部裏込め石で埋める必要はなく、土も利用する

石積みの禁じ手

一般に間知石や玉石による石垣積みの禁じ手として「四つ目」「四つ巻」「八つ巻き」「重ね石（重箱、いも串）」「拝み石」「落とし込み」「稲妻目地」などが知られている（いずれも正面から見た石のの形を表現した呼称）。

ところが、不定形な野石で積まれたものは、石がこのような形でも崩れていない石垣がたくさんある。面で擦り付ける間知石とちがって、野石は点で石が合わさっているので、石が動きにくくふくらみにくい。しかも不定形なので、石の目地が通っていてすべりそうに見えても、微妙な位置や角度でもう一つの石を噛んでいる場合が多いからだ。

ただし、野石でも「均等な大きさの石」を積む場合は、間知石による石垣積みと同じ力学が生まれる。これらの禁じ手を外すよう頭に入れておいたほうがいいだろう。

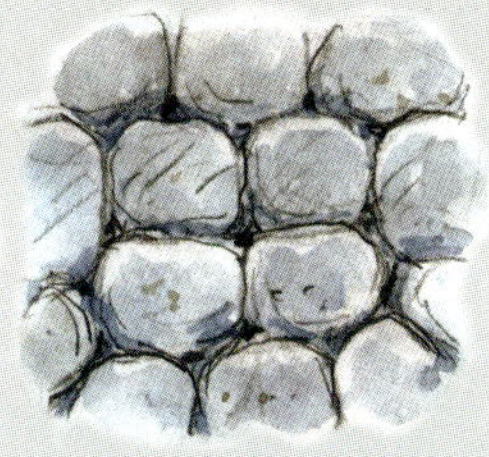

四つ目　目地が十文字になってしまったもの。「通し目」ともいう

四つ巻き　1つの石を4個の石が取り巻いている。中の石が抜けやすい

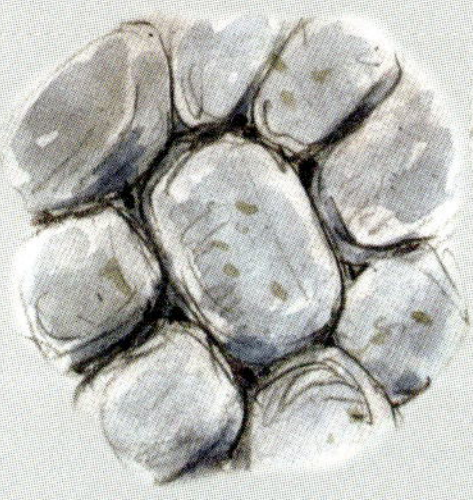

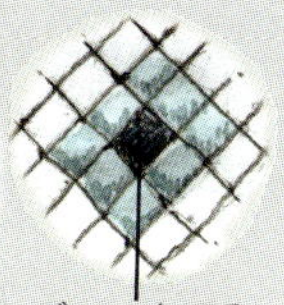

ブロックでみる八つ巻き。目地が通って弱い

八つ巻き　1つの石を取り巻いている石が8個。同じく抜けやすい

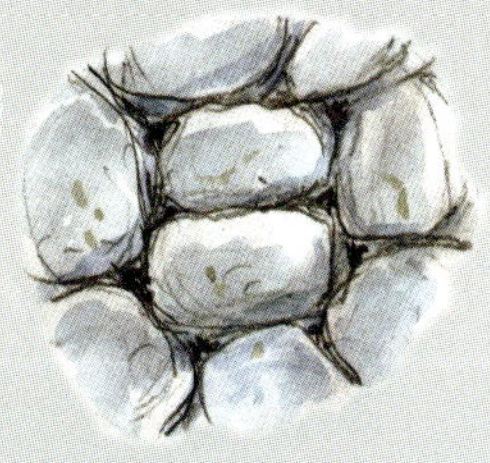

重ね石　重箱ともいう。3つ並んだものを「いも串」とも

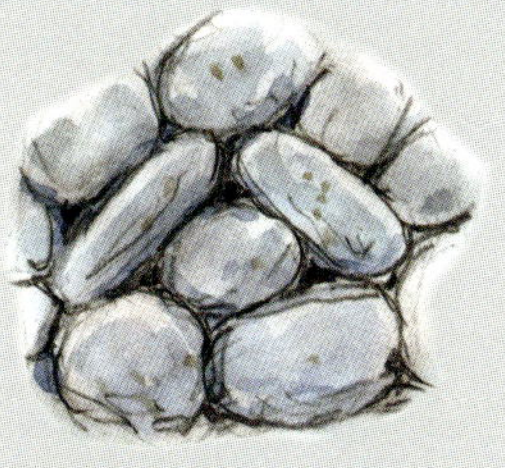

拝み石　2個の石が手を合わせて拝むかたちになっている

開き石　上からの石の重さで2個の石が開いている

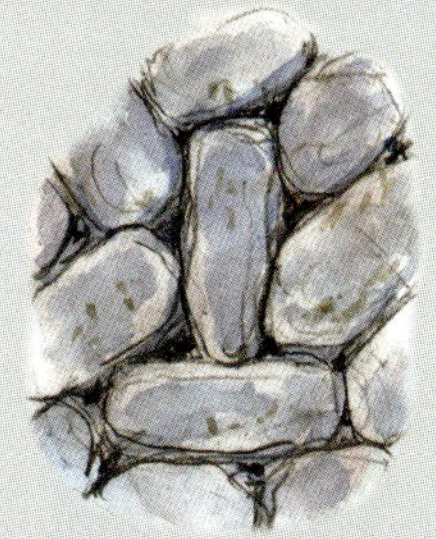

一文字石　水平垂直の組み合わせは、石の力の流れ・緊張が、ここで途切れる

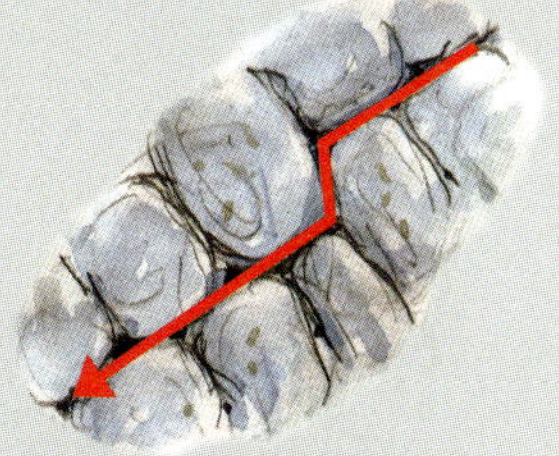

稲妻目地　目地が稲妻型。石のかみあわせが片寄ったもの。目地に沿って石がすべる

似ているけれどこちらはOK！

○

六つ巻き　3点支持で積むと自然とこの形になる。力が分散し、崩れにくい

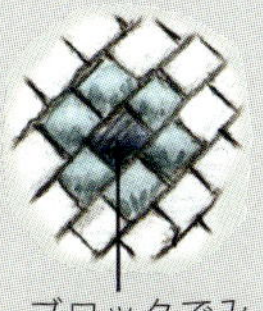

ブロックでみる六つ巻き

間知石の谷積みパターン

垂直石がこの石の胴にかかっているので、「開き石」ではない

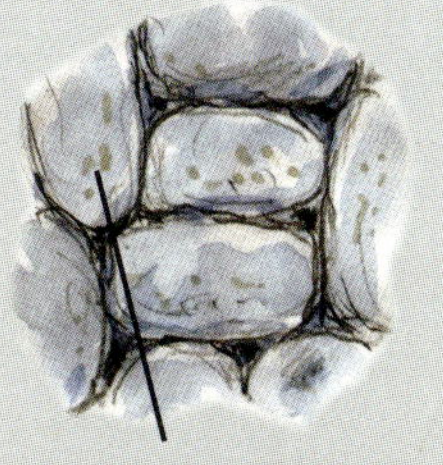

この石が2重石を噛んでいるので「重ね石」ではない

水平面には2個の石を斜めに重ねることで対処するとよい

参考／『ものと人間の文化・石垣』田淵実夫（法政大学出版局）

8 既設部と補修部の接点の擦り付け

残す石を見極める

まったく新規に石垣をつくる場合は別だが、崩れた石垣の再生時には、既設部分との接点の擦《す》り付けをうまくやらねばならない。最初に既設石垣のどの石まで崩して、どの石まで残すか、という見極めが必要だ。

残した際（キワ）の石は予定のツラ（水糸のライン）よりもややふくらんでいることが多い。崩壊時にずれてしまったのだ。小さな石垣の場合は、既設のキワの石組みに弱点があるようなら、思い切ってその部分の石を崩してしまい、最初から積み上げたほうがいい。

しかし高さのある石垣や大きな石を使った石垣の場合は、下部を崩すとなると、たった１個の石でも大量の上部を支えているので、土のかき出しから石の移動まで膨大な作業が生まれてしまう。できたら、膨らみはバールでうまく押し込んだほうがいい。

古い石を押し込み、新しい石で固定する

ずれたキワの石は、まず裏の小石や土をかき出してから、バールで浮かし、押し込んで修正する。その際、上に加重をかけている石が落ちそうな気がするが、古い石垣は裏の土に食い込んでいるので、案外落ちないものだ。しかし、万一に備えて慎重に作業を進める必要がある。

この作業は、最初にすべての石でやるのではなく、修正したい石の高さまで新設の石垣が積み上がるそのつど、行なうのがいい。動かした古い石に、新たな石を擦り付けて固定したいからである。

所定の位置まで石が動いたら、裏込め石や飼い石を挿入し直し、新旧の積み石の接点を一体化させる。

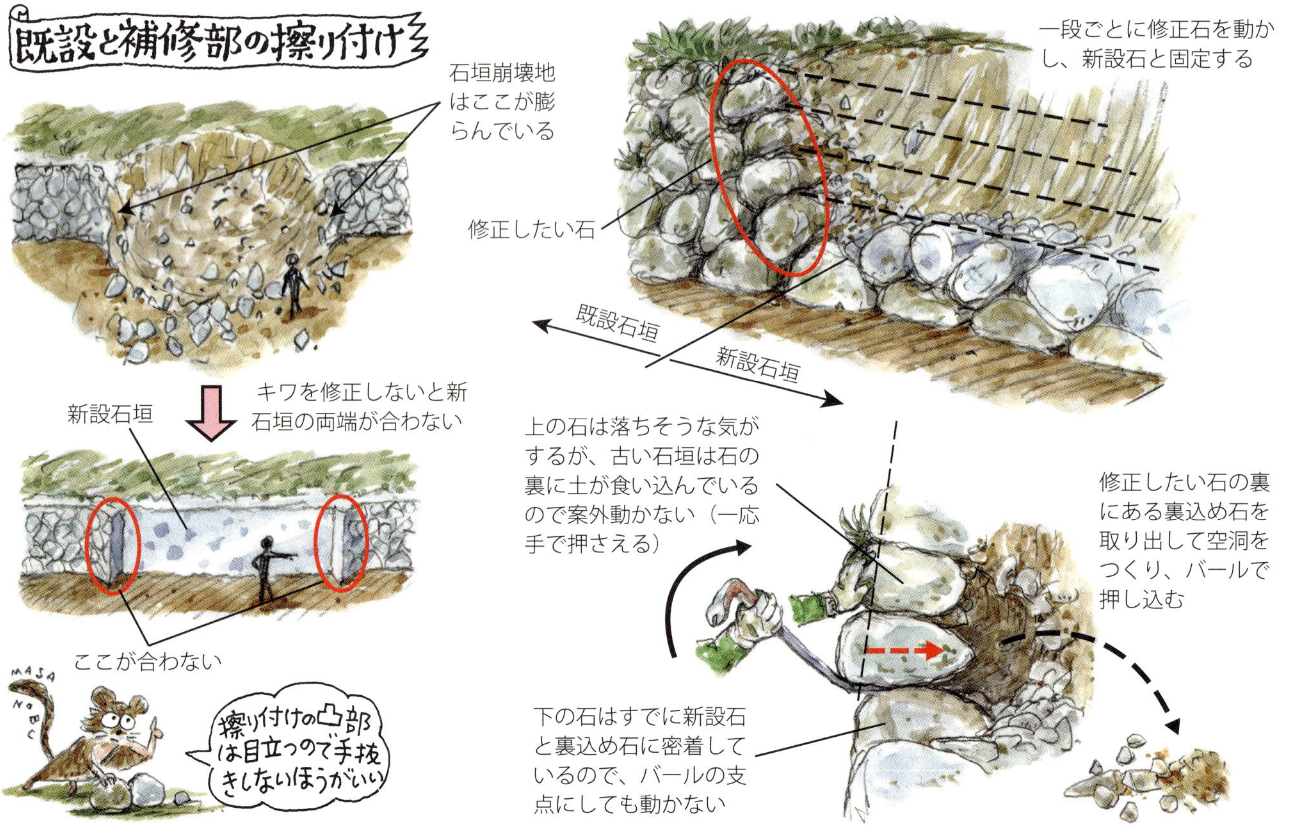

既設と補修部の擦り付け
石垣崩壊地はここが膨らんでいる
キワを修正しないと新石垣の両端が合わない
新設石垣
ここが合わない
MASA NOBU
擦り付けの凸部は目立つので手抜きしないほうがいい
一段ごとに修正石を動かし、新設石と固定する
修正したい石
既設石垣
新設石垣
上の石は落ちそうな気がするが、古い石垣は石の裏に土が食い込んでいるので案外動かない（一応手で押さえる）
修正したい石の裏にある裏込め石を取り出して空洞をつくり、バールで押し込む
下の石はすでに新設石と裏込め石に密着しているので、バールの支点にしても動かない

9 高い石垣を積むとき

足場を組む

石垣が自分の腰の高さを超えると、石の積み上げがやりにくくなる。2人で作業するときは積み手が石垣の上部に登り、助手に石を上げてもらえばいいが、足場を組めば作業は格段にやりやすくなる。

石垣の地面から50～60cmの高さ（膝よりやや高め）に、積み石の隙間を狙って直径10mm、長さ1m程度の異形鉄筋を差し込み（59ページ）、ハンマーで打ち込む。鉄筋は裏込め石の隙間に入り込んで、やがて動かなくなる。2本打てばそれが足場板の支えになる。足場の長さが必要なら3本打ち込んで、真ん中の鉄筋に足場板を重複させて、渡せばいい。異形鉄筋は丈夫な金属管などでも代用できるし、足場板には角材を２～３本組み合わせてもいい。

上段の石は手で持ち上げられる程度の大きさになるので、一段の足場があればここまで積める

▶足場の組み方

ガス管の廃材を石の隙間に打ち込み、角材を結わえて足場にした例。片側はブロックを積んでその上に載せてある

足場の使い方

足場の使い方はこうだ。まず積み石を足場板の上に載せて、次に自分が足場板に上がり、石をふたたび持ち上げるという作業になる。石を積んだら接触・はまり具合をみて、据え付ける。一定程度積み上げ、天端に登って、上から水糸との位置を確認し、バールやハンマーなどで微調整する。

裏込め石は、大きいものは足場に上がるまでもなく、２～３個まとめて手で投げ入れてしまえばよい。小さいものは箕に入れてまとめて積み石を積み上げるときと同じやり方で持ち上げる。石垣のサイドから天端に回れるようなら足場を使わず歩いて運んでもよい。ラクで安全な方法をとることである。

▶足場の使い方

まず石を足場に上げてから体を足場に。

次に足場の上で石を抱えて天端に置く。

体を上に置き換えて石積みの調整

10 角、天端の処理と完成後

角の積み方

L字型に石垣を回したいとき（上からみて90度の角をつくりたいとき）は、控えの長い長方形の石を交互に組み合わせて角を積む。これを「算木積み（井桁積み）」という。谷積みの石垣でも、構造上ここだけは平積みになるわけだ。だから角の石に接触する石の形なども熟考する必要があり、不定形の自然石ではもっとも高度な技術を要する。しかしここが石垣の見せどころでもある。算木積みに適した大きめの平石を集めておくなど、事前に十分な準備が必要だ。

長方形の石を交互に井桁状に積むことで崩れにくい角ができる（左、滋賀県大津市坂本。右、愛媛県愛南町）

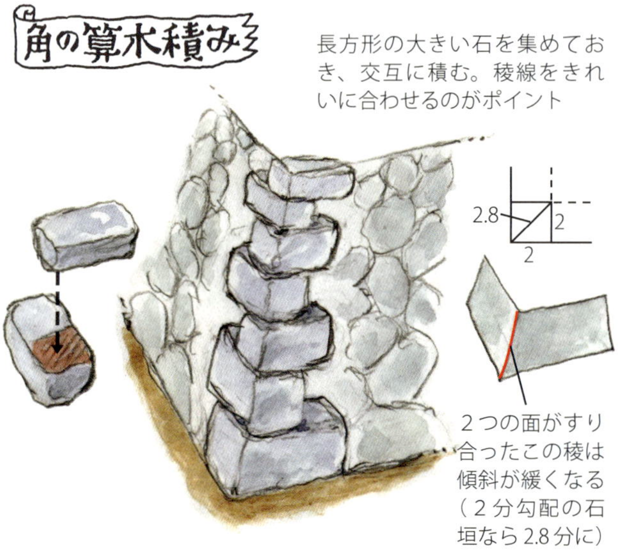

角の算木積み
長方形の大きい石を集めておき、交互に積む。稜線をきれいに合わせるのがポイント
2.8
2
2
2つの面がすり合ったこの稜は傾斜が緩くなる（2分勾配の石垣なら2.8分に）

縦方向に石を収めた天端の処理（左、群馬県藤岡市）と、横方向に収めた処理（右、徳島県美郷村）。数百キロの隔たりがある両地だが、岩質が同じで、緑色片岩を巧みに積んでいる

天端の積み方と処理

天端が石の突起でジグザグしていると見栄えも悪いし、敷地としても使いにくく、石が落ちる危険もある。天端が平らになるように石を選択して、うまくはめ込むようにする（上の写真）。

小さめの石を組み合わせて天端を平らに埋め、土をかぶせながら植物を植え込む処置をしてもいい。植物の根が土を止めてくれる。

また、平らで控えの長い石を残しておき、天端に使う方法もある。天端を大きな石でしっかり固めておけば、裏込め石の中に土が混入することも防げるし、上からの加重にも強く、石垣上部の土地が広く使える。

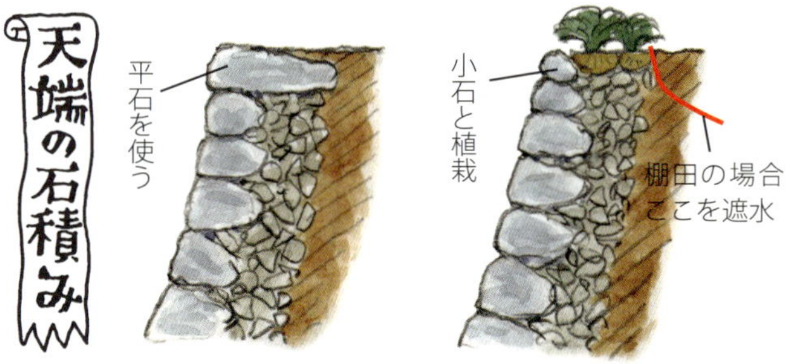

天端の石積み
平石を使う
小石と植栽
棚田の場合ここを遮水

平石型は上からの加重に強いので駐車場にも

植栽型は畑地などに。棚田の場合は図の赤ラインを粘土か畦シートなどで遮水する

天端の土留めによく用いられるジャノヒゲ（リュウノヒゲ）。陰性の植物だが明るいところに植えてもよく育ち、根を張る

地面を均す

石垣が積み上がったら、余った石を除いて、土地の高低をチェックしよう。石垣の根石近くがへこんでいないだろうか？　作業中にもっとも踏み込んだ場所なので他よりもやや低くなっているはずだ。そのままだと降雨の際、水はけが悪くなり、根石付近に水が溜まってしまう。他の場所から土を移動して、地面がやや高くなるように、埋め戻すようにしよう。

積み上がったら
へこんでいたら、土を盛って踏み固める
石垣に接した畑地は、下から上に耕すこと

天端裏のへこみ
手間はかかるが、虫たちにはGood!
ここがへこんでいれば小石を補充する

石垣に根付いた灌木は毎冬枝打ちノコで切る手入れをする（囲炉裏の薪になる）

陽当たりのよい石垣の根石の基部にチャノキが植えられている

11　石垣のメンテナンス

石垣を管理する

石垣の維持管理で重要なのは次の３点。

１）根石直下の土を移動させない……斜面の石垣ではとくに注意する。根石の下の土はいじってはならないが、下が裸の土の畑だと雨でつねに土が下に移動するので、長年の間に根石が浮き出す危険がある。根石が動いて石垣が崩れると補修に大きな手間がかかる。耕起するときや土寄せするときは、つねに山側に土を移動することを心がける。刈った雑草を伏せるときも山側に投げる癖をつける。

２）裏込め石を補充する……長年のうちに裏込め石の隙間から土が流れ、天端石の裏側の土がへこんでいることがある。石が動かないうちにここに小石を補給する。このときのために、山畑で出た石は１ヶ所に集めておくとよい。

３）適度な草刈り……長年経った石垣は天端や石の隙間から植物が生えてくる。夏は適度に草刈りをする。石の隙間の草は徹底的に草抜きしてもかまわないが（排水の機能としてはそのほうが優れている）、草の根が石をくるんで、崩壊を防ぐという例もあるし、風情として楽しむのもいい。

石垣に寄り添う樹木

石垣に樹木が根を張った場合、その根が石垣を強固にする場合も多いが、根で石がふくらんで、石垣を壊す場合もある。初期の段階で抜いてしまうか、適度に切りながら萌芽させ、つきあっていくかどちらかになる。

野石で積んだ石垣は適度な隙間があるので、侵入木が大きくなっても崩れていない例が多く、石垣の上に垣根を仕立てている例もみられる。

石垣は動植物の小宇宙

石は比熱が高いので、陽当りのいい場所ではよく乾き、暖まる。そんな場所では多肉質のサボテンやベンケイソウの仲間、マツバボタンなどがよく育つ。また、陽当りの悪い、湿気のある場所ではコケやシダが生えるし、ヤマユリやギボウシ、シャガ、アジサイの栽培に適している。石垣はコケからサボテンまで幅広い生息環境をつくる。

石垣の野菜栽培利用として、石垣の穴を使って豆類を栽培したり、天端にミニトマトを植えて、下にたらしながら育てることもできる。石垣の輻射熱を苗づくりに利用することもできる。たとえば、カボチャの種子を入れたプランターを石垣のきわに置き、ガラスや透明なビニールの囲いをしておくのだ。私の地域では畑の石垣の下にはチャノキを植えて茶葉を自給していた。定期的にせん定する低木を植えておくなら根石の土の流出保護にもなり、理にかなっている。

多孔質の石垣は、小動物にとってはすばらしいすみかである。昆虫から爬虫類、ほ乳類にいたるまで、その種類は「石垣動植物図鑑」ができるほど数多い。私が石垣を積んでいるときこんなことがあった。積みも半ばにかかろうとするとき、小さな茶色のヘビが目の前に下りてきた。裏込め石を放り込む作業でヘビに当てては嫌だなと思い、つかんで投げようかと考えていると、そのヘビは悠然たる動きで下の積んだばかりの石垣の穴に入り込み、そのまま出てこなかったのだ。季節は晩秋、ここを「冬眠穴」に決めたのかもしれなかった。

石垣穴にはヘビの餌になる野ネズミもよく出入りしているのを見る。また野ネズミの餌になる小昆虫やムカデ、ミミズも住んでいる。石垣には生態系の小宇宙がある。

長い時を経た石垣は苔むして、さまざまな多年草や木が根を張っている。そろそろ草刈りの手入れが必要な、私たちの住まいへ向かうアプローチの石垣

いつのころ植えられたものか。サボテンの一種が鮮やかな花を咲かせた

水気のある石垣にはサワガニも来る。彼らの餌もまた豊富そうだ

第3章
水源と水路

水をコントロールする

山暮らしでもっとも嬉しいことの一つはうまい水が飲めること。しかし水は害毒になるものも溶かして運ぶし、豪雨時は凶器にもなる。この章では、生きる原点の上水（飲み水）の確保と、その配管法と管理のし方、生き物の生命活動が水を浄化する排水路、その自然水路を活かす要点、トイレにも言及する。

1 水の流れをチェックする

水の動線から敷地を眺める

山暮らしで敷地を管理する上において、水の流れ（その量と動線）を把握しておくことはとても大切だ。台風や集中豪雨、また大雪のある日本では、水の流れが土地をつくり、またあるときは土地を壊す。生活用水はどこから得て、その排水はどのような方法でどこに流すか、流れていくか？　水源はどの山の分水嶺に囲まれているのか？　そこはどんな地形地質でどんな木が生えているか？　排水を流す沢はどの集落を通ってどこにどのようなかたちで流れていくか？　住み始める前にそれらを完全に調べるのは無理としても、住んでからは気にかけねばならないし、管理も必要になる。

上水・排水二つに分けて考える

水の流れを「上水道」（飲料・生活水）と「排水路」（雨水と家庭排水）の二つに分け、以下の点を考え、チェックしてみよう。

▼上水道に関しては

1）水源はどこか……上水道を公共水道から得ていても、水源と浄水場、そしてそこでの浄水方法は何かなどは調べておきたい。沢や湧き水を利用しているときは、水源を確認し、目詰まりなどのおきないよう定期的な管理が必要になる。

2）配管はどのような素材でどこを通っているか……沢や湧き水を利用する場合、水源から家の蛇口までの経路と、その配管方法・配管素材などを把握し、トラブルが起きたとき取り替えられるようにしておく。

3）中継タンクはあるか……沢や湧き水を利用するときでも、途中にタンクや枡を置いて、配水の安定を計るのが常道だ。その枡から何件かが共同で水を利用している場合もある。その件数と各戸への配管経路を把握しておき、共同の清掃日やトラブルの際の対処法を相談しておく。中継タンク（枡）が置かれている場合、オーバーフロー水と掃除の際のドレイン（泥抜き穴）が必ずあるはずで、その逃げ場はどの水路なのか？　も知っておく。

▼排水路に関しては

1）水はどこに集まりどこに流れていくのか……雨が降ったときの屋敷周りの雨水は、どのような経路で、どこに注いでいるか。屋敷の裏に石垣や山がある場合、そこから流れ落ちてくる水は、家の外側を回り込んでどこかに流れ落ちていくはずだ。また屋根の水は雨樋を伝ってどこに排水されているか、を見ておく。

2）どのような水路を経てどこへ流れているか……公共下水道があれば暗渠《あんきょ》を伝ってそこに流れ落ちていく配管がなされているはずだ。雑排水が沢や河川に直接流れる家も、日本の山村ではまだ少なくない。浄化槽が設置されていれば浄化槽から出て行く排水のゆくえを追っておこう。

3）草刈りや泥さらいの必要な水路はあるか……雨水や雑排水が開水路を流れているなら、定期的な草刈りや泥さらいをしないと詰まってしまう。あふれた水は土手や道を壊すことさえある。敷地内の水路は自分で管理するのが当然だが、山村では共同管理の場所も多いので、その状況を十分把握して共同の草刈りや掃除には欠かさず参加する。

下のようなフロー図を描いておくと理解しやすい。

▼わが家の水のフロー図

水源
遊水池
（ふだんは空）
配水タンク
取水点
（常時）
中継タンク
取水点
（渇水期）
隣家へ分水
アトリエ
住居
し尿処理穴
（自家運搬処理）
配水タンクからの
オーバーフロー
放流点
家からの雑排水と
雨樋からの雨水
沢の流れ
（本流へ合流）

2 水源と取水法

水源を考える

古い集落なら昔から使われていた水源が必ずあるはずで、入居検討時に集落の人に教えてもらえるだろう。それは岩からの湧水であったり、沢の湧き出しの場合が多い。

新たに水源を求める場合、水源からの水を直接飲料にするときは、その上流に「人為的汚染源」はないか確認する必要がある。人家や工場、鶏舎、ゴルフ場、焼却場、産廃処分場などがあっては論外だ。

湧水や井戸であっても、周囲の環境の変化で使えなくなることもある。畑地や山林でも今はケミカルな除草剤を使う場合があるので安心できない。また周囲に火山、鉱山、温泉、鉱泉などがある沢筋も飲料に適さない。

国土地理院の２万５千分の１地図を参考に、まずは自分で歩いて調べたり、地元の古老に聞いてみるといいだろう。人家がなくても沢を林道が渡っている場合は注意が必要で、その場合は道の上から水源をとるのが望ましい。

それでも自然の浄化力というものはすばらしいもので、河川の中流域でも伏流水などはそのままで十分飲める場合もある。保健所や民間機関で水質検査してもらうこともできる（各自治体の保健所、もしくは民間機関に依頼。費用は数千円から１万円以上とまちまち）が、人間の舌のセンサーはばかにならない。自己責任で、自分の感性で総合的判断をしてもいいのではないだろうか。

私たちの集落は水が豊で細かな水脈がたくさんある。小さな沢の最上流、スギ林の中に湧き出た水を有孔管で集水し、枡（ます）に落としてから黒パイプで引き始める。林床にはモミジガサが咲く

表流水を取る

人為的な汚染がなければ、日本の山の沢水はまず間違いなく飲める水質のものだが（ただし火山、鉱山、温泉、鉱泉などがある場合は別）、それでも動物の糞や死骸などが沢水に落ちる場合もあるわけで、厳密には完全に清浄というわけにはいかない。しかし沢の水は酸素が豊富に含まれているので分解・浄化も早い。また水が冷たいので腐敗する前にサワガニや水生昆虫などの餌になってしまう。沢水は表面を流れているだけのように見えるが、実はつねに砂の中にしみ込みながら、そしてまた砂穴から出ていく、ということを繰り返しており、これが浄化装置になっている。

この浄化は単なる砂によるふるい分けという物理的なものだけではなく、岩に着く藻類、水中の生物、砂内の微生物たちによる生物浄化も含まれている。

たとえば、蛇行する河川をコンクリート護岸などで直線化（三面張り）工事すると、川が汚れ始めるのは、生物的な浄化機能をもつ河岸・河床面積が減るだけではなく、カーブの砂地で水が潜ることによる浄化（上水道の「緩速ろ過」と同じ。本書92ページ※２参照）がなくなることも大きいのだ。

水質に不安があれば、飲み水用には浅井戸を掘り、沢水は風呂や外水用にと、使い分けする方法もある。また、簡易的な「緩速ろ過（生物浄化）」装置（※）（次ページ参照）を自作する手もある。

山水の水質と生物浄化

水質と細菌というものについて考えるとき、私は塩

素殺菌された無菌の水道水で金魚が死んでしまう光景を思い出す。自然界では無菌という状態はありえない。私たちはつねに何らかの細菌と共存しているわけで、体の中にも腸内細菌というものを飼っている。世界の水道基準では、一般細菌数は 1ml 中に 100 以下なら安全な水と決められているが、「ごくわずかな細菌を含んだ水」と「無菌だけれど殺菌薬剤が混入した水」とは、どちらが安心して飲めるだろうか？

単なる砂と礫の層を通過するだけで水がきれいになり、細菌さえも除去されてしまうという「緩速ろ過（生物浄化）方式」は、私たちに鮮やかな視点を与えてくれる。つねにゆっくり水が流れるこの砂ろ過層の中で、さまざまな微生物が水を浄化しながら暮らしている。その微生物が細菌さえも食べてしまう。餌は砂の上からしか来ない（流入しない）。餌のないところには微生物は棲めない。だから砂の層をある程度厚くすれば、ろ過層の下部では清浄な水になっている。

山の水も同じである。森林の下には落ち葉がある。その下にはたくさんの微生物が棲んでいる。その層に浄化されて、山の清水が生まれる。

昔、シュロ皮や消し炭、砂などを層にして樽に詰め、その上から濁り水を入れて水を浄化する簡易浄化装置があったが、緩速ろ過（生物浄化）はこれとは根本的にちがう。樽式は必要なときだけ水を入れるので、微生物がそこに棲めない。だから濁りは取れるが、細菌は除去できない。樽の中に生物浄化が機能するためには、つねに水があって、ゆっくり流れていることが重要なのだ。生物がいることが鍵なのである。

森林土壌は毎日雨水の供給があるわけではないが、生き物にとって融通のきく多様性とスケールの大きさ

※**緩速ろ過（生物浄化）装置**については『おいしい水のつくり方』中本信忠著（築地書館）や中本氏のブログ「現場から学んだ知恵と技術」http://blogs.yahoo.co.jp/cwscnkmt/ に小規模モデルの例が公開されている。薬品はいっさい使わず自然の力だけで、煮沸消毒さえ不要な飲料水がつくれるこの技術は、水の悪い東南アジア、アフリカ、中南米などでも実用化されており、これを読むと日本の山村で住めないところはないな、と思わされる。

があって、閉塞した樽とはちがう。雪を抱いた北国の山はまさにゆっくり水が流れる大きな浄化装置だが、南国でも山は湿潤で、霧や朝露は豊かであり、沢に続く地下水脈がある。雨がとぎれても微生物には休眠胞子や休眠卵で乾期をやりすごすものがいる。日本の山は表土が豊かで栄養塩類が多い。それが多くの生き物や微生物、菌類を住まわせている。それらが世界有数の良質な水を、大量に生み出す装置になっている。

取水口の仕組みとその管理

昔は共同井戸や、沢や湧き水の水源から桶で水を運び、土間に置かれた大きな瓶《かめ》に溜めておき、柄杓《ひしゃく》で使うというのが普通のスタイルだった。割り竹や木の樋を伝わせ家屋まで運んだケースもあるが、そのときは配管素材は毎年のように交換する必要があった。現在は桝《ます》にはコンクリートやステンレス、プラスティックなどの耐久性のある素材が使われ、配管には塩化ビニール管（通称、塩ビ管）、ポリエチレン管（通称、黒パイプ）など便利な素材が活躍している。

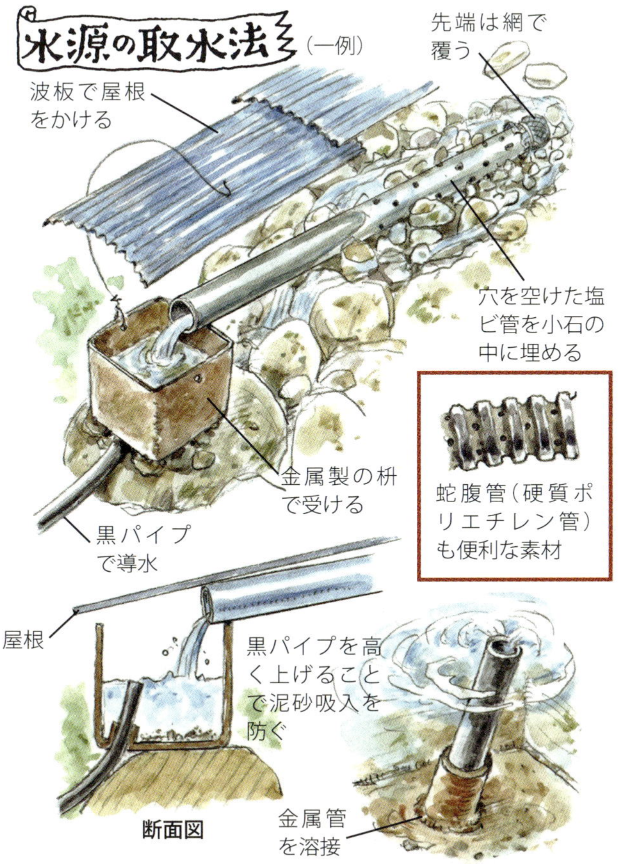

水源の取水法（一例）
先端は網で覆う
波板で屋根をかける
穴を空けた塩ビ管を小石の中に埋める
金属製の枡で受ける
蛇腹管（硬質ポリエチレン管）も便利な素材
黒パイプで導水
屋根
黒パイプを高く上げることで泥砂吸入を防ぐ
断面図
金属管を溶接

岩からの湧水なら漏斗状の受け口でホースに繋ぎ、上に屋根をかければいい。沢の湧水箇所が埋まっていたら、落ち葉や泥を取って湧いている箇所を探し出す。泥が流れて石や砂利だけになるのを待って、いくつか穴を開けた太めの塩ビ管、あるいは蛇腹《じゃばら》管のくぼみに穴を空けた管（いずれも先端にはプラスチックかステンレス製の頑丈なネットをかける）を沈ませ、その上に石を置いて重しにする。ネットや管の穴の接触部分が小石や砂利であることが大切で、ここが土や泥になっていてはネットがすぐ詰まる。集水管の周りは小石や小砂利に覆われている感じにする。

水口（塩ビ管の出口）には左図のような枡を設置して、小砂利が流れてきたときのクッションとする。枡は座りのよい場所に据え、そこからのオーバーフロー（越流）は沢筋に流れていくようにする。そして、取水口の上流の斜面と、塩ビ管から枡までの区間に波トタン板（塗装保護してあるカラートタンが長持ちする）をかける。

管理としては、定期的に水源を見ておくことが大切だ。とくに大雨の後などに水の濁りが引かないときは、水源の枡をすぐに掃除する必要がある。

水量はどれだけ必要か？

現代人の感覚では「ちょろちょろと流れる沢水」ではとても水源になるまい、と思うだろうが、昔は「指一本分、鉛筆一本分の太さ」の流れがあれば、一戸が暮らせる、といわれていたそうだ。水をムダ使いする現代感覚では無理かもしれないけれど、たとえ流量が少なくても中継タンクの容量を大きくして水を溜めることができれば、水源になりうる。重要なのは量よりも質である。質とは安全な水であること、そして水源が一年中枯れないこと、である。

季節による変動が大きい場合は、通常は最上流の沢の源水（湧水）を使い、渇水期には中間の沢の水を足して使うという手もある（中間枡を設置する）。

3 管で水をひく

水源から蛇口まで

配管には塩ビ管（※ 1）と黒パイプ（※ 2）を使い分ける。基本的に短距離の工事や地中に埋設するなら塩ビ管を、長い距離や地表配管なら黒パイプを使う。現実的には、水源から家の手前の中継タンクまでの配管は黒パイプ（内径 16mm）、タンクから家までの間と、家の内部は塩ビ管（内径 16 ～ 13mm）とするのが合理的だ。

塩ビ管にはさまざまな径と継手が用意されているが、通常なら内径 16mm か 13mm で十分。家のバルブまで 16mm で配管して、そこから先は 13mm に分けていく（蛇口径は 13mm が家庭サイズ標準）のが一般的だ。

塩ビ管の埋設と室内配管の考え方

基本的に敷地内の配管はあまり複雑にしないほうがいい。山水の場合は「目詰まり」と「凍結」というトラブルが起きやすいので、配管が単純なほうが故障箇所がわかりやすいし、すぐ対処できるからだ。

中継タンク（次項で詳述）から家までは、塩ビ管を「地中配管（埋設管）」にするといい。家周りに配管が露出していてはつまずいたり、作業中に誤って傷つけたりするし、地中は暖かいので凍結も防げる場合がある。

埋設管は家に接近したところで地表にパイプを立ち上げ（45 度曲管を使用）、すぐにバルブをつける。ここで水を止めておけば室内を自由に配管することができる。ただし中継タンクの流出口よりも蛇口の高さは低く設置する。そうしないとタンク容量をフルに使えない。

室内配管もまた長くしたり複雑にしないほうがいい。蛇口は台所と風呂（トイレ）に 1 ヶ所ずつで十分。そして外に 1 ヶ所蛇口があると便利なので、バルブから先を合計 3 系統に分ける（トイレが汲み取り式の場合は、手洗いは「つり下げ式」の小型水タンク型を使う手もある）。

トラブル予防の手だて

地表に出た部分は管の保護のため発砲スチロールなどの凍結防止用の断熱素材をかぶせ、専用のテープを巻いておく。ただしよほどの暖地でないとこれだけでは凍結破損するので、冬期は水を出しっ放しにしておく（後述）。

数件で共同水源を利用している場合、最下流の一軒の周囲で漏水があり、留守などで気づかないでいると、配水タンクはいつも空になってしまう。できれば途中にもうひとつバルブを置くといい。

※ **1. 塩ビ管**……正式名称「耐衝撃性硬質塩化ビニール管」通称「HI（エイチ・アイ）パイプ」。現在の給水装置で一番よく使われている素材。価格が安く、ホームセンターなどでも入手でき、パイプを切断して継ぎ手と接着剤で繋いでいくだけ、と工事も簡単。定尺は 4m と 2m。内径 13mm で 4m が 300 円程度と廉価である。

※ **2. 黒パイプ**……正式名称「水道用第 1 種ポリエチレン管」。ゴムホースよりはずっと硬いが地表配管の曲げに対処できる。塩ビ管に比べて凍結破損にも強い。30m、60m、120m 単位でロール巻で売られている。ホームセンターでは入手しにくく、価格も高いことが多いので、各地の管材センターなど問屋を当たるといい。素材が 1 層の仮設工事用と 2 層の一般用があるが、水源に使うなら後者。価格は内径 16mm が 60m で 5,300 円程度。継ぎ手は接着剤が使えないので金属製でネジによって締め込むタイプとなり、やや高価。塩ビ管と黒パイプのジョイント金具（下写真）もある。

左・塩ビ管と、右・黒パイプ。接合には専用の継ぎ手が必要

山の水を室内に

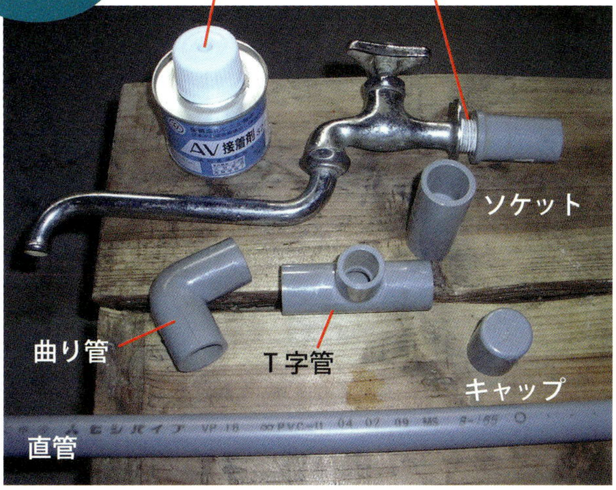

中にハケがついている専用の接着剤
ネジ部は専用のテープを巻いてから締めると水が漏れない
ソケット
曲り管
T字管
キャップ
直管

▲塩ビ管の継ぎ手……継ぎ手は直管が差し込まれて止まるように、穴がやや広くなっている。T字管（通称・チーズ）は二又の配管に。接続用継ぎ手（通称・ソケット）は管同士の接続に。曲り管（通称・エルボ）は45°のカーブに。栓（通称・キャップ）は直管の先端を止めるときに

中のスポンジを濡らして切り込んでいく

コンクリートの壁にすっきり蛇口をつけたいときは、専用のダイヤモンドカッターを電動ドリルの先につけて穴を開けられる

山の水はウマイ！

たった一つの蛇口に小さなシンクだけでも、ここから山の水が手に入るかと思うと、とても愉快な気分に、そして豊かな気持ちになってくる

塩ビ管は火であぶりながら曲げることもできる。小さなカーブはこの方法で

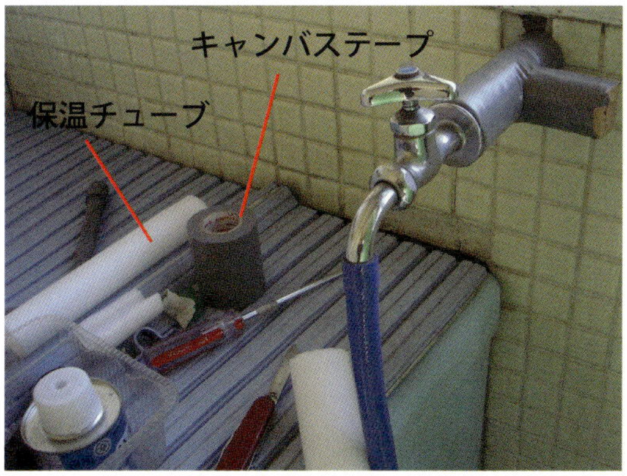

キャンバステープ
保温チューブ

地上配管の塩ビ管は露出させず、凍結防止のために保温チューブとキャンバステープ等で保護する

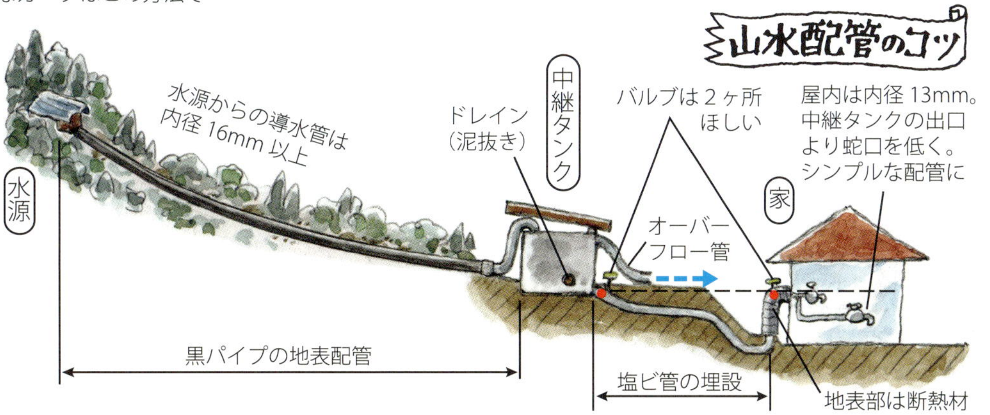

山水配管のコツ
水源からの導水管は内径16mm以上
水源
ドレイン（泥抜き）
中継タンク
バルブは２ヶ所ほしい
屋内は内径13mm。中継タンクの出口より蛇口を低く。シンプルな配管に
家
オーバーフロー管
黒パイプの地表配管
塩ビ管の埋設
地表部は断熱材

吊り下げ・手押し式の手洗い水桶。地方の金物屋ならまだ入手可

4 中継タンクを理解する

中継タンクの役割

自然流下で配管する場合、途中に中継タンクを設置しておくとさまざまなトラブルに対処しやすい。また、水を溜めることができるので、流入量より多量の水が一度に必要になったときにも対応できる。雨で源水に泥や砂が混じり込んだ場合も、一時的なクッションとなる。山村では現場打ちのコンクリートでつくられたものをよく見かける。ポリエチレンの水タンク、ステンレスなどを利用しているところもある。

必要な機能

中継タンクの機能としては以下のものが必要となる。

1）オーバーフロー（越流口）……全部の蛇口を締めているとき、中継タンクから水が溢れ出す。それを管などできちんと排水路に導いてやる。

2）ドレイン（泥抜き）……タンクを掃除するときの水抜き穴。一時的に溜まった泥を抜くときも利用。常時は木栓をしておく。

3）蓋……ゴミや雨が入らないようトタンなどで蓋（屋根）をつくる。またその蓋が風で飛ばないように石などの重しを載せる。

4）遊水池……ドレインの受け皿（排水先）として、近くに沢があればよいが、ない場合は中継タンクの脇に穴を掘って小さな空池をつくっておくと便利（側壁は石積みで補強）。もしくはオーバーフローの水を常時流すようにし、池として水を溜めておいてもよい（魚が飼える。周囲でワサビやセリが栽培できる）。

遊水池をつくらないまでも、オーバーフローの水は途中でいったん桶などで溜める場所をつくっておくと、野菜などを洗ったりスイカを冷やしたりできるし、外作業の洗い物に便利なものである。

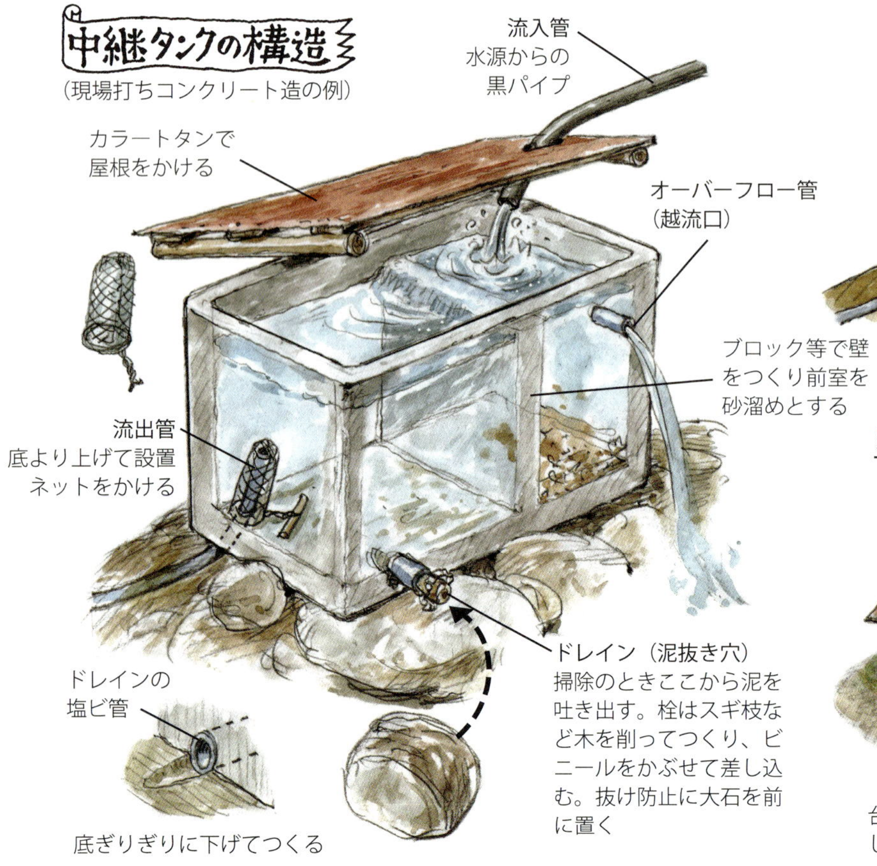

中継タンクの構造
（現場打ちコンクリート造の例）
流入管
水源からの
黒パイプ
カラートタンで
屋根をかける
オーバーフロー管
（越流口）
ブロック等で壁
をつくり前室を
砂溜めとする
流出管
底より上げて設置
ネットをかける
ドレインの
塩ビ管
底ぎりぎりに下げてつくる
ドレイン（泥抜き穴）
掃除のときここから泥を吐き出す。栓はスギ枝など木を削ってつくり、ビニールをかぶせて差し込む。抜け防止に大石を前に置く

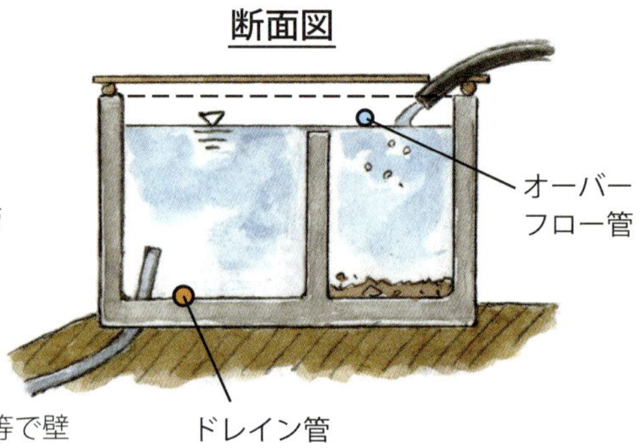

断面図
オーバー
フロー管
ドレイン管

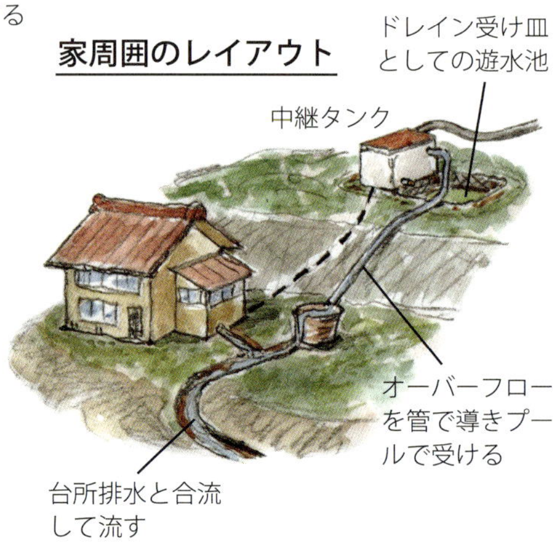

家周囲のレイアウト
ドレイン受け皿
としての遊水池
中継タンク
オーバーフロー
を管で導きプー
ルで受ける
台所排水と合流
して流す

5 凍結防止とメンテナンス

凍結防止の考え方

地中配管をすれば凍結はかなり防止できる。また地表に出た部分は発砲スチロールなどの凍結防止用の断熱素材をかぶせる。しかし、確実に凍結を避けるには凍結期には水を蛇口から出しっ放しにしておくことである。私の住むところでは（群馬県南部、標高 600m の山間部）蛇口から 3mm ほどの水柱になる程度に水を出しておけば、まず凍結しない。水道代はタダなのだから問題ないわけだ。しかし都会に住む客人が来たときなどは、そう教えても習慣で止めてしまうことがあるので注意する。このためにも蛇口の数は少ないほうがいい。もっと寒い地域では電気を利用したヒーター装置なども考慮する必要があるだろう。

私たちのところではこれくらい水を出しておけば凍結しない。あまり多いと水が跳ねるし音もうるさい

もし凍結したら？

水を出すのを忘れて凍結してしまったら、どうするか？　水道管が破損していなければ管を何らかの方法で暖めれば再起させられるかもしれない。

凍りやすいのは金属部分である。外のバルブと室内の蛇口である。そこを集中的に暖める。まず溜め水で熱湯を湧かして湯たんぽをつくり、それをバルブにロープで縛り付けさらに毛布をくるんで縛る。蛇口はキャンプ用のガスバーナーなどで炙《あぶ》ってみる。

私たちは現在地に引っ越してからというもの３年続けて凍結の失敗を繰り返したが、いずれもこの方法で水が流れ始めた。

メンテナンス

１年に数回（その頻度は水源によって異なる）、水源や中継タンクの見回りと掃除をする。泥が溜まったら水の濁りが知らせてくれるが、そうなる前にチェックしたほうが配管の詰まりを避けられる。

周囲がスギ林の水源では強い風の吹いた日、枯れ葉が大量に落ちるので、沢の掃除が必要なときもある（スギの枯れ葉は焚き付け用に拾い集めてしまおう）。またイノシシが黒パイプを切ってしまうことも起きる。

遊水池をつくった場合はその周囲の草刈りも必要。

泥の取り方と利用法

取水管には目の粗いネットがかけてあるだけなので、数ヶ月～半年で中継タンクの底に砂や泥が溜まる。蓋を開けてタンクへの流入管を外し、ドレイン（泥抜き）の栓を抜いて、水槽内をかき混ぜながら泥も一緒に排出すればよい。

私たちのタンクは３棟共同なので、中に人が入れるほど大きい。その掃除の手順を紹介しよう。

１）流出口の栓を閉める。流入管を外し、水を遊水池側に流す。ドレインの栓を抜いてタンクを空にする

２）ハシゴをかけて中に入り、まず一斗缶を斜め半分に切った専用のチリトリ状のもので泥をさらい、その泥をバケツに入れて、外に出す。それから水を入れつつ流出口のネットを外してよく洗い、モップで底や壁面を洗う（ドレインは開けたまま）

３）きれいになったらふたたびハシゴで外に上がり、ドレインの栓をして水を貯め始める

ところで、この掃除で採れる泥は粒子が細かく、粘土と腐植有機物がミックスしていて、盆栽用に販売されてる「ケト土」に酷似している。私たちはこの泥を捨てずに保存しておき、ミニ盆栽づくりに利用して楽しんでいる。

▼ミニ盆栽に泥

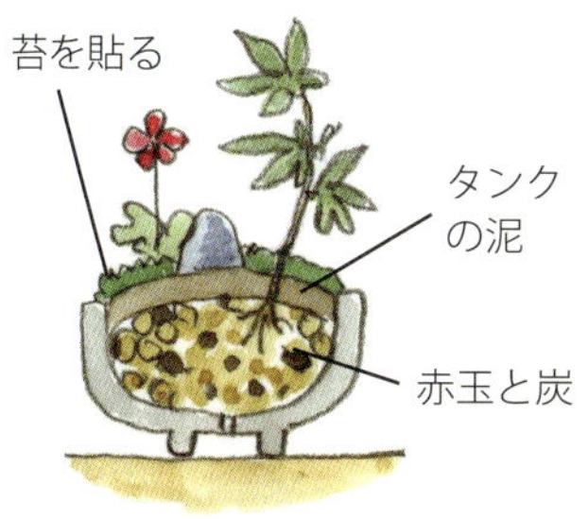
苔を貼る
タンクの泥
赤玉と炭

6　管が破損したときの補修法

詰まった箇所の見つけ方と対処

凍結破損は地表配管で割れるのですぐに見つかるが、問題なのは地中に埋めた管が詰まった場合である。詰まった箇所の上流側開口部から（たとえば配水タンクと家の蛇口との間が詰まった場合は、配水タンクの流出口）長い針金など（廃品のフィーダー線。同軸のものが硬くしなやかで効果的）を差し込んで突いてみる。あるいは木の枝に布などを巻いて、水鉄砲の要領でしごいて管内に圧力を加えてみる。

昔に埋められた地中配管は、周囲の木が大きくなって根によって破損し、そこから泥やゴミが詰まることもある。とりあえず怪しいところを掘って確かめるのも方法だが、その配管の深さや平面位置がわからない場合も多いし、むやみに掘り始めてスコップで管を破損しないとも限らない。掘る場合はツルハシの尖った方で慎重に掘り進み、管が出てきたらスコップを併用する。

それで外見から破損箇所がわかればよいが、それがない場合は詰まった箇所を予測してどこか管を割ってみるしかない。ゴミでいちばん詰まりやすいのは管が枝分かれするT字管の部分である。地中にT字管があるなら、掘り出してそこを割って調べてみるのも手だ。

運よく詰まった箇所が見つかればゴミをきれいに取り去って、水を流して管内部をきれいにしてからつなぎ直す。埋設管の補修は、管が固定されていて遊びがないのでネジ式の継手を併用するか、割った部分を元に戻し当て木などをあてがい、ビニールとヒモ、ビニールテープなどで補修する。

管のつなぎ方

塩ビ管は木工用の目の細かいノコ、もしくは金ノコで簡単に切れる。そして接続用継ぎ手（通称・ソケット）を使って接着剤でつなぐ。接着剤は塩ビ管専用のものを使う（ハケが内蔵されているのでそれで塗る）。接着剤をつける部分が濡れていたら布で拭き取って乾かし、軽く紙ヤスリなどをかけて手脂などを取り除く。オス・メスの両側に接着剤をつけてから手で押し込む感じで接着する。切断箇所のバリがあると接着が弱くなるので、紙ヤスリやナイフなどで取っておくとよい。

黒パイプの接続金具はけっこう高いし、配管の補修は急を要することでもあり、手持ちの金具がなければ次ページの図のように金属パイプと針金で代用することもできる。

▼配管を補修する

塩ビ管は手ノコで簡単に切れる。写真は木工用を使っているが、ほんとうは樹脂用や金属用のノコを使ったほうがいい。破損管は切ったとたんに水が漏れてくるので雑巾を準備

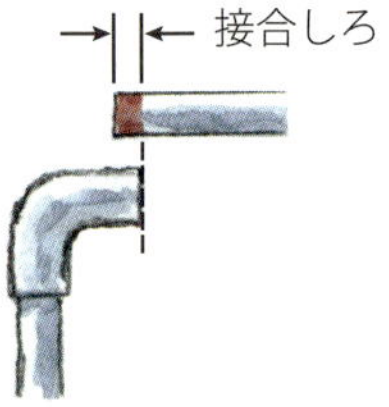

曲り管でつなぐときは接合しろを考えて長さを正確にしないと失敗する。接合部は十分乾かしてから通水する。塩ビ管は何度でも使い回しがきくので工事で余った端材はとっておこう

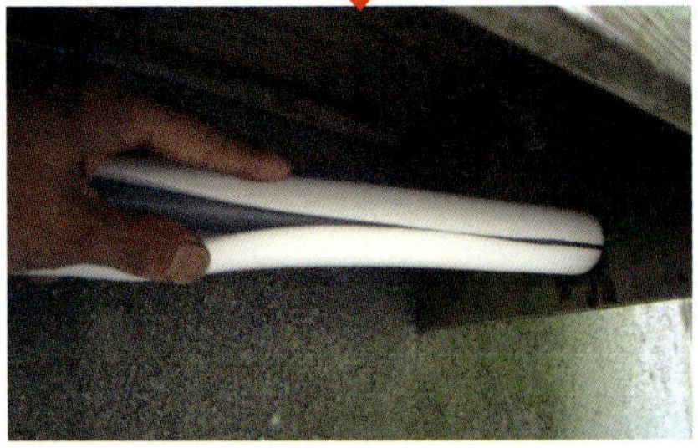

凍結防止のために保温チューブ（樹脂製で柔らかい）を巻く。さらにこの上から専用のキャンバステープを巻いて保護すればOK

管の切断と栓

古い管を掘り出して生かしたいとき、一時的に栓をして水を止めておく方法

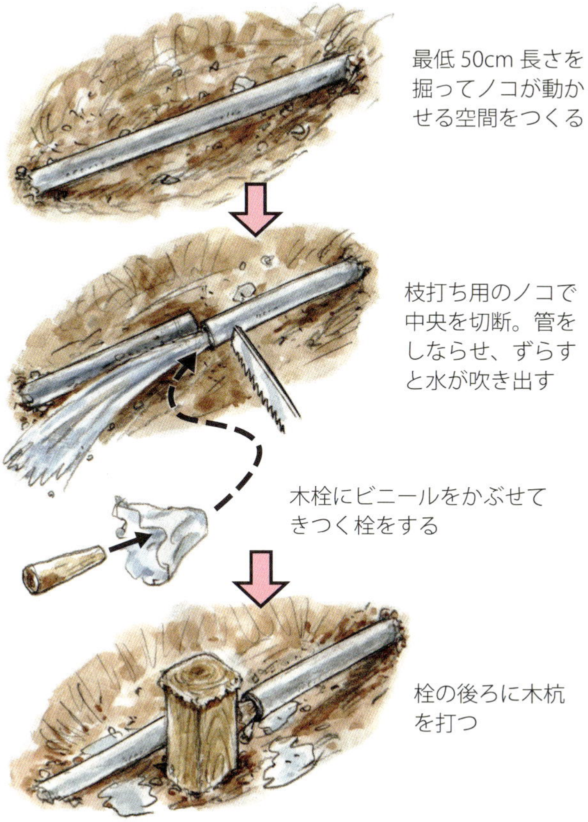
最低 50cm 長さを掘ってノコが動かせる空間をつくる
枝打ち用のノコで中央を切断。管をしならせ、ずらすと水が吹き出す
木栓にビニールをかぶせてきつく栓をする
栓の後ろに木杭を打つ

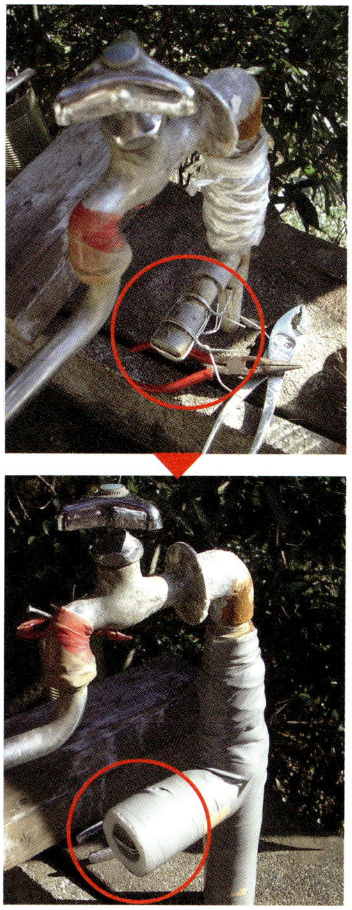

◀栓（キャップ）を針金で補強する　古い配管は接着剤が効かないことがある。針金で縛り上げて止める。それでも漏れたらボロ布、ビニール袋などを使ってヒモでぐるぐる巻きにする。山水はたまに有機質が流れてくるせいか、最初は漏れていても、やがて詰まって止まることが多い

水のトラブルはとつぜんやってくる
MASANOBU

管の応急接続

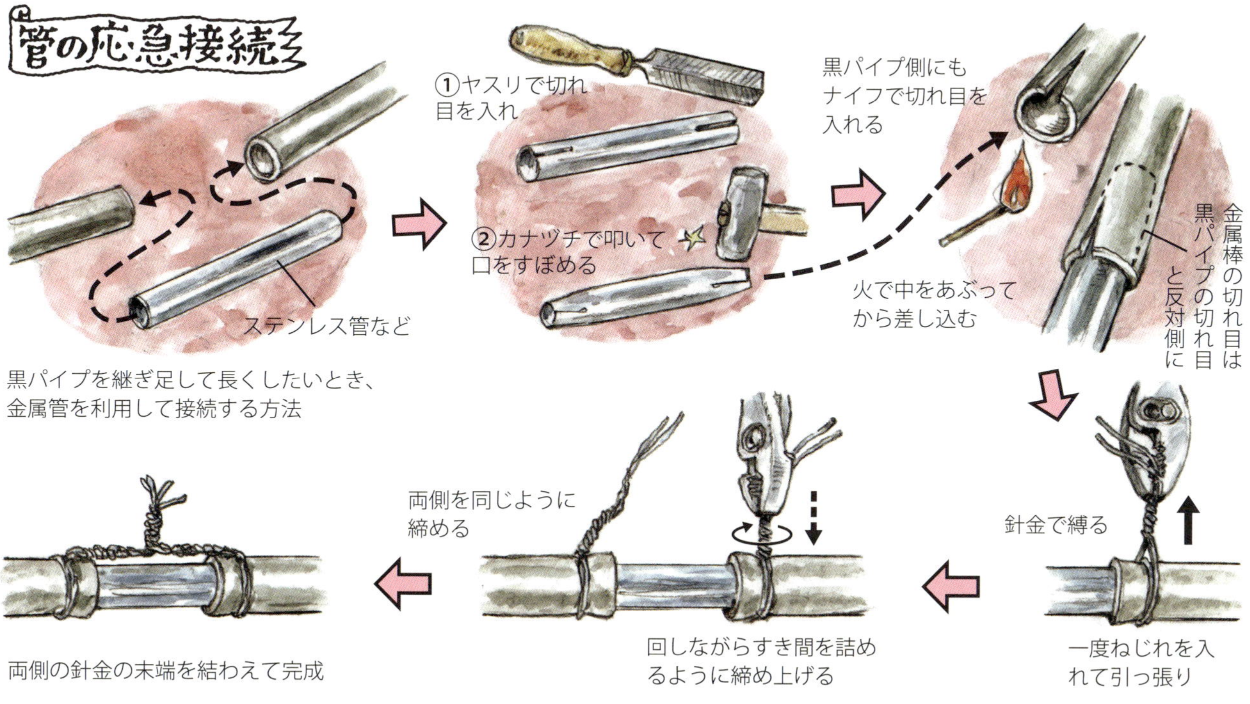
ステンレス管など
①ヤスリで切れ目を入れ
②カナヅチで叩いて口をすぼめる
黒パイプ側にもナイフで切れ目を入れる
火で中をあぶってから差し込む
金属棒の切れ目は黒パイプの切れ目と反対側に
針金で縛る
一度ねじれを入れて引っ張り
両側を同じように締める
回しながらすき間を詰めるように締め上げる
両側の針金の末端を結わえて完成

黒パイプを継ぎ足して長くしたいとき、金属管を利用して接続する方法

7 排水路は動植物の生息地と考える

敷地に水の生態系を加える

現代生活では、排水（水を捨てる）ことについての気遣いがまったくといっていいほどなくなってしまった。排水口に入った先は見えないのでリアリティがないのはわかるけれど、水に関わる生き物が激減してしまったのも大きな原因だろう。山暮らしでは、排水路は動植物の生息地であり、彼らが浄化の一端を担っているのを身近に感じることができる。だから捨てる水にも思いがいく。

水が加わることで敷地の自然環境は劇的に変化し、豊かになる。無農薬有機の田んぼや、冬にも水をはる「ふゆみずたんぼ」の生き物の豊かさをご存知だろうか？　それが小さな自然水路をもって河川とつながっている場合、田んぼは驚くほど多彩な生物のゆりかごとして機能する。

沢からの水を引いている場合は、タンクからのオーバーフロー水が敷地を流れている。そこに建物の雨樋からの雨水、台所や風呂からの雑排水を合流させれば、立派な水系が生まれる。その水系に集う動植物たちはまた、排水を浄化してくれる。敷地内で浄化の過程を観ることができるのは、山暮らしの面白さ、愉しみのひとつであろう。

水際にクリンソウのロゼットが開いてきた。ここにはワサビも植えられている。水があると管理が大変だが、水辺の動植物たちはそれを補って余りある豊かさと感動をもたらしてくれる

流す前に考えること

かつて田舎では「溜め」と呼ばれる穴を地中に掘り、いったんそこに雑排水を溜めて上水《うわみず》だけを川に流していた家が多かった。富栄養な雑排水もそれで緩和され、溜まった泥はあとで取り出され畑の肥料となった。水中と土の表面にはさまざまな生き物（イトミミズから微生物までも含めて）がいて、その生き物たちによって「溜め」の中では浄化作用も起きていた。また、自然水路にもさまざまな生き物が住む余地があり、水路を流れる過程でその生き物たちが水を浄化していたのである。

し尿は雑排水とは別の系で処理されていたことも、現在との大きな違いであろう。昔は金肥として畑にまかれていたのであり、ニオイや衛生的な問題はともかく、土壌浄化によって処理され、植物の養分となって循環していた。現在は水洗便所によって雑排水と一緒に下水管に流されるか、汲み取りされて下水処理場へもち込まれる。田舎では浄化槽によって自己処理され、その処理水が河川へそのまま流される場合もある。

現在の生活排水は富栄養なだけでなく、浄化生物を不活発にさせる（殺す）化学物質を含んでいる場合が多い。そのまま河川に入れば川は汚れるし、下水処理場へ行ったとしても、処理場に負荷をかけている。下水処理場は微生物による処理法（生物化学的処理法、具体的には「活性汚泥法」※）が主な方法だからである。

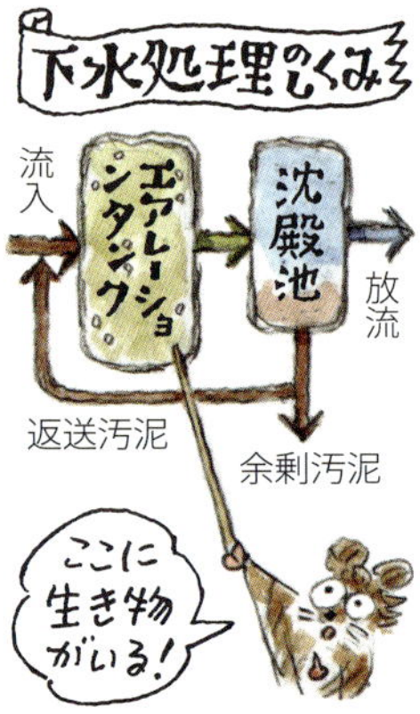

※微生物による処理法（活性汚泥法）……好気性微生物（酸素を好む微生物）を豊富に含んだ汚泥（見た目はノロのようなもの）を下水中に循環させて処理する方法。具体的には下水に空気の泡を送り込むだけという単純なもの。好気性微生物は酸素を使って汚れを食べ、自然に増えてくれる。増えすぎた活性汚泥は定期的に取り去って管理される

生物浄化を活かすには

生物浄化を活かす排水の要点は次の３つ。

１）毒性のある化学洗剤は使わない……毒性のある合成洗剤は使わない。浄化生物を殺してしまうからである。洗濯洗剤だけでなく、シャンプーやねり歯磨き、ガラスやトイレ用の洗剤などにも毒性のある界面活性剤が含まれている場合が多い。洗い物や洗濯、お風呂では天然油脂からつくられた石鹼を使うようにする。

しかし、意識すれば石鹼を使う必要のない場合も多い。台所の脂汚れには木灰が便利である。野外では泥や植物の葉を使ってもいい。また、ナイロンスポンジよりも自然布のほうが汚れが簡単によく落ちる。たとえば皿の油皮膜を布で拭くと布がベタベタするが、それも水洗いしてしばらく放置しておくと取れてしまう。微生物が自然に分解してしまうのである。石鹼は香料のないものを使えば、そして使いすぎなければ、その成分は生き物の餌となり、汚水とともに生物分解されてしまう。

２）熱湯を流さない……熱湯で生物が死んでしまうので、冷ましてから捨てる。排水路の流れ出しに樹脂製の雨樋などを利用するとその区間で少し冷えるので、風呂からの排水などはそのような配慮をするといい。

３）富栄養の液体は拭き取ったり穴に溜めてから……まずは食卓で食べ残すような作り方をしないことだ。味噌汁やスープは残さず飲み、カレーの皿などもパンで拭き取るように食べる。油を使いすぎる料理はなるべくつくらない。もし液体の食べ物を捨てるときは地中に穴を掘って捨てる。てんぷらなどの廃油は古新聞紙やぼろ布にしみ込ませれば燃料に使えないこともないが、煤が出て不快なニオイがするので囲炉裏やストーブには向かない。工夫すれば揚げ物は少量の油で揚げられるので、油は他の料理で使い切ってしまうのがいい。

水があると生物相が豊かになる

長く水がある場合と、必要なときだけ水を入れるのとでは、生物相がこれだけちがう（微生物研究者、林紀男氏による生物ピラミッドモデル）

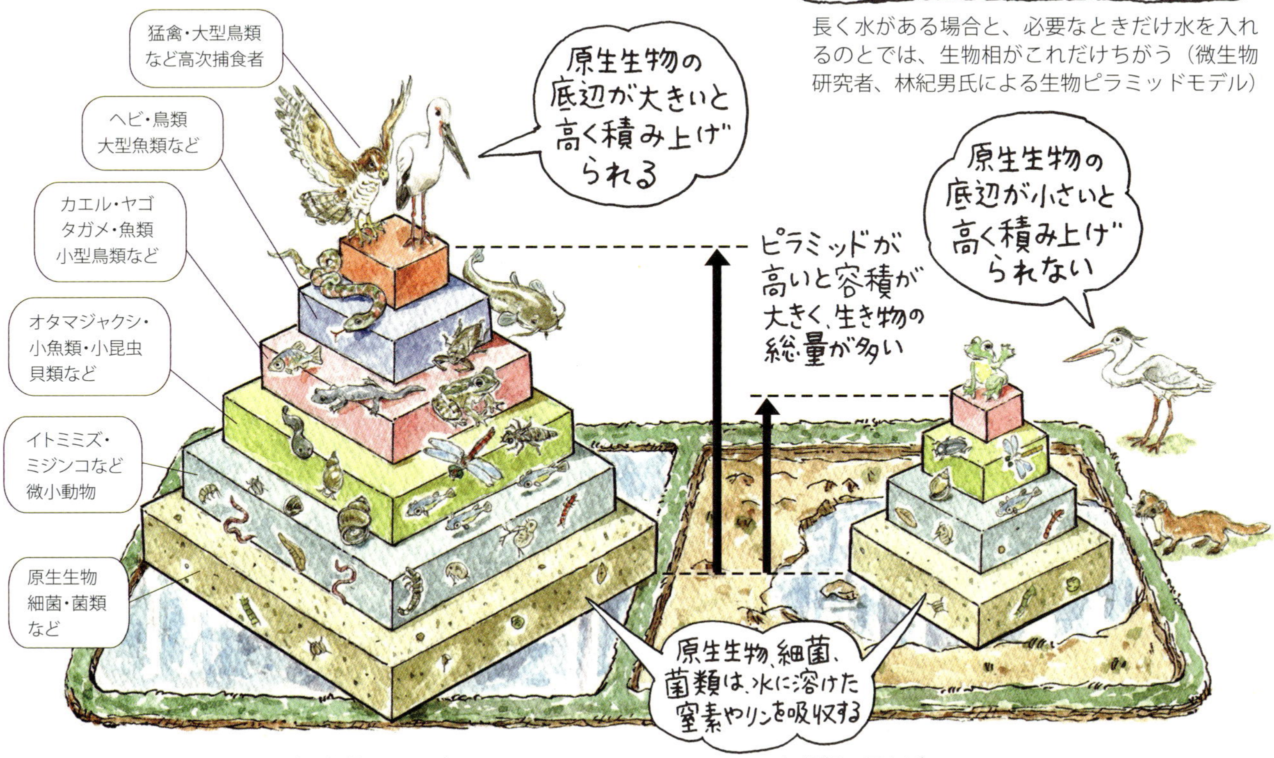

猛禽・大型鳥類
など高次捕食者
ヘビ・鳥類
大型魚類など
カエル・ヤゴ
タガメ・魚類
小型鳥類など
オタマジャクシ・
小魚類・小昆虫
貝類など
イトミミズ・
ミジンコなど
微小動物
原生生物
細菌・菌類
など
原生生物の底辺が大きいと高く積み上げられる
ピラミッドが高いと容積が大きく、生き物の総量が多い
原生生物の底辺が小さいと高く積み上げられない
原生生物、細菌、菌類は、水に溶けた窒素やリンを吸収する

▲ふゆみず・有機の田んぼ
長く水があるので微生物が棲みやすい

▲慣行の田んぼ
乾燥期間が長いので微生物量が制限

8 排水路をつくる

基本は開水路

暗渠《あんきょ》は便利なものだが、豪雨時に詰まりやすいし、詰まったときの破壊度も大きい。山暮らしではできるだけ開水路を薦めたい。沢からの水を引いている場合はオーバーフローの水が敷地を流れるので、そこに合流するようにすれば排水も希釈されるので都合よい。

生物浄化を促すような水の使い方をしていれば、開水路の周囲は湿生植物や昆虫のすみかになって目を楽しませてくれるだけでなく、食料・薬用としての有用植物を栽培する場所にもなる。通路や作業に使いたい場所だけ暗渠にするか、あるいは蓋をかけるとよい。

家から排水路へ落ちる穴にはネズミの侵入を防ぐ金網（柵）をかける。そして家の近くだけはプラスチックの雨樋などを利用して水路をつくるのもよいし、側面に石を積んで土崩れを防ぐのもよい方法。矢板を使う方法もある（次ページ、下写真）。必要なら丁張りで直線を、水準器で勾配をみながら配置していく。

水路勾配を考える

勾配が強すぎると流れが早くなり、ゴミが掛かったとき水が溢れ出すなどのトラブルが起きやすい。また生き物はすみにくく、生物浄化されにくい。そのときは落差（小さな滝）を設け、段差をつくって勾配を緩くする。落差があると水に酸素が溶けて、浄化生物の活性化にも好都合だ。

洗濯機から出た排水が、土石草のジクザグした自然水路を流れていくと、20m 下流ではもう透明になっている。せっけん成分は微生物の餌になる。流れていないときは「ミニ干潟」になっていることも浄化を加速させる

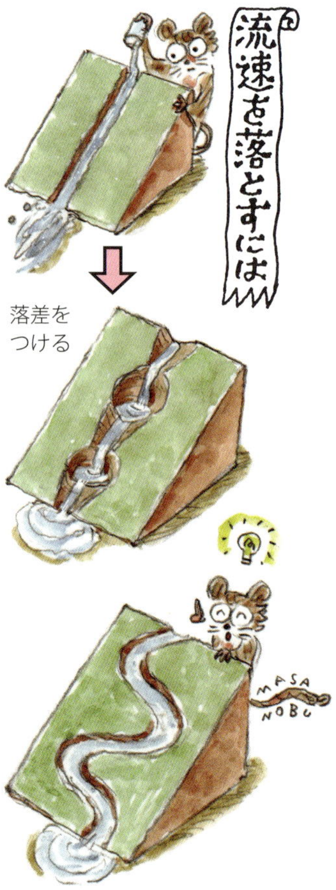

わざと曲げて流程を
長くしてもよい

9 水路のメンテナンス

自然水路の管理は手間がかかる

石や矢板を使って水路をつくれば水が土に接する。コンクリートや樹脂素材ですべてを覆うよりも生物相ははるかに豊かになる。しかし、草刈りやゴミさらいなどのメンテナンスが必要になる。日本の山村で自然水路を放置すれば、夏は水面が見えなくなるほどに草が生え、放置しておけばその草が水路に倒れ込んで詰まらせてしまうことになる。底には泥も溜まっていく。草を刈り、泥や落ち葉ゴミを上げ、土手を補強する、という作業が必要になる。

自然水路の管理は手間がかかる。これが、日本中の水路がコンクリートの三面張りに席巻された大きな理由の一つでもある。

逆に言うと、この手間さえ惜しまなければ自然はかなりのスピードでよみがえるということだ。小さな水辺とその周囲は昆虫や植物の宝庫なのだから。

家の敷地の旧水路は石護岸。土手にウメの木が並び、毎年たくさんの実を水路に落とす。奥の新水路はコンクリート。並んだ両者の手入れをするたびに、いろいろ考えさせられる

草刈りのコツ

水路の周囲は草がかなり勢いよく生えるので、定期的な草刈り管理が必要になる。有用植物を残し、増やしたい植物の周りを選択的に刈ってやるといい。私の敷地ではワサビやクリンソウやフキが生え、サワガニがそのすき間を歩いている。クレソンなどは増えすぎてしまうので適度に間引く必要がある。

木の根で土手を補強

水路周辺に木を植えると根が張って水路の補強になるだけでなく、日陰もできて草の勢いが弱まる。養蚕の盛んだった群馬ではクワを斜面の土留めとしても盛んに植えていたようで「ドドメ」（＝土留め）という呼称がある。ウメやカキなどの果樹があれば、刈った草やさらった泥がそのままいい肥料になる。

▼樹脂製のあぜ用波板を利用した田んぼの用水路づくり

丁張りで高さと直線を出して穴を掘り、壁をつなぎながら立て、両側をトラクター等で十分転圧

水路幅の板をつくって定規がわりにし、板のきわにスコップを立て、もう一方の壁を据える

水準器を２つの壁の天端に橋渡しして水平を見、両壁の高さを揃える。土圧や水圧で倒れないように、竹杭などを打ち補強する

10 水路に生き物を充実させるアイデア

コンクリート水路にも生き物を

敷地にすでにコンクリート三面張りの水路があったら、それを少しでも生き物のすみかに変える方法を紹介しよう。

間伐材を底に挟み込んで段差をつけるのだ。ここが緩衝地帯になって流れに変化が生まれ、生物の休み場所になる。また棒切れを大きめの石で止めておくだけでもその周囲に腐葉土の島ができ、クレソンなどを栽培することができる。

コンクリート三面張りの水路はカエルやヘビなどが水路に落ちた場合、這い上がることができず、死んでしまう。一定区間に蓋をして動物の通路としたり、「這い上がりスロープ」を設置したり、という配慮がほしい。

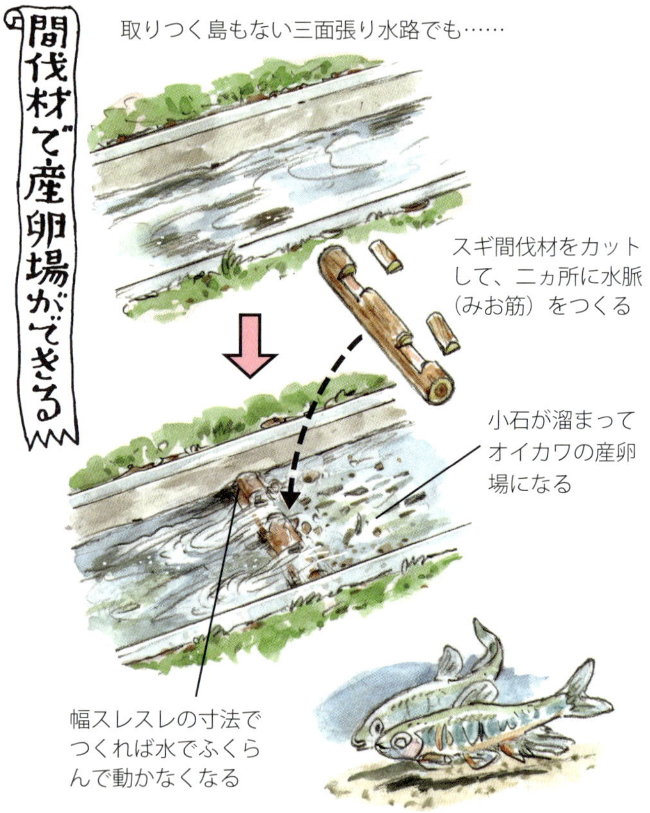

間伐材で産卵場ができる
取りつく島もない三面張り水路でも……
スギ間伐材をカットして、二ヵ所に水脈（みお筋）をつくる
小石が溜まってオイカワの産卵場になる
幅スレスレの寸法でつくれば水でふくらんで動かなくなる

小規模魚道を設置

敷地の排水路と、それが流れ落ちる既存の沢（河川）との落差が大きい場合、河川の水棲生物を呼び込むことができない。それを解決するには小規模魚道を設置して水系をつないでしまうという手がある。

田んぼと水路の生き物をつなぐために研究開発された魚道で、商品化はされていないが、市販の「コールゲート管」や「電線ケーブル管」を用いたものや、木製の「千鳥Ｘ型」などが、各地でスギ板や金属板などで自作して使われ、成果を上げている。

こんなもので？　と思われるかもしれないが、生き物は餌の気配があるところ、水温の変化に敏感で、多少の勾配（10°前後）はものともせず上がってくる。

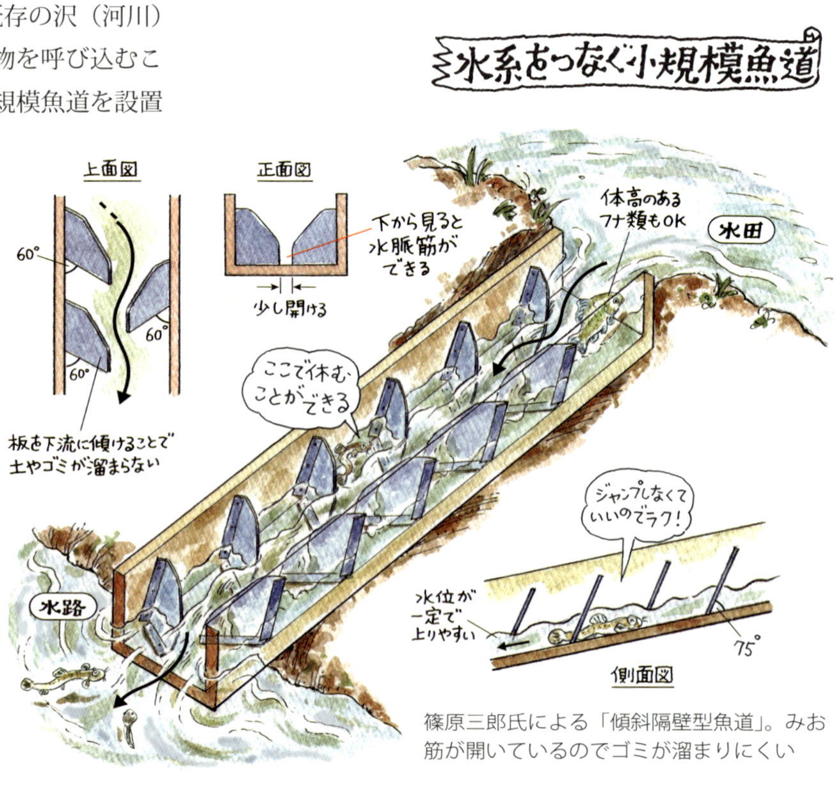

水系をつなぐ小規模魚道
上面図
60°
60°
60°
板を下流に傾けることで土やゴミが溜まらない
正面図
下から見ると水脈筋ができる
少し開ける
体高のあるフナ類もOK
水田
ここで休むことができる
水路
ジャンプしなくていいのでラク！
水位が一定で上りやすい
75°
側面図

篠原三郎氏による「傾斜隔壁型魚道」。みお筋が開いているのでゴミが溜まりにくい

町なかでこそ井戸の水

「錦《にしき》はいつ通っても、水のにおいがしている」――京都の台所、錦小路《にしきこうじ》は東京でいえば築地の場外のようなところだが、ここは昔から清冽な地下水が湧いたので、魚の貯蔵などに向いていたのだそうな。そして水を使うので、そこには石畳が敷いてある。

「夏の間、井戸にはスイカやら、麦茶やら、サイダーやら、いろんなもんが冷やしてあった。網の袋に入れて、ぶら下げておくと、ほんまにむっくりとよう冷えよる。おなすのたいたんも、おかぼのたいたんも、みんな、井戸のなかにあった。それに、タイの洗いやらは、ぜったいに井戸水でないと、ショリとしないし、氷水ではどうにもならない」(『冬の台所（はしり）』大村しげ／冬樹社）

私は子供の頃、茨城の水戸の町で育ったけれど、やはり同じような井戸の記憶がある。手漕ぎでがしゃがしゃとハンドルを上下させる仕組みのもので、それは水というもののありがたさをしみじみと感じさせてくれた。高度成長期を過ぎてやがて電動で汲み上げるようになると、井戸には恒久的な蓋がされた。室内の蛇口から使えるようになり、やがて上水道が配備されてその井戸は使われなくなった。

「近ごろ、井戸水が使えるおうちは、だんだんと少のうなってきた。近くにビルが建つと、水脈が断たれるためか、それとも、ビルが地下水を冷房用などに汲み上げてしまうのんか、とにかく、井戸はかれた。そして、ポンプの管を打ち込んでも、水は出んようになってしもうた。家事をするもんにとって、井戸水ほどけっこうなものはない。洗いものをするのにも、そうじをするのにも、冬の水はあたたかいし、夏は、汗がスッと引くほどつめたいし、第一、おいしかった」(同書)

地下水は渇水に強い。背後に山をひかえる扇状地は、実は巨大な「地下ダム」なのであり、山国の日本にはそのような場所が無数にある。井戸を使うには、とても恵まれた条件下にあるのだ。それは災害時にも強い。たとえばダムからの取水は延々と配管を通って都市へと導かれ、浄水場からまた各戸へ配管される。それは１ヶ所でも破断すると水が届かない。また、ダムや浄水場の管理には多くの電気が使われていることを忘れてはならない。

地下水といえば、最近九州を旅したときに、熊本市の水前寺公園の湧水が激減したという話を聞いた。ここは阿蘇山が豊富な地下水をもたらしていたはずなのに。公園内で池の掃除をしているおじさんに聞いてみると「阿蘇からの流脈の間に大きな建造物や郊外店と道路の乱造、それが原因だよ」と、きっぱり。

私は山村に暮らし始めてはいるけれど、この４年間に取材などで全国およそ５万キロの旅をしている。そこで驚かされるのは、全国どこでも大型の郊外店がたくさんできていること。そして深夜の輸送トラックの凄まじさである。

＊＊＊

「町なかでこそ、井戸の水がほしい」――大村しげさんのエッセイはこう結ばれている。その水の源《みなもと》には森があるのは言うまでもない。

山に住むなら、下流域の井戸のためにも「排水の質」には十分注意したい。多くの人がこれを実行すれば「質の高い汚れ」とでも言うべき成分が、川と海が出会う気水域で豊かで清浄な魚介（アサリやシジミなど――採取が容易で栄養価が高い）を養ってくれるのだから。

11 トイレの処理を考える

山村におけるし尿処理

多くの山村には公共下水道がない。人口密度の低い山村では下水管を埋設して処理場に集めて処理するという方法はムダが多すぎて現実的ではないし、やるべきではない。最近は浄化槽を使うところもでてきたが、多くは汲み取り、生活排水は沢への自然放水、というパターンが多いようだ。汲み取り式トイレであっても、車が近づけない場所、車道から離れた旧家に入居した場合は、自家処理しなければならない。

私たちの場合がまさにそれであった。オガクズを利用したコンポスト・トイレ（ドライトイレ）や、浅く配管して土中の生物浄化を促す土壌浄化法という方法も知ってはいたが、建物には石垣が接近しており、掘削すれば石に当たることは目に見えている。やはり家から離れた場所に穴を掘って処理するのが妥当だと考えた。

神流アトリエ発・自然力を利用した
大内式・木質浄化法
アトリエのトイレはバケツ2杯を8往復で空になる。このときばかりはさすがにクサイ！
スギ間伐材にチェーンソーで1cmずつ切れ目を入れたもの
肥だめはず〜っとクサイけどこの方法なら数日で臭いは消える！
シュロ皮
オガクズ
30〜50cm
トイレ枡全量を入れて穴の8分目高になるくらいの広さに調節
枯れ草の茎・小枝も微生物の供給源になる
微生物は土の浅い所にたくさんいる

し尿はかつて「金肥（きんぴ）」と呼ばれた貴重な肥料で、群馬の近郊農家では町場のそれを買い取り、蚕糞（養蚕のカイコの糞）と合わせて半年ほど寝かせた後、畑の肥料に使っていたという。現在では、畑にまくのは抵抗がある人が多いであろう。ニオイのこともあるが、野菜を生で食べる機会も多い今は、衛生的にも心配になる。また、不耕起、無肥料の自然農を追求する場合、窒素過多の肥料は使いたくない。

浅い穴で微生物を活かす

その場合の工夫を紹介しよう。し尿を肥料として使った昔は、土に浸透させてはもったいないので、溜めて嫌気性発酵させていたが、使わないならその必要はなく、好気性微生物が活動しやすい条件をつくってやればよい。好気性のほうが分解も早くニオイも少ない。穴は浅くして（微生物は表土に多いので）、微生物の活着材として表面積の多い木質のものを入れる。

まず処理穴の場所だが、家から離れた場所、沢からも離れた場所を選ぶ。敷地に畑があるならその上の方の陽当たりのいい石垣の近く、そこに深さ 30cm 程

浅く広めの穴にたっぷりのオガクズと表面積を多くした木片、シュロ皮、それに枯れ枝・草の茎を入れる。暖かい場所であることもポイント

度の浅い穴を掘る。広さは2m × 1 m程度の長方形。中に微細な表面積の多い木質のものを入れる。すぐに分解されるものよりもそれ自体は分解しにくいものがよい。具体的には、スギの間伐材に1cmピッチでチェーンソーの切れ目を入れたもの、そのオガクズ、シュロの皮などを入れる。微生物の供給源として枯れ草の茎や小枝なども入れる。そこにバケツでし尿を運び入れ、満杯になったところで波トタンや木の板などで蓋をし、風で飛ばないように石を載せておく。

し尿の水分は土に浸透し、残りは木質の活着材（ろ材）に吸着しながら、好気性の微生物によって分解される。夏なら数日でニオイが消えるほど浄化の効果がある。冬でも石垣の近くは土が温まるので分解しやすい。ただし、トイレで使用した紙は分解しにくいので、トイレ内に取り置く箱を置き、後で燃やして処理する。

無臭の汚泥は肥料にも

この穴は数回使っていると汚泥が固着し、水分が浸透しにくくなってくるので、そのときはし尿を入れる前に木質活着材をいちど取り出し、中の泥土をスコップで取り出し、もういちど活着材を入れ直し、オガクズや枯れ草の茎・小枝などを新たに追加する。こうすれば何度も使える。

取り出した泥土は不快なニオイはまったくない、土そのものといった風情である。これなら生で食べる野菜以外の畑地（たとば麦やトウモロコシ、根菜類等）に肥料として使ってもいいのではないだろうか。また、自己の敷地なら、石垣の基部や天端に捨てれば、他の生き物たちの循環に組み込まれていくだろう。

合併浄化槽を使う

どうしても水洗トイレにしたいなら浄化槽をつけるしかないが、し尿だけを処理する「単独浄化槽」は平成13年の法改正により新設禁止になっている。もともと下水道ができるまでの暫定的な設備と考えられたためか、排水基準がBOD90ppm以下と汚れ度が高く性能が悪いからで、現在はし尿と雑排水の両方を合わせて処理する「合併浄化槽」をつけることになる。この排水基準は20ppm以下だが、中には石井式（※1）のように渓流の清水並みまで（1ppm以下）浄化できるものもある。

設置にはほとんどの市町村で補助金を交付するようになっており、単独処理浄化槽を合併処理式浄化槽に変えることに補助をつける自治体も出てきた。

浄化槽も基本的に微生物による浄化処理であるので、機種によって、また所有者の使い方や管理によって処理能力は変動する。ブロワー（爆気）の電気代や定期的な点検と清掃にお金がかかる（『合併浄化槽入門』本間都・坪井直子著／北斗出版には自己点検の方法が詳しく書かれている）。また、性能のよい浄化槽といえども、放流水には薬剤消毒が義務付けられているので、山村の清流に放流するには忍びない気がする。

ドライトイレを使う

汲み取りや自家処理がイヤなら、オガクズを使うドライトイレ（※2）という選択もある。オガクズに、し尿を混ぜ、ヒーターで温めながらスクリュー撹拌すると、好気性微生物によって分解され乾燥も進む、というもので、最後はサラサラのパウダー状になって土に還すことができる。水や配管がいらないので、オガクズ入手が容易な山村では向いているかもしれない。ただし、こちらは今のところ自治体の助成はつかない。

※1. 石井式……第一工業大学の石井勲教授らが研究開発したもので「底を抜いたヤクルト空容器」をろ材に利用し、処理水質BOD1ppm以下にまで落とせる非常にすぐれた性能を持っている。また発生汚泥が少ないので維持管理が容易。

※2. オガクズを使うドライトイレ……「バイオトイレ」という名称で商品化されている。製造販売元は、正和電工（株）http://www.seiwa-denko.co.jp/

「山暮らし」から見える上下水道

関東某県の山間部、一般には清流と知られるＮ川。その支流の沢沿いに並ぶログハウス風の永住住宅、その棟の最下流に事務所を構える友人が嘆いている。塩ビ管を伝ってドッと放流される上流数軒分の排水が、洗剤まみれで、臭い。

「とくに冬の夕方から朝にかけて一番ヒドイ！

ここから下流はドブになってしまう……」

その友人は環境問題にも詳しく、最低限のせっけんしか使わないので、合併式浄化槽からの排水口周辺の石垣にも、植物が繁っている（彼の家だけ、排水口が独立している）。

全住宅が「水道と浄化槽完備」のはずなのだが、この数棟だけ、なぜなのか？　市営水道の水は大量の塩素殺菌をしている。それを都会人の感覚でじゃばじゃば使う。しかもシャンプー、化粧品、洗濯洗剤、台所洗剤と化学合成のオンパレード。それに水洗トイレのし尿がミックスされて浄化槽へ。おそらく浄化槽の微生物がひん死状態で、浄化機能がパンクしているのであろう（※１）。

さて、その沢の上流にも民家はあるのだが、問題の数棟にたどり着くまでの水はとてもきれいだという。上流の家々には市営水道は来ておらず（山水を使用）、トイレは当然汲み取り式。素掘りの側溝があって、そこは植物が繁って美しい。

彼の観察によれば、市営水道のない山間部では、たとえ都会人が来るログハウスでも沢はきれいなのだそうだ。「山からの水」を意識すると、使い方に節操が生まれるのだろうか。あるいは、塩素というものはそれほど生き物を殺してしまうものなのか（※２）。

ともあれ、彼の結論はこうだ。「市営水道＋浄化槽＋意識の低い住民＝ドブ川」

こんな市民生活を維持するために「水源確保のダムを増設」の口実が生まれているとしたら……。

※１. 浄化槽の性能

浄化槽は基本的に微生物を利用した浄化なので、流入水の水質が一定の場合はいいが、濃かったり薄かったり極端な変化がある場合（現在の家庭ではその場合が多いのだが）、その処理に微生物が迅速に対応できない。また、化学的な洗剤や薬剤が入り込むと微生物の増殖が損なわれ、処理能力が落ちてくる。生物毒性のある合成洗剤は現在も多くの家庭で使われているが、ある住宅団地で実験的に全戸を粉せっけんに変えてもらったところ、下水処理場の経費が３割に減った（以前の７割減）という（『自然流せっけん読本』森田光徳／農文協 p.130）。浄化槽は、都市近郊の農地と集落が適度にバランスされた場所にこそ、もっとも向いているのではないだろうか。質の高い浄化槽を適切に使い、かつその排水の集まりを「自然水路」で流せるならば、ウグイやオイカワを泳がせ、ヘイケボタルをすまわせる「新たな川」を創出することも可能なのだ。そこでは、川の源流はあなたの家だ。

※２. 塩素殺菌

『生でおいしい水道水』中本信忠著（築地書館）によれば、戦前まで日本には、化学的処理のない、砂のプールと自然発生の微生物だけでできる「緩速ろ過方式」の浄水場が全国に１万ヶ所以上あり、それと井戸水で、飲料水から生活の水ほとんどすべてがまかなわれていたという。現在主流の「急速ろ過処理」は戦後、進駐軍監視下で強制されたもので、このやり方だと、濁りを固める化学物質と、それを速く沈殿させる機械が必要になってくる。私（大内）は以前、設計コンサルタントで浄水場の設計に関わったことがあるが、機械売り込みの企業の凄まじい攻勢とその値段に驚いたものだ。なるほど「急速ろ過」は企業にオイシイ方式なので、「緩速ろ過」（機械も薬品もいらない）にはもう戻れないのは想像がつくのである。「緩速ろ過方式」は水中の藻、砂の中の微生物などが浄水に関与している。生き物が活躍しているから、細菌やウイルスが除かれる。これに対して「急速ろ過処理」は微生物や細菌を除去する能力がないので塩素殺菌する。現行の水道法では消毒・滅菌剤としての塩素の残留が「１ℓ中に0.1mg以上」になるよう義務づけられており（だから緩速ろ過方式でも塩素は入る）、残留塩素の上限は決められていない。取水源が汚れていれば大量の塩素が投入されるのがつねなのだ。

第4章
小屋をつくる

建てることで木を学ぶ

スギ・ヒノキの間伐材丸太で、納屋、道具置き場、軽トラの駐車場にもなる「掘っ建て小屋」をつくってみよう。「掘っ建て」とは、土穴に丸太柱を立てるものだ。小屋づくりの中で、木を学び、生かすコツが見えてくる。丸太の構造力学、雨仕舞、皮むき、はつり、釘打ち・釘抜き、シノによる番線しばりなど、木を使う具体的な技術も身につけられる。木と土と石を使う古民家の維持・再生のヒントも見つかるはずだ。

1 小屋の構造を知る

スギ・ヒノキの間伐材に最適の工法

畑仕事の道具類の置き場、軽トラの車庫、物置小屋になっている片流れ屋根の「掘《ほ》っ建《た》て小屋」を、山村ではよく見かける。山村では丸太が簡単に手に入る。その丸太を組み合わせ、最小限の材料と道具で、一人でも建てることができるのが、掘っ建て小屋だ。

下の写真の小屋はイタルさんがご自分でつくられたものだが、見た目の印象よりかなり頑丈で、すでに20年ほど経っている。まだまだ十分長持ちしそうだが、解体したとしても木材は薪にして燃やせるし、波板は野外に薪や廃材などをストックするときの雨囲いに使える。畑のイノシシ柵にも便利だ。

スギ・ヒノキの丸太は、まっすぐで軽く、加工しやすい割に丈夫で、この工法に最適の素材といえる。間伐材でこの掘っ建て小屋をつくってみよう。

柱が自立しているので強い

「掘っ建て」とは柱を地中に埋め込んだ工法のことだ。柱が自立・固定しているので、桁《けた》を柱の上に載せれば骨組みができてしまう。桁の上に垂木《たるき》を番線で止めていけば、実にシンプルにして強固な構造となる。

ただし地中に埋めた柱部分が腐りやすいが、風通しのよい場所ならシロアリ被害も避けられ、柱の腐食もかなり緩和される。クリやヒバ材など腐食に強い丸太を使えば、住居をつくることも可能なのだ。海外では

開口部は
こちら

▲**築 20 年の掘っ建て小屋** 開口部に向かって屋根を傾けてあるタイプ。背面に石垣が接近し、側面は畑の土がかぶっているが、まだまだ持ちそう

▲**上の小屋の正面（間口 3.2m、奥行き 3.4m）** 軽トラを入れてもスペースが余るので、壁には棚がつくられている

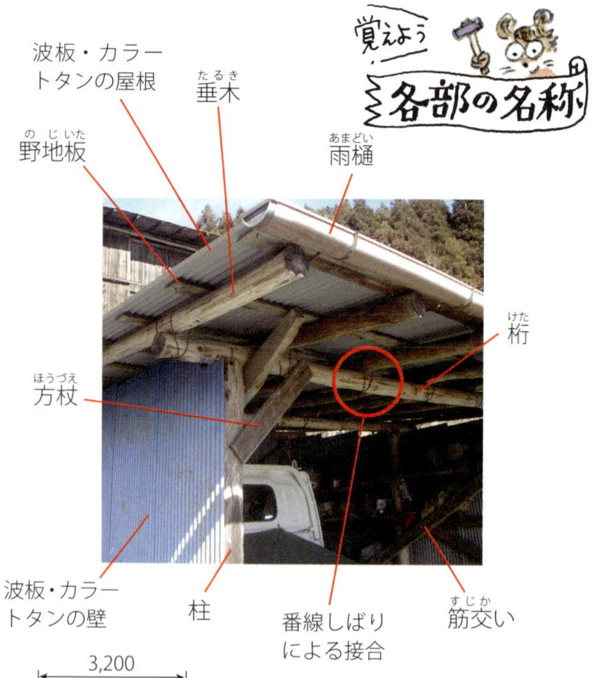
覚えよう
各部の名称
波板・カラートタンの屋根
垂木《たるき》
野地板《のじいた》
雨樋《あまどい》
桁《けた》
方杖《ほうづえ》
波板・カラートタンの壁
柱
番線しばりによる接合
筋交《すじか》い

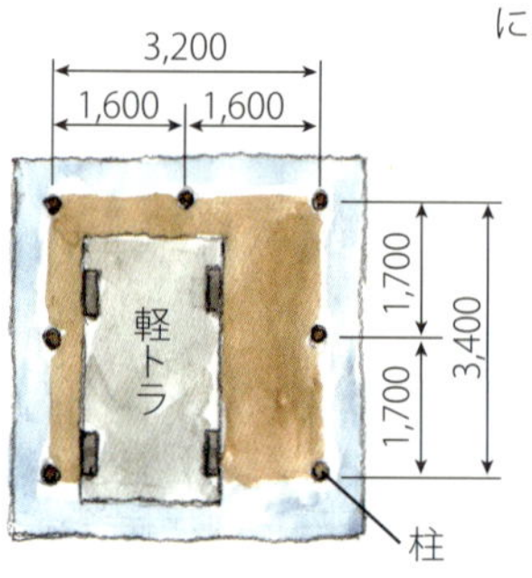
3,200
1,600
1,600
1,700
1,700
3,400
軽トラ
柱

●**左の小屋の平面図（単位 mm）**

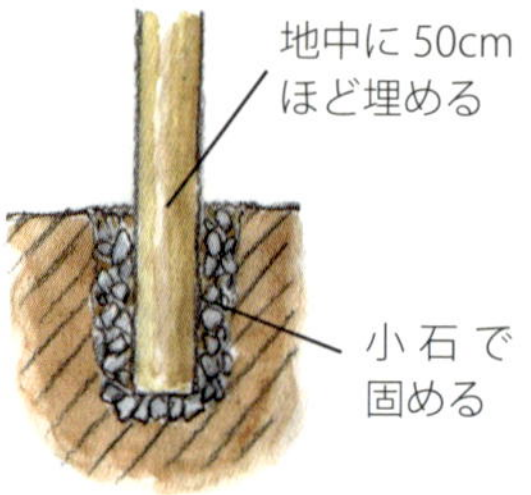
地中に 50cm ほど埋める
小石で固める

●**掘っ建て柱　断面図**

「ポール・ビルディング」と呼ばれ、セルフビルドの住居がけっこうつくられている。

丸太の強度と接合を簡易にする知恵

丸太は製材による繊維の切断がないので強度も強く、たわみも少ない。見た目の太さが同じなら、角材よりも丸太のほうが強度がある。実際、山村には丸太の曲がり材を梁にした古民家がとても多い。

材のねじれが見える納屋の丸太梁。繊維が切れていないので強い

では、なぜ今は丸太をそのまま使った建築が少ないのか、というと、角材にすることで材の接合が正確に早くでき、結果として安く上がるからだ。しかし掘っ建て小屋づくりにはそれほどの精度は必要ないし、

1）柱の先端をＶ字に切って桁を載せる

2）材の直角の接合は「番線しばり」をする

という簡易な工法で接合の難関をクリアーしている。だから素人でも簡単につくれる。

ちなみに「番線しばり」とは材同士を針金でねじりながら締める方法で、かつて間伐材が足場丸太として使われていた時代によく見られた。簡便ながら強い結び方なので、現在でも土木の仮設工などでは使われている。材の接合には丸太の中央にドリルで穴を開け、丸太同士をボルト・ナットで締め上げる方法もあるが、（下図）今回は用いない。

▲群馬県高崎市にある「高崎哲学堂」（旧井上邸） スギの細丸太を構造材にした住宅建築で、ボルト接合が多用され、一部が丸太を挟み込むトラス構造になっている

波板の片流れ屋根

山村の小屋の屋根は、もっともシンプルな「片流れ」（雨が片側一方向に流れる）屋根が多く、素材は「波板《なみいた》」が一般的に使われている。波板は軽く、長手方向にはたわみにくい。値段も廉価である。片流れ屋根は勾配がきつくなると空間のムダが多く、プロポーションが悪くなる。屋根勾配をゆるくしても雨の流れがいい波板は、片流れ屋根には格好の素材なのである。

補強材

柱が自立している掘っ建て小屋は構造的に強いので補強材はあまり必要ないが、柱と桁の接合部には必ず金物の「かすがい」を打つ。また、必要に応じて「筋交《すじか》い」や「方杖《ほうづえ》」などの補強材をとりつける。

筋交いは柱間に斜めに厚板を打ち付けるもので、強風や地震時の強い横揺れに対して建物の変形を防ぐ。方杖は柱と桁下を斜材で固めるもので、ゆがみに対抗するとともに桁の加重を柱に移す。雪の重みにも有効だ。かすがい止めの補強にもなる。

いずれも柱の地中部が腐り始めたときなどに効力を発揮するものだが、一方で建物はガチガチに固定されるので、柔軟にしなることができなくなる。限界をすぎて筋交いが破断したとき、その反動で建物が一気に倒壊することもある。必ずしも筋交いや方杖が完全でないことは覚えておきたい。

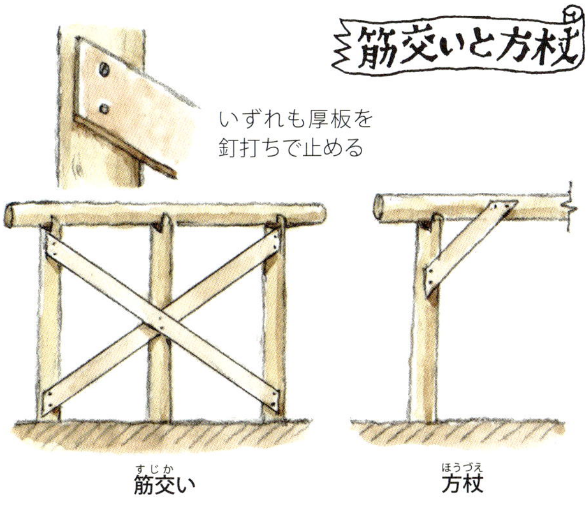
筋交いと方杖
いずれも厚板を
釘打ちで止める
筋交《すじか》い
方杖《ほうづえ》

2 各部の素材と加工

柱素材を選ぶ

柱の素材には腐りにくく長持ちする（強度もある）ので、できればスギよりはヒノキ丸太を使いたい。その他の桁、垂木、野地板はスギでもヒノキでもよい（むしろ上部材は軽いスギが適する）。なお材が虫に食われないように、必ず皮をむいた丸太を使う。皮むきはけっこう重労働だが、巻き枯らし材（31ページ）を使えば作業が省略でき、乾燥もすんでいて便利である。

土に埋める部分は表面を焼いて炭化させ、防腐処理（後述）をする。

桁の役目と形状

柱の先端はV字に欠き込みを入れ、その上に桁材の丸太を載せる。桁は屋根の重さを支えるものなので、ウロ穴などがある材や虫食いのひどいものはそこから割れやすいので避ける。また、でこぼこした材、曲がりのある材もよくない。その上に載る垂木が上下しては、屋根をきれいに葺《ふ》くことができなくなる。できるだけ素性のよい、通直で完満《かんまん》（元と末の太さが大きく違わない）ものを用いる。

垂木を揃える

垂木丸太はスギ・ヒノキの先端に近い、細い部分を

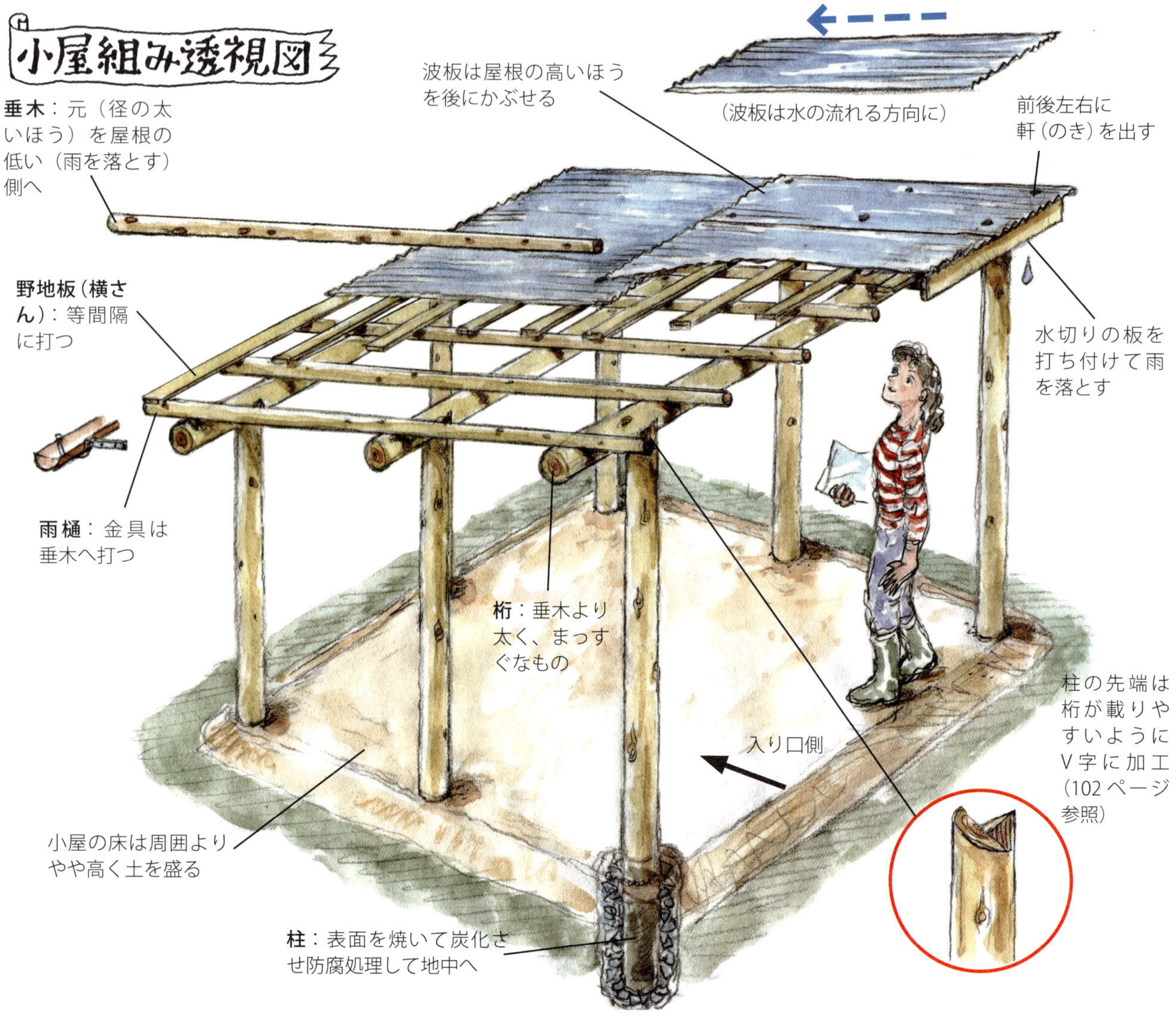

小屋組み透視図
垂木：元（径の太いほう）を屋根の低い（雨を落とす）側へ
波板は屋根の高いほうを後にかぶせる
（波板は水の流れる方向に）
前後左右に軒（のき）を出す
野地板（横さん）：等間隔に打つ
水切りの板を打ち付けて雨を落とす
雨樋：金具は垂木へ打つ
桁：垂木より太く、まっすぐなもの
柱の先端は桁が載りやすいようにV字に加工（102ページ参照）
入り口側
小屋の床は周囲よりやや高く土を盛る
柱：表面を焼いて炭化させ防腐処理して地中へ

使う。現在の林業現場では多くが山に捨てられてしまう部位だ。柱や桁材よりは細い末口４～5cmのものがよく、やはり曲がりのない材を用いる。垂木は本数が必要なので、小屋を建てようと決めてから伐採をすると揃えるのに難儀する。こうした先端材は皮をむく手間を惜しまなければさまざまに利用できるので、日頃からストックしておくと便利である。同規格の廃材角材などがたくさんあるなら､それを利用してもよい。

垂木丸太は元と末とでずいぶん太さが違う。そこで径の太い元のほうを屋根の低いほうに持ってくるとよく、雨樋の樋の受け金物も取り付けやすい。なお柱間のスパンがあまり長いと垂木がたわんでしまう。垂木自身を太い材にするか､もしくは中央にもう一列の柱・桁を置いて、たわみを押さえるようにする。

野地板（横さん）

幅100mm､厚み12～15mm程度の小幅板を使う。１章に紹介した方法で丸太から板を採ることができる。また、廃材の板があればそれを使ってもよい。手間を考えるならホームセンターなどでスギ材の野地板（厚12mm×幅105mm×長1,820mmのものが束で売っており、1坪分／17枚で1,300円程度）を入手したほうが早い。それを等間隔に間をあけて垂木に釘打ちする。

屋根の形と素材

片流れの屋根の利点は施工が簡単で、材料のロスが出にくいこと（逆に、屋根素材の規格からムダのない建物サイズを割り出してつくるとよい）。雨樋を付けるにも片側だけで済む。

ただし屋根面を折り返さないので雨流れをよくするため頂点が高くなり、デザインのバランスが悪い。勾配がゆるいと雨滑りが悪くなり、ふつうの瓦葺きでは雨漏りしやすくなる。その点、波板は雨の流れがいいので勾配はかなりゆるくできる。

波板には金属製（無地のトタン・彩色されたカラートタン）と樹脂製（ポリカーボネート）がある。金属製のほうが耐久性はあるが、樹脂製なら透過光で小屋の中を明るくすることができる。屋根には風圧がかかるので、野地板に波板を打つには、抜けにくいスクリュー釘で､釘穴から雨が入らない波板専用の「傘釘」を使うと便利である（詳しくは後述)。

自然素材にこだわるならスギ皮を使う手もある。その場合は野地板を隙間なく密に敷き並べ、さらに防水加工の下地材を貼り、その上にスギ皮を重ねる。最後に、割り竹と石を載せて押さえる。こうすると片流れ屋根とはいえ､見た目には非常に美しい建物ができる。スギ皮はそれ自体、完全な防水素材ではないが、紫外線に強い。現在では防水性能と耐腐食性の高い下地材が簡単に手に入るので、それを守る紫外線保護膜と考えてスギ皮を使うのも面白いかもしれない。保存したスギ皮は乾燥で硬くなっているので、葺く前にいったん水につけて柔らかくすると、施工しやすい。

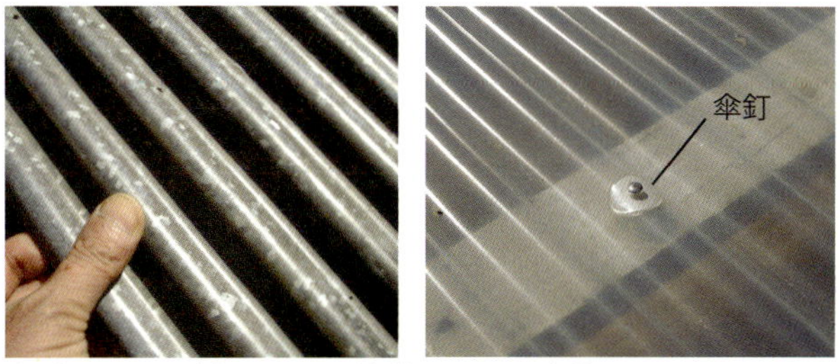
傘釘
左がトタンの波板。これに塗装したものが「カラートタン」で、8尺モノ（240cm）で1枚1,000円程度。右は半透明の樹脂製。専用の傘釘で野地板に打ち付けて止める

下地に廃紙パックを敷き並べたスギ皮屋根の例

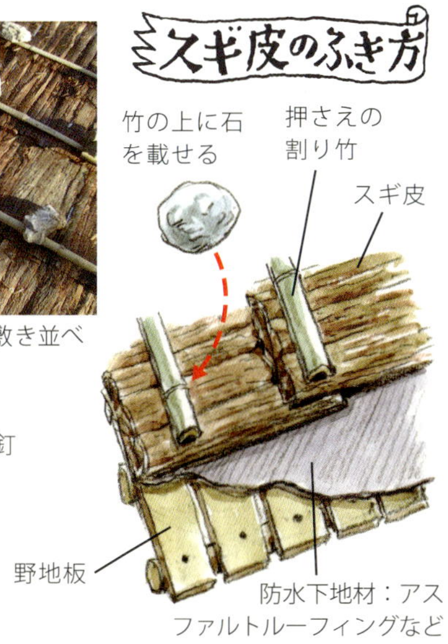
スギ皮のふき方
竹の上に石を載せる
押さえの割り竹
スギ皮
野地板
防水下地材：アスファルトルーフィングなど

一番上は釘で止める

壁と床

薪置き場や石窯の雨避けや東屋《あずまや》として使うのなら壁は必要ないが､壁があることで建物はより強固になる。

柱に小丸太や厚板などを横に打ち付け、それをよりどころに壁材を取り付ける。壁材はそれこそありとあらゆる選択肢があるが、波板を使うか、板貼りが一般的だ。廃材や古い戸板を打ち付けてもよいし、解体現場から入手したアルミサッシなどを打ち付けてもいい。ただしあまり無秩序にやるとみすぼらしいものになってしまうので注意。

山の素材を使うという意味では土壁が白眉だろう。手間はかかるが決して難しい技術ではない。ぜひ一度チャレンジしてみよう（109ページ参照)。

床を貼る場合は、やはり柱に小丸太、厚板などを打ち付けて、それをよりどころに床材を取り付ける。スノコを使うのも簡単でいい。

▲4面を壁にして側面にドアを付けた物置　奥に見える道路側に雨水を自然排水できるので、雨樋は付けていない。建物内に雨水が伝い入らないよう垂木先に水切り板が付けられている

◀内部　中央の柱に厚板を打ち付け、ちょうつがいを打ってドアを取り付ける

3 雨対策と敷地選び

雨漏りと雨跳ねで木造建築は傷む

さて、建てる前に雨と建物の関係について簡単に見ておこう。気温の高い夏に雨の多い日本では、雨漏りと雨の跳ね、この二つが木造建物を脆くさせる。

屋根に雨漏りがあれば野地板や垂木を濡らし、それを伝って桁や柱が濡れていく。壁のある建物の内部は陽が当たらず風通しも悪いので、湿気がたまって乾かない。それが木を腐食させる原因になる。

また、雨樋をつけないと雨が屋根からしたたり落ちそれが跳ねて壁や柱を濡らす。陽当たりや風通しが悪

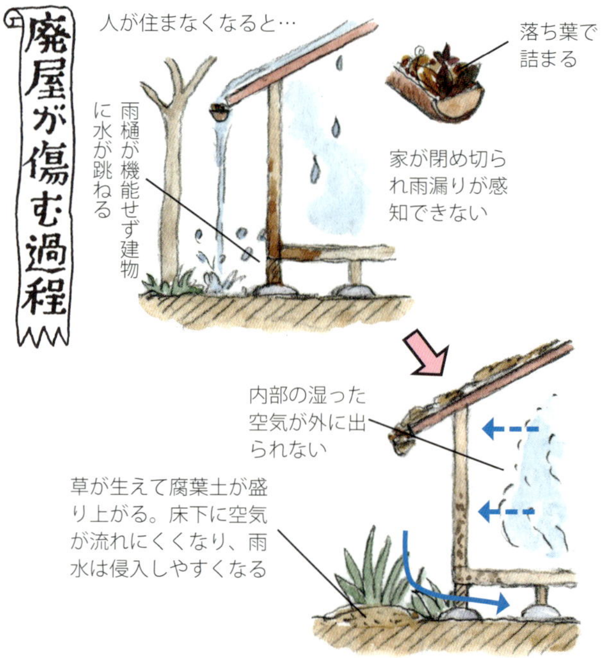

ければいつまでも乾かず、それが腐食の原因になる。もし雨樋があっても、落ち葉などで穴が詰まっていては同じである。

まっとうな木造建築は100～200年の耐用年数を持つが、それは雨漏りさせず、床下の通風をよくして、人が住み続ければ、という条件つきなのだ。

雨水の侵入防止、湿気対策

だから雨樋で屋根からの雨水を捕らえて1ヶ所に排

水するということは、雨の多い日本ではとても重要なことなのだが、昔の日本家屋には「雨樋」というものがなかった。代わりに家の土台まわりに砂利・玉石を敷き並べ、落ちる水玉を崩して跳ねを和らげたり、土台の基礎まわりに敷石やコンクリートを打って草が生えない部分「犬走り」をつくったりしていた。これは、今の住宅でもよく行なわれている。もちろんその前に屋根の軒を長く出すことが、建物を雨から守るうえでもっとも基本的で重要なことである。

また雨は上から下へ流れ落ちるので、屋根材や壁材の接合部は、つねに位置の高いほうの部材を低いほうにかぶせるようにする。さらに片流れ屋根の場合、水が屋根裏を伝って室内に回り込んでしまうことがあるので、右図のように垂木の先端に水切り板を打って、その水が下に落ちるように誘導する。

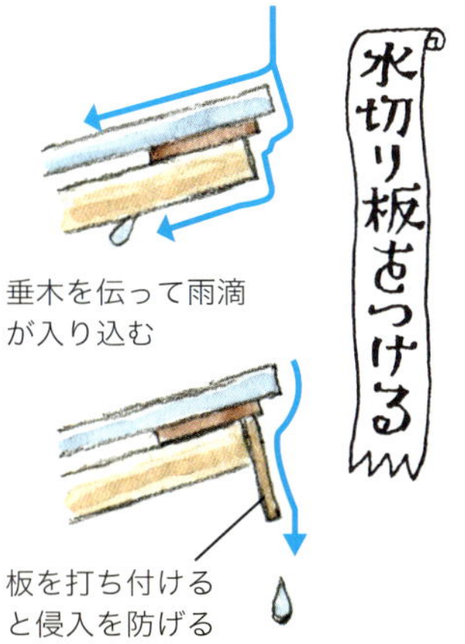

建物のまわりと建物の内部の地面の高さが同じだと、土の浸透の限界を越えると雨の行き場がなくなって、敷地に水が停滞してしまう。建物まわりに溝を掘って、その土を建物内の敷地に盛り、高さを変えてやる。そして溝に溜まった水が下流にスムーズに流れるように、水の道をスコップやクワで掘ってやるとよい。

また、建物周囲の樹木の枝切りや、草を刈ってやることも湿気を防ぐことに役立つ。とくに床下の風通しと乾きのよさが土台や柱を長持ちさせる。土台まわりには草が生えたら抜いたほうがいい。

建物内部の湿気対策では、昔の日本家屋は開口部がたくさんあるので、陽当たりのいい家では天気のいい日に雨戸・障子を開け放ち、風を通せばよく乾いた。日常の暮らしの中では囲炉裏で火を焚くことが、家の乾燥に役立っていた。

開口部がある小屋なら風通しはよく、建物も蒸れないので、多少の雨漏りは心配ないが、傾斜地では雨の流れや、屋根方向の水を落とす場所に注意することだ。

建てる場所と屋根の方向

山暮らしでは、小屋づくりの敷地は限定されることが多いが、突風が直撃するような場所、水害や崩壊の起きそうな沢沿いは避けるのは当然として、大きな木の下などもやめたほうがよい。落ち葉や枝切り作業で屋根を傷めやすいからだ。また陽当たりが悪い場所は建物が乾きにくく、柱などが腐りやすい。雨の後に水溜まりができるような場所は柱が腐りやすいので、土盛りしたり、周囲に溝を掘ったりして水はけをよくする。草地の場合は敷地とその周囲を草刈りし、小屋の内部と軒下にあたる部分は、クワで土を掘り起こして草の根を取り去っておく。

入り口は片流れ屋根の場合、屋根の高いほうが使い勝手がよいが、裏に石垣などがあると、そこに雨が集中するので逆にするか（下図B)、石垣側に雨樋をつけて小屋の前面に雨を送るようにする（下図A)。

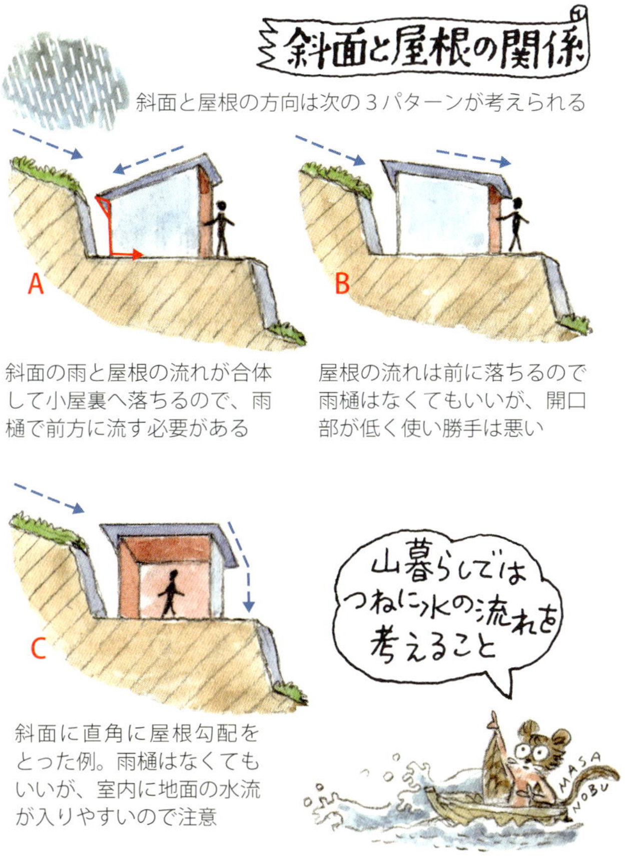

4 材料の長さ、本数の計算
——簡単な図面をひく

数量計算と材料の準備

では小屋づくりに入ろう。まず簡単な図面を描いて、柱や桁など材料の長さと本数を割り出してみよう。平面が決まれば桁や垂木の長さはおのずと決まる。柱のサイズは屋根勾配（※1）とスパンから導き出す。短いほうは「頭が当たらないぎりぎりの高さ」、高いほうは「手を伸ばして桁が載せられる高さ」にすると、車庫や物置として使い勝手がよく、施工もしやすい。ここでは短い柱を地上高1,800mmとし、そこから全部の柱の長さを割り出してみよう。

屋根勾配とスパンから柱の高さを出す

屋根勾配2寸なら、スパン3,500mmの場合3,500×0.2で、両端の柱の高さの差は700mmとなる。

地中に埋める深さは500mmでいいので、1,800＋500＝2,300mmが短い柱丸太の長さとなり、長いほうが、2,300＋700＝3,000mmとなる。中央にもう1本入れるならその中間の長さ、2,650mmと考えればよい。なお、丸太の垂木は元（径が大きいほう）を屋根下側に持ってくると、径の差だけ屋根勾配がゆるくなるので、その誤差分も考えておく。

桁、垂木の数量を割り出す

定規（三角スケールなど）で図面を描き、数量を割り出すのが設計の基本だが、掘っ建て小屋づくりではスケッチを元に現場で長さを目視しながら決めてしまったほうが、周囲の地形となじんだ使いやすいものになる。ただし最初は一度絵を描いてみて建物の形を把握しておくといいだろう。

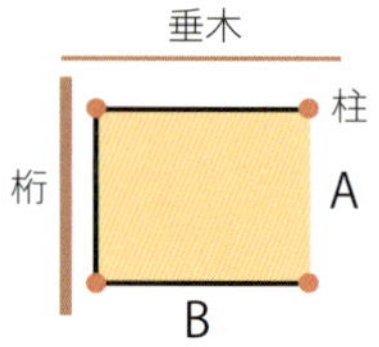

桁と垂木　平面図で四方の柱の位置を決め、A、B両辺の長さを出す。軒からの張り出し部分は50～60cmくらいほしいが、石垣に接近する場合は軒の出を押さえて、石垣に当たらないようにする。四方に軒を50cm出すとして、柱のスパンAに50cm×2＝100cmを足したものが桁の長さになる。垂木は辺Bに100cmを足したものだが、勾配をみてやや長めにとる。垂木と垂木の間隔は50~60 cmと考えて、桁の長さからざっと本数を割り出す。

横さん　野地板（横さん）のレイアウトで重要なのは、波板を長手方向に2枚以上重ねる場合（右ページ図）、その重ね部分の下に必ず野地板が渡っていないといけない。そうでないと、継ぎ目がたわんで雨漏りの原因になる。先にその位置を決め、そこから軒の先までの距離を等分して横さんの枚数を割り出す。間隔は短いほうが強くなるが、あまり詰めると透過波板などは明かり効果が薄くなるので40～50cm程度がよい。

屋根材の波板は規格サイズが「働き幅（※2）約60cm×3尺～10尺（1尺きざみ）」というふうに決まっているので、重ね合わせた波板でムダの出ない寸法から柱のスパンを決めるのも一つの方法だ。長手方向の継ぎ目はあまり短いと雨漏りするので2寸勾配のときは20cmはとりたい。

柱の天地と桁の左右

自分で伐り出した丸太は径が揃っていない場合もある。そのときは桁の元（径の太い方向）が載る場所に太い柱を使う。そのほうが安定するからである。桁は元末を左右どちらかに揃えたほうが垂木が歪まない。

※**1. 屋根勾配**……傾斜の度合いを示すもので、30°や60°といった角度は使わず、昔から4寸勾配とか2寸勾配というように、底辺を1尺としたときの高さの差で表す。10寸＝1尺なので、4寸なら4/10、2寸なら2/10ということになる。角度がきつければ水はけはいいが、屋根の施工は難しくなる。屋根が瓦素材のときは3～4寸勾配が必要だが、防水・流水性が高い波板では2寸勾配でいい（2寸が最低ライン）。

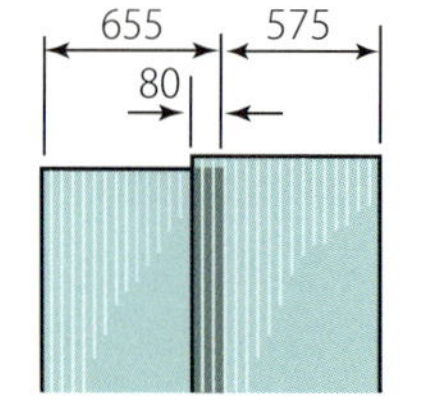

重ね幅2山半＝80mm

※**2. 波板の働き幅**……波板は規格寸で655mm幅があるが、80mmの重ねしろを取るので（雨漏り防止のため2山半以上重ねる）、実際の有効幅は600mm程度になる。枚数×575＋80で合計幅が出る（右ページに枚数と合計幅を表で示した）。

小屋組み詳細図

一例として軽トラの入る最小サイズの小屋の詳細寸法（単位はいずれも㎜）を示す。必要に応じて壁、棚、雨樋、筋交い、方杖をつける

平面図

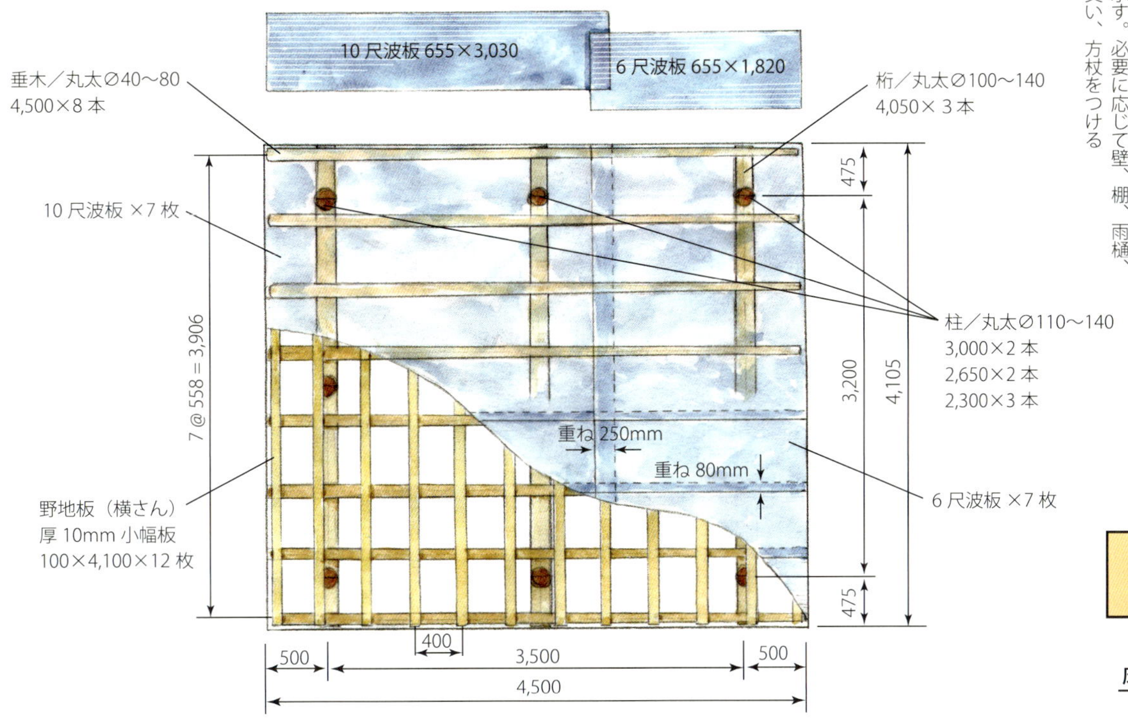
10 尺波板 655×3,030
6 尺波板 655×1,820
垂木／丸太∅40～80
4,500×8 本
桁／丸太∅100～140
4,050× 3 本
10 尺波板 ×7 枚
柱／丸太∅110～140
3,000×2 本
2,650×2 本
2,300×3 本
7 @ 558 = 3,906
重ね 250mm
重ね 80mm
6 尺波板 ×7 枚
野地板（横さん）
厚 10mm 小幅板
100×4,100×12 枚
475
3,200
4,105
475
400
500
3,500
500
4,500

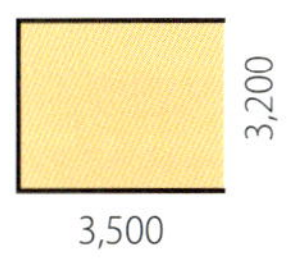
3,200
3,500

床面寸法

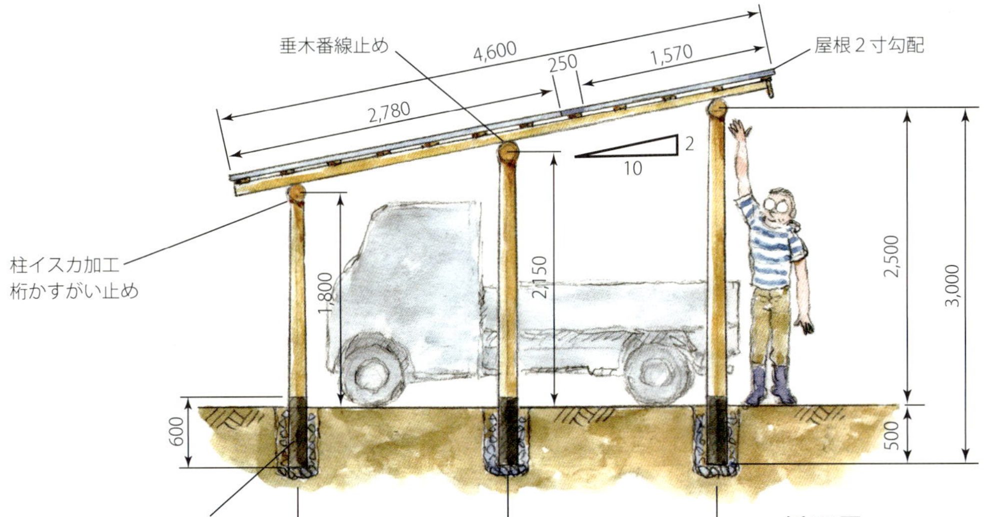
垂木番線止め
4,600
250
1,570
屋根 2 寸勾配
2,780
2
10
柱イスカ加工
桁かすがい止め
1,800
2,150
2,500
3,000
600
500
炭化防腐処理
1,250
1,250
3,500

側面図

波板枚数と合計幅（mm）

3 枚	4 枚	5 枚	6 枚	7 枚
1,805	2,380	2,955	3,530	4,105

※単位幅 655mm・２山半重ね（重ね幅 80mm）

波板定尺の長さ（mm）

3 尺	4 尺	5 尺	6 尺	7 尺	8 尺	9 尺	10 尺
910	1,210	1,515	1,820	2,120	2,420	2,730	3,030

※２寸勾配のときは重ね長さを 200mm 以上とる

5 丸太の加工

皮のむき方

丸太は皮付きのまま使うと虫食いが入ってしまうので、必ずむいてから使う。丸太は春～夏頃に伐れば皮が簡単にむけるが、1章で述べたように材の質のためには秋に伐ったものが適する。だから、皮むきはけっこう難儀する作業である。皮むき専用のカマやナイフ、ピーラー形の道具もあるが、入手しにくいので、塗装はがしに使うスクレーパーという道具を使うと便利だ（下図）。

まずナタなどで縦に切り込みを入れる。そこからスクレーパーを皮と木部の間に差し込んで皮を起こしながらきっかけをつくる。ある程度円周方向に皮を起こしてから、そこをつかんで縦方向に一気にむいていくとよい。むきにくいときは何日か雨と陽に当てるのを繰り返すとむきやすくなる。できるだけ大きくむけば屋根材にも使える。その場合は皮の長さを揃えて風通しのよいところへ保存しておく。

むけないところは、下図のようにナタを使うといいが、これは皮をむくというよりも中身を薄く削るという質感になって、皮むき丸太の風情が若干そがれるのが難点。

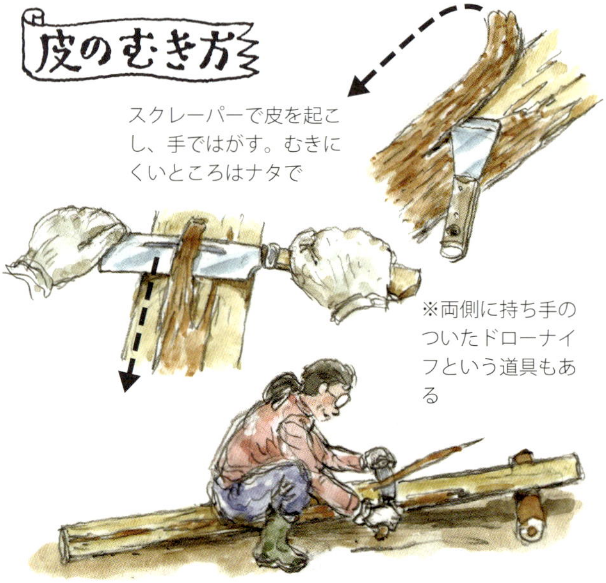

皮のむき方
スクレーパーで皮を起こし、手ではがす。むきにくいところはナタで
※両側に持ち手のついたドローナイフという道具もある

柱の頭を加工する

柱を寸法に切ってから、先端に桁を載せやすくするために、柱の末（径の小さいほう）の木口を図のようにイスカ(※)に加工する。チェーンソーでV字にカットするよりイスカのほうが正確につくれるし、載せた桁も安定する。またイスカの切り口が目印となって、柱を立てるとき直角方向の確認もしやすい。

紙や巻き尺などを定規がわりにして両側にノコの線を入れ（30～40度くらい）、ヨキかノミで割ってつくる

※イスカ……イスカという鳥のくちばしに形が似ているためこう呼ばれる。古くからある継ぎ手加工の一種。

イスカ

掘っ立て柱の炭化

柱の土に埋める部分は石油系の防腐剤は使いたくないので火で焼いて炭化させるとよい。柱材を横にして回しながら焚き火の炎にかざして、表面が黒く焦げる程度まで焼く。地中に埋める深さは50cmくらいなので、土の上に出る部分プラス10cmとして60cm程度を焼く。あらかじめ60cm以上の部分にアルミホイルを巻いておくと、境がきれいに仕上がる。50cmの部分にも印をつけておこう。

移動式かまどで焼くと安全

6 建て方の順序

柱を立てる

まず柱の位置に目印の杭を打つ。平面的な直角は波板を一枚使って定規がわりにすればよい。巻き尺で距離を計って３点の杭を打ち、あらかじめ割り出しておいた対角線の寸法（※）をとって微調整すれば、正確な最初の直角がとれる。それらの杭を基準に４本目の杭を打つ。杭に水糸を回すと建物の大きさがつかめる。

１本目は角の柱から立てる。位置を定めていた杭を抜いて、そこを中心にスコップやツルハシで深さ50cmの穴を掘る（メジャーで測る）。穴は小さく垂直に掘るのがコツだ。穴が掘れたら柱を立て、その柱で穴の底をよく突き固める。土が沈んで穴が深くなったら小石を入れてふたたび突いて、およそ50cmぐらい入ったところで埋め始める。ここで大事なのは、

１）桁が載る方向にＶ字の切り口が向いていること

２）柱が垂直に立っていること

柱材の頭のイスカ（Ｖ字）の方向を確認し、垂直に保持したまま、小石と土をまず10cmほど入れる。小丸太などでその埋め土を突いていく。それだけで、柱は自立してしまうはずだ。柱から４～5m離れて見て、垂直を確認する（下げ振りや直棒などを目の前にぶら下げて基準にするとよい）。左右２ヶ所から確認する。垂直がずれていたら修正しながら、10cmくらいずつ小石と土入れを繰り返し、よく突き固めながら、地面まで埋め戻していく。このとき少し水を入れながら突いてやると、土と石がよく締まる。

半分ほど埋めたあたりで柱はほとんど動かせなくなってしまうので、修正は早めにする。最後は柱の周囲にやや高く土を盛り、足でよく踏んで固める。

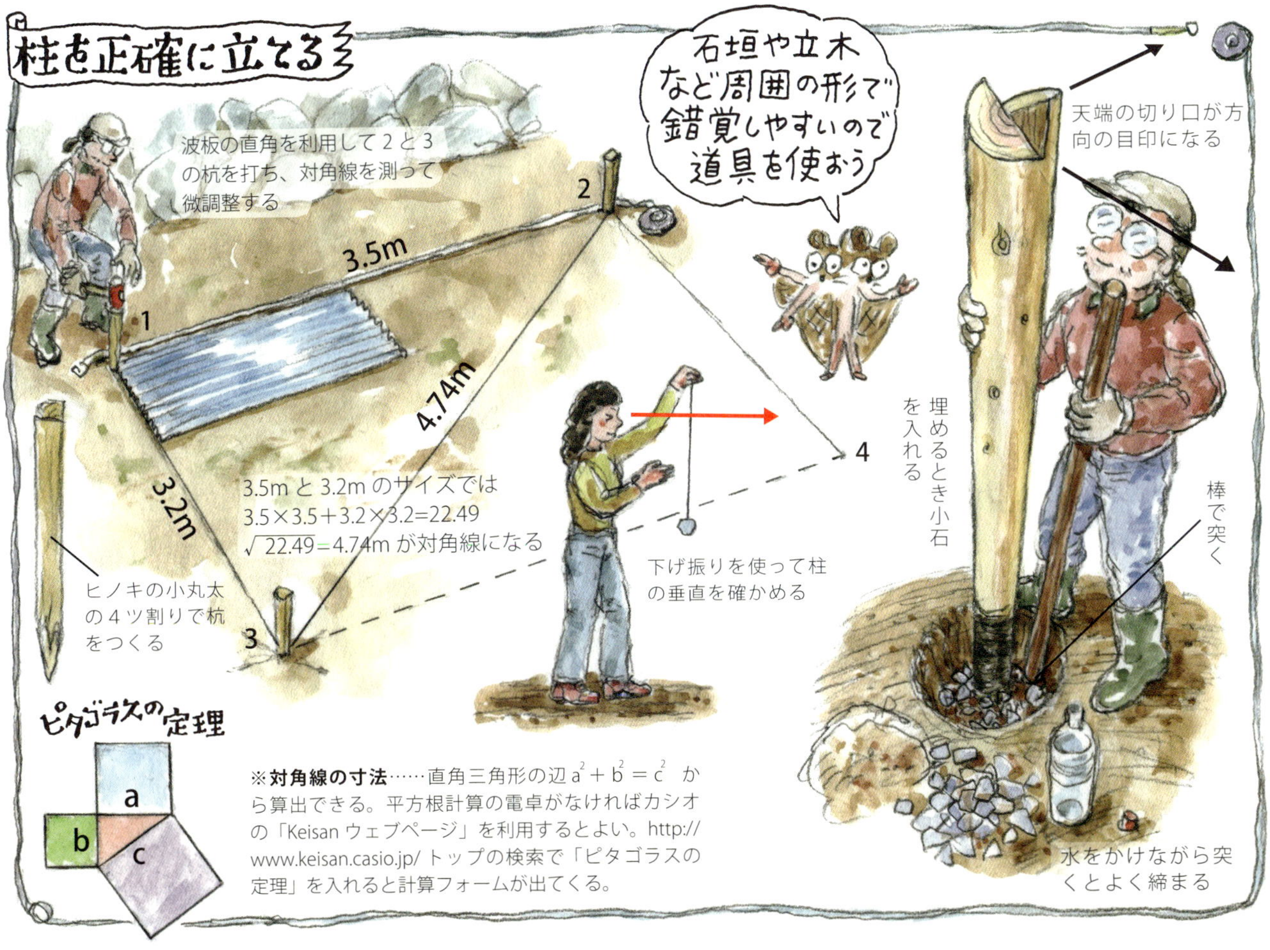

※対角線の寸法……直角三角形の辺 $a^2+b^2=c^2$ から算出できる。平方根計算の電卓がなければカシオの「Keisanウェブページ」を利用するとよい。http://www.keisan.casio.jp/ トップの検索で「ピタゴラスの定理」を入れると計算フォームが出てくる。

2本の柱を同じ高さにする方法

次に同じ桁が載る方向の角の柱を立てる。2つの柱の高さを揃えるため、次のような手順を踏む。

まず、杭を打ち直して水糸を下図のように柱に沿うように張り、その糸を水準器や水盛り（※）などで水平にする。次に、最初に立てた柱に水糸が触れている位置から天端までの長さを計る。そしてその長さを2本目の柱に転写し（鉛筆等で印をつける）、その位置が水糸の高さになるように穴を掘って柱を立てる。

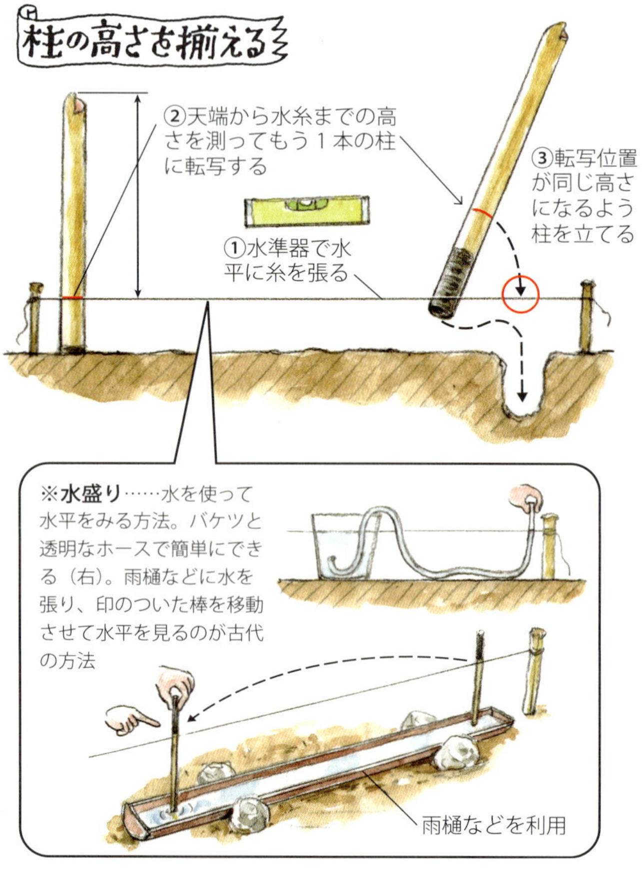
柱の高さを揃える
②天端から水糸までの高さを測ってもう１本の柱に転写する
③転写位置が同じ高さになるよう柱を立てる
①水準器で水平に糸を張る
※水盛り……水を使って水平をみる方法。バケツと透明なホースで簡単にできる（右）。雨樋などに水を張り、印のついた棒を移動させて水平を見るのが古代の方法
雨樋などを利用

こうすると、地面が平らでなくても柱同士の天端を水平にできる。ただし、桁丸太は元末両端の木口に誤差があるので、両直径の差の1／2（おおむね1cm程度）の長さを補正してやる。そこまで正確にしなくても、目分量で桁の末側を若干高くするだけでもよい。

同じように四角の3本目、4本目を立てる。中間に立てる中柱は、すでに立っている柱の先端（イスカの中央）に水糸を載せてピンと張り、それを目安に高さと直線を揃えるといい（右図）。

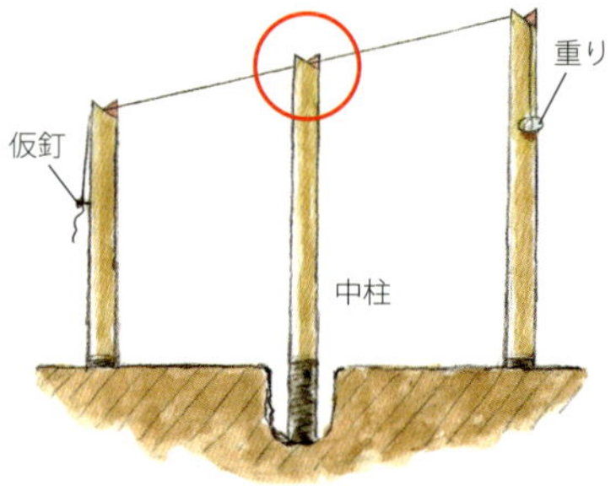
重り
仮釘
中柱

桁を載せる

まず桁の木口の元（重いほう）を柱の天端に立てかける。もう一方の柱に移動し、末のほうを持ち上げて載せる。手が届かないなら脚立を使う。載せた後で、桁材に微妙な曲がりがあるなら、なるべく桁の天のツラが水平になるように、もしくはやや上にふくらむように（屋根のたわみを防ぐため）、向きを回転させるとよい。イスカの木口はよく締まるので支点が2つなら回したとしてもほとんどぐらつかずに載っているはずだ。位置が決まったらかすがいを打って止める。

桁上げのコツ
上がったら桁を回して微調整
片側を引っ掛ける
柱に沿わせて上げるとラク

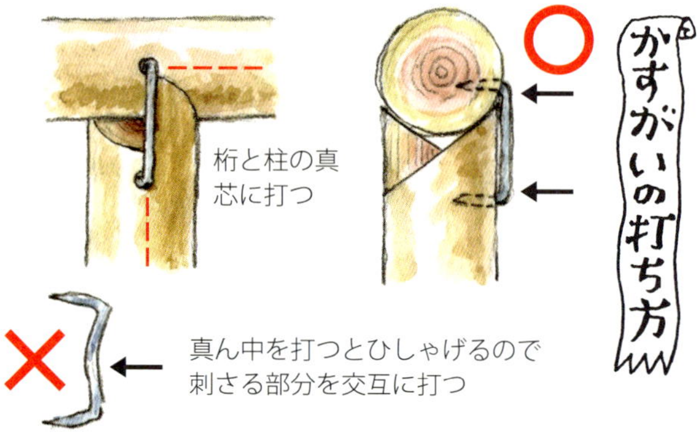
かすがいの打ち方
桁と柱の真芯に打つ
真ん中を打つとひしゃげるので刺さる部分を交互に打つ

7 垂木を番線でとりつける

木の接合に番線しばり

垂木は長さを正確に揃え、元（太いほう）を低い側の桁に揃えて置く。それをシノという道具を使って番線でしばって止める。

シノ　番線（ナマシ線）　カッター

番線は普通の針金ではなく「ナマシ線」という名称でホームセンターや金物屋で売られているものを使う。＃12（2.6mm径）× 72mで900円程度である。シノはナット回し工具のラチェットの突端を使っても代用できる。番線を切るには、ペンチに付いている針金切りでは手こずるので、専用のカッターがあったほうがよい。

垂木の止め方

垂木に曲がりがある場合、天のツラが水平になるように回転させ補正しながら止める。また桁の曲がりでうねるようなら、その部分をヨキやナタで削ったり、木っ端を当てたりして補正する。最初に全ての垂木を桁に載せてみて、天のツラが揃っているかを確認し、垂木を適宜交換して補正する。

垂木の先端は下側よりも上端の揃いをきれいにする。「雨仕舞」の水切り板を打つとき、垂木の先端が揃っていたほうがきれいに収まるからだ。そのためまず桁の両端の2本を番線で止め、その先端に水糸を張って、他の垂木の先端を揃えるといい。

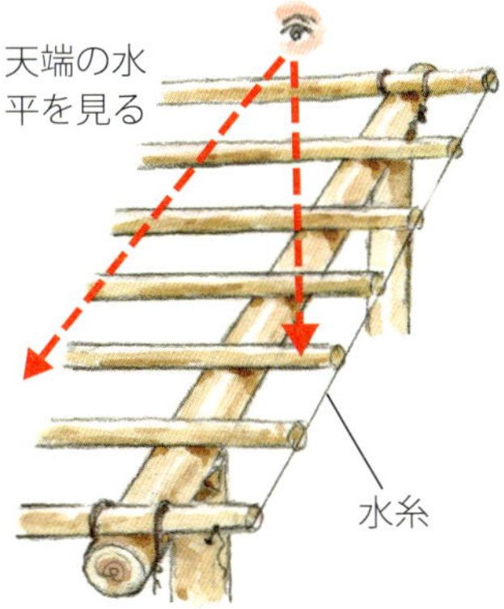

天端の水平を見る
水糸

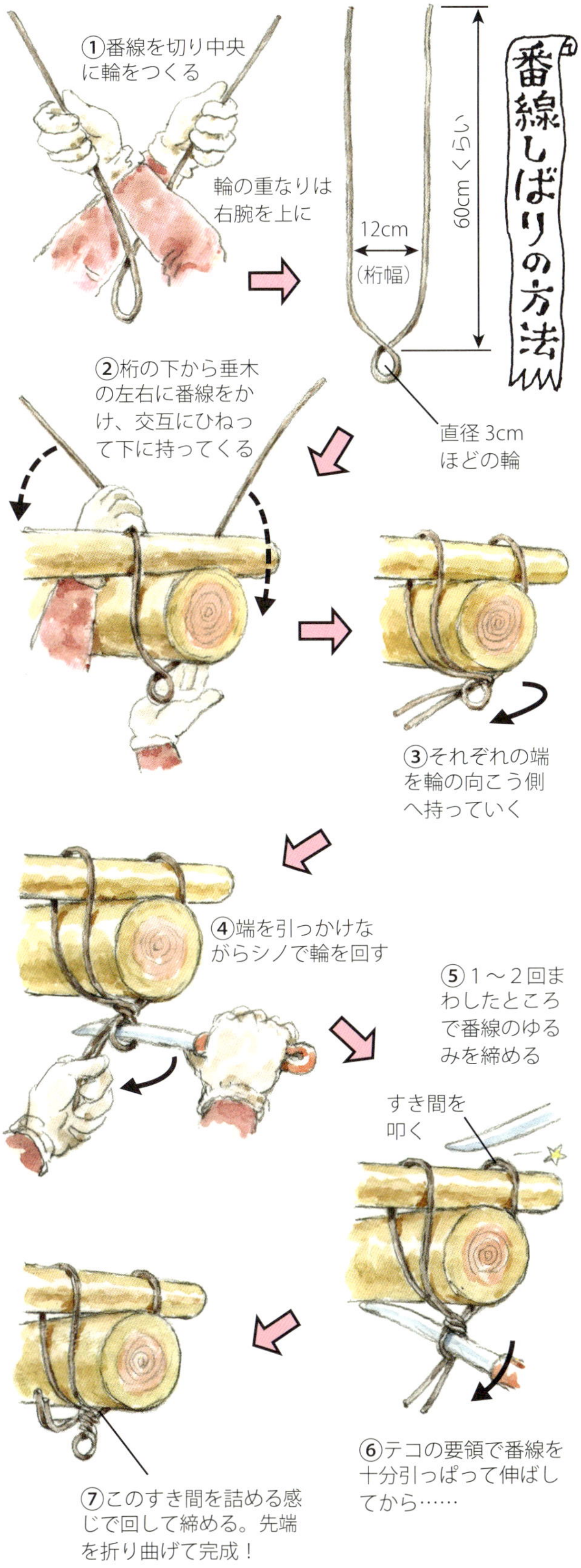

番線しばりの方法
①番線を切り中央に輪をつくる
輪の重なりは右腕を上に
12cm
（桁幅）
60cmくらい
直径3cmほどの輪
②桁の下から垂木の左右に番線をかけ、交互にひねって下に持ってくる
③それぞれの端を輪の向こう側へ持っていく
④端を引っかけながらシノで輪を回す
⑤1～2回まわしたところで番線のゆるみを締める
すき間を叩く
⑥テコの要領で番線を十分引っぱって伸ばしてから……
⑦このすき間を詰める感じで回して締める。先端を折り曲げて完成！

8 野地板（横さん）を打つ

野地板のつけ方

垂木が止まったら野地板を上から釘打ちしていく。足場板を載せて作業したほうが安心だが、垂木の上に足を載せながらでもかまわない。

野地板は最初に屋根のいちばん高い部分と低い部分を止め、その間を等分して枚数をレイアウトする。ただし波板が流れ方向に２枚以上重なる場合は、その重なり部分にも野地板が必要になる。

野地板の長さが足りず継ぎ足す場合は、垂木の中央で継ぐようにする。２枚重ねると屋根材が打ちにくくなるので、垂木の芯ですり合わせるとよい（下図左）。

節の部分は釘打ちを避けること。硬くて釘が打ちにくいし、そこから割れが入ったりするからだ。

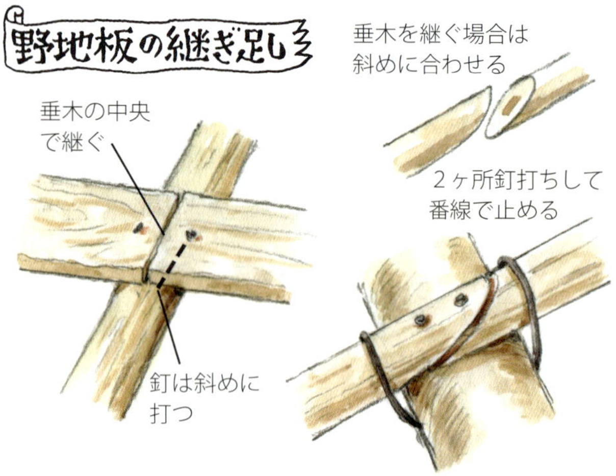
野地板の継ぎ足し
垂木を継ぐ場合は
斜めに合わせる
垂木の中央
で継ぐ
２ヶ所釘打ちして
番線で止める
釘は斜めに
打つ

バラシと釘抜きのテクニック

釘打ちに失敗したときや、廃材を使うときその材に打ち込まれた古い釘を抜くことがあるので、釘抜きのテクニックも紹介しておこう。まだ釘頭が出ているなら釘抜き（バール）を使ったテコの原理で簡単に抜けるだろう。もし頭まで打ち込んでしまったら、小バールの先端をハンマーで釘頭と板の隙間に打ち込んで頭を起こしていく。そのまま小バールで抜けなければ、大きなバールが入るまで小バールで浮きあがらせ、最後は大バールで釘を抜く。

小バールの使い方
めり込んだ釘の
頭を起こす
ハンマー
で打つ

接合部をハンマーやバールで裏から叩き、釘頭を浮かせることもできる。角材と板との接合部は、横から角材を叩き、板とのすき間ができたところでバールの平たい部分を差し込んでこじ開けると板が外れる。次に板の裏に飛び出している釘先の部分をハンマーで叩き、頭を出すと抜きやすくなる。スクリュー釘の場合は非常に強固で抜きにくいが、できるだけ大きなバールを使い、テコをかけるとき材が浮き上がらないように足でしっかり押さえる。

釘の頭が飛んでしまったときは、先をペンチでつまんで回しながら引っ張ってみる。またはペンチで先を曲げて、そこにバールを掛けると抜けることがある。どうしても抜けないときは釘を横に叩いて材にめり込ませるようにする。しかし釘はできるだけ抜いておきたい。古材として使い回しするとき、見えない古釘がノコやカンナの刃を痛めることがあるからだ。

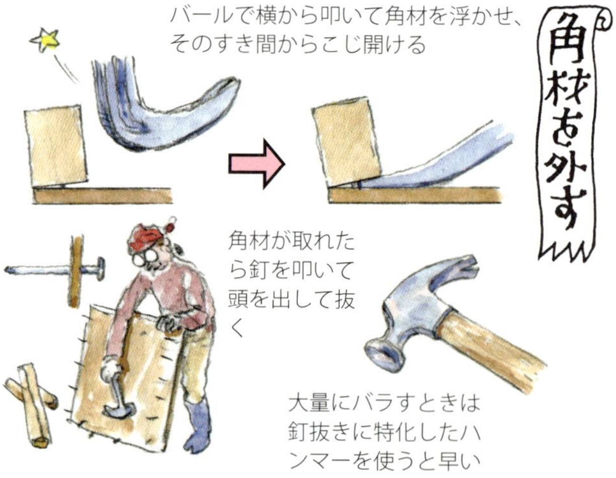
角材を外す
バールで横から叩いて角材を浮かせ、
そのすき間からこじ開ける
角材が取れた
ら釘を叩いて
頭を出して抜
く
大量にバラすときは
釘抜きに特化したハ
ンマーを使うと早い

9 屋根材を張る

波板の張り方

さていよいよ屋根材だ。波板張りの要点は次の通り。

1）足場板で作業する……波板に直接乗ると破損したり滑りやすいので、足場板を置いて、その上で作業する。垂木に足をかけてもいいが野地板の上には乗らない（割れる）。

2）重ね方向を確認する……波板は屋根の低いほうから張り始め、高いほうへ重ねながら張る。逆にすると継ぎ目から雨漏りする。

3）重ね幅をとる……縦方向の重ねは 20cm 以上、横方向の重ねは波２山半分以上重ねる（下側にくる波板端は上向きに）。流れ方向の重ねの下には必ず野地板がなければならない。

4）重ね部分は直線に……上と下の合わせ目の波が直線にピタッと合っていないと雨漏りの原因になる。

5）傘釘は凸部に打つ……傘釘は野地板をめがけて波板のトップ（凸部：高い所）に打ち込む。凹部に打つと釘穴から染み込み雨漏りする。打ち方は山が変形するほど打ってはいけないが、板と釘のパッキンに隙間があってもいけない。傘釘は失敗してもやり直しがきかない（釘抜きが難しい）ので慎重に。最初に金属用のドリルで穴を空けておくと確実だ（裏側から空ける）。専用のハンドドリルも市販されている。

6）波板が重なっている部分には必ず釘を打つ……これでつなぎ目からの風はがれや雨漏りを防ぐ。

他は凸部４～５山に一つの間隔で、野地板に沿って傘釘を打つ。

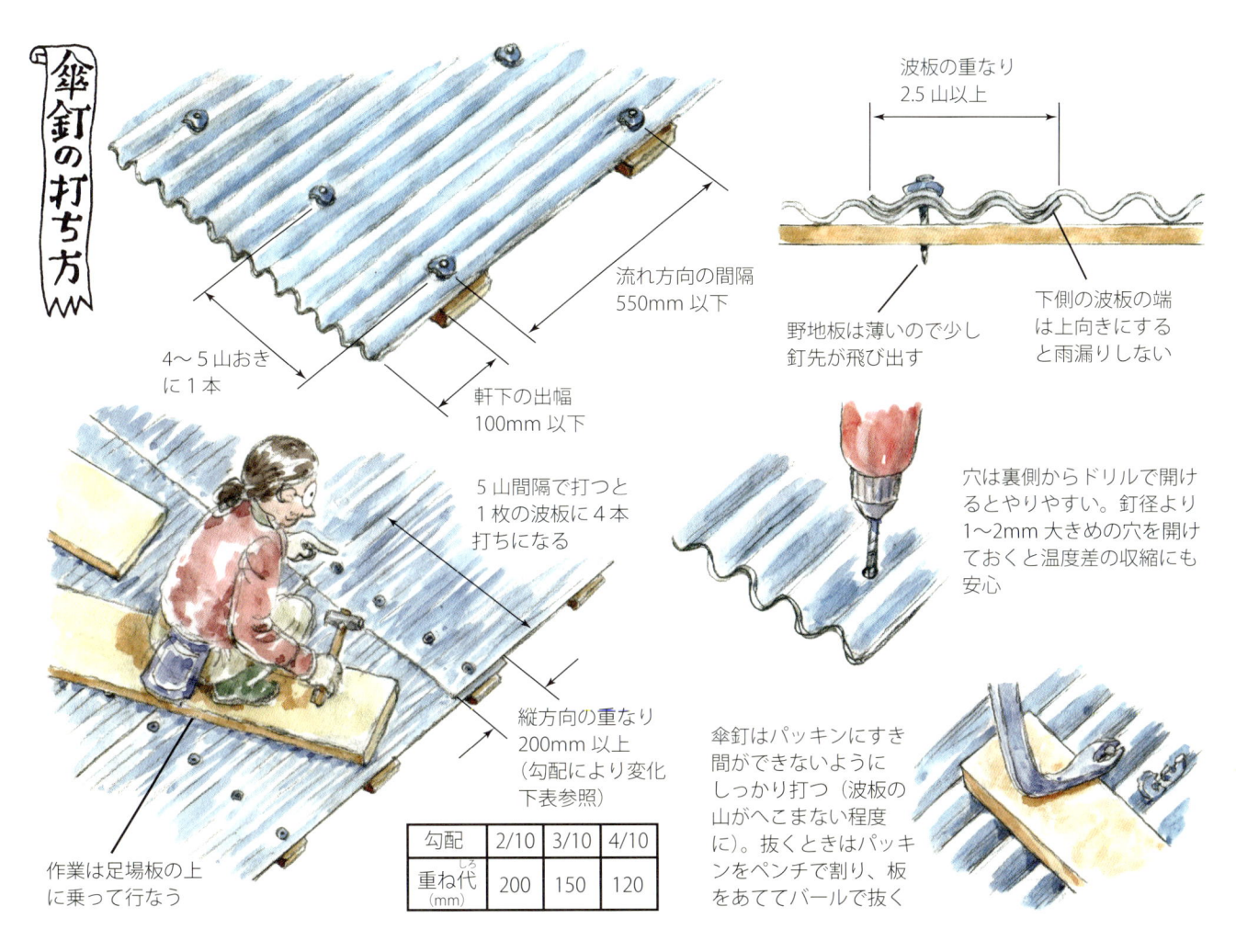

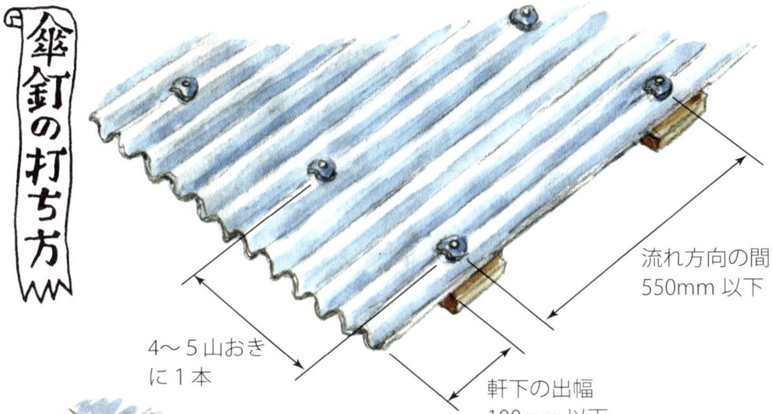

傘釘の打ち方
流れ方向の間隔
550mm 以下
4～5 山おき
に１本
軒下の出幅
100mm 以下

波板の重なり
2.5 山以上
野地板は薄いので少し
釘先が飛び出す
下側の波板の端
は上向きにする
と雨漏りしない

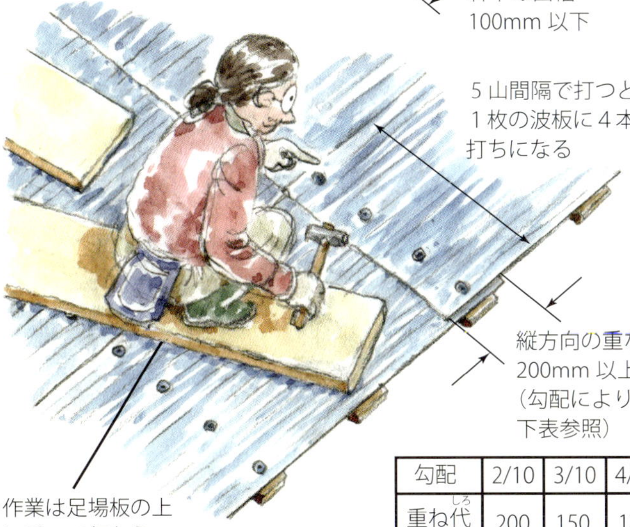

5 山間隔で打つと
１枚の波板に４本
打ちになる
縦方向の重なり
200mm 以上
（勾配により変化
下表参照）
作業は足場板の上
に乗って行なう

勾配	2/10	3/10	4/10
重ね代《しろ》 (mm)	200	150	120

穴は裏側からドリルで開けるとやりやすい。釘径より 1～2mm 大きめの穴を開けておくと温度差の収縮にも安心

傘釘はパッキンにすき間ができないようにしっかり打つ（波板の山がへこまない程度に）。抜くときはパッキンをペンチで割り、板をあててバールで抜く

水切り板を付ける

最後に屋根下の垂木の前に水切りの板を張る。これをしないと屋根の裏側を水が伝わって、小屋内に落ちてくる。材は野地板と同じもので十分だが、ここは建物の正面の顔でもあるので、細工をしても面白い。

雨樋の取り付け

雨を小屋の周囲に落としたくない場合（とくに石垣などに接近してる場合）は、左右のどちらかに雨樋をつけて離れたところへ排水するようにしたい。雨樋と専用金具はホームセンターなどで購入できる。金具を垂木の側面に打ち、雨樋を掛ける。波板から流れ落ちた雨を漏らさず受ける位置に、そして左右の流す方向にやや傾斜をかけて金具を取り付ける。

雨樋は垂木の先端に金具で据え付ける

雨樋は割り竹を使うこともできる（113ページ参照）。

雨漏り対策

波板の重なり部分から雨漏りする場合は、重なり部分の「室内側」にコーキング剤で目張りする。逆に屋根側にコーキングやテープ等を張ってしまうと横の継ぎ目から滲んだ水が行き場を失って、雨漏りすることがあるので注意。

10 壁を張る

板壁の場合

カラートタンを打ち付けた内部。柱に棚を据え付けることもできる

壁素材はカラー波板を縦に張っていくのが一番簡単だ。その際は釘が打てる位置に横木を柱に渡す必要がある。小幅板を釘打ちするか、細めの丸太を柱に番線しばりで止めていく。屋根との隙間は２寸勾配程度ならそれほど気にならないが、空間を開けたくないなら上部を金バサミで斜めに切ってもいい。

壁材には自作の板材を打ち付けてもいい。板を柱間の長さに揃えて、直接柱に釘打ちする。板の上下を斜めに削って合わせるときれいだし、雨が吹きつけても隙間から雨水が入らない。

土壁の場合

粘土と稲ワラと竹があれば土壁がつくれる。粘土のありかはキノコと同じでいわば財産であり、地元の人にいきなり尋ねても教えてもらえないだろう。自分で探してみることだ。山の表土を削って地山の粘りをみる。学校工作で使った油粘土のような質感の土ならOK。山林の所有者に了解をとって、スコップで土嚢袋に採取する。

中に大粒の石や木の葉や枝など有機物が混じっていたら取ること（多少の細かい石は混じってもいい）。これに10cmほどに刻んだ稲ワラを混ぜ、水を加えて足で踏みながら練って、しばらく（１ヶ月以上）寝かせることで粘りが出る。これは稲ワラの中に棲んでいる納豆菌のおかげである。だから麦ワラや他の草繊維ではダメで、粘りを出すには稲ワラでなければならない。しかし、粘土がよく粘る質のいいものならワラを混ぜてすぐ使ってもかまわない。稲ワラは古畳やワラ縄を切って使ってもいい。

土壁は重量があり、柱の中心におさめたいので、横材を組み込む必要がある。下地は竹（マダケがよい。モウソウでは太すぎる）で小舞という井桁のフレームを組んで、それに粘土を両側からなすりつける。これを荒壁といい、漆喰《しっくい》で仕上げるなら荒壁の乾燥を待って（３ヶ月）、もう１～２層の中塗りをする。これには砂を少量混ぜる（砂で粘りがなくなるので厚くは塗れないが、亀裂が入りにくい）。それが乾燥してから漆喰を塗る。しかし、納屋なら荒壁仕上げで十分であり、風格もそのほうが合う。

土壁というと、高度な技術を要する左官壁を連想しがちだが、文化財クラスの建物ならまだしも、昔の山村民家の荒壁などは、多くは地元住民が塗ったものであり、素人でも訓練すれば十分可能だ。

土壁の土は、建物を壊した後で何度も使い回しができる。蔵などの解体現場を見かけたら、土嚢袋を持参して土を貰ってくるとよい。それを水で練ればすぐに使えるし、乾燥したまま何年でも保存できる。もし中のワラやスサ（麻などの繊維状のもの）が分解して消えていたら、自分でワラ縄や麻縄（シュロの繊維も使える）を切って混ぜ込む。ワラやスサがないと粘りすぎて扱いにくく、乾燥後に亀裂が入りやすい。

剥がれたり穴が空いた土壁は、補修箇所に霧吹きで水をかけ、そこにコテで新たな壁土を塗り込むだけで、至極簡単に修復できる。

竹小舞のつくり方

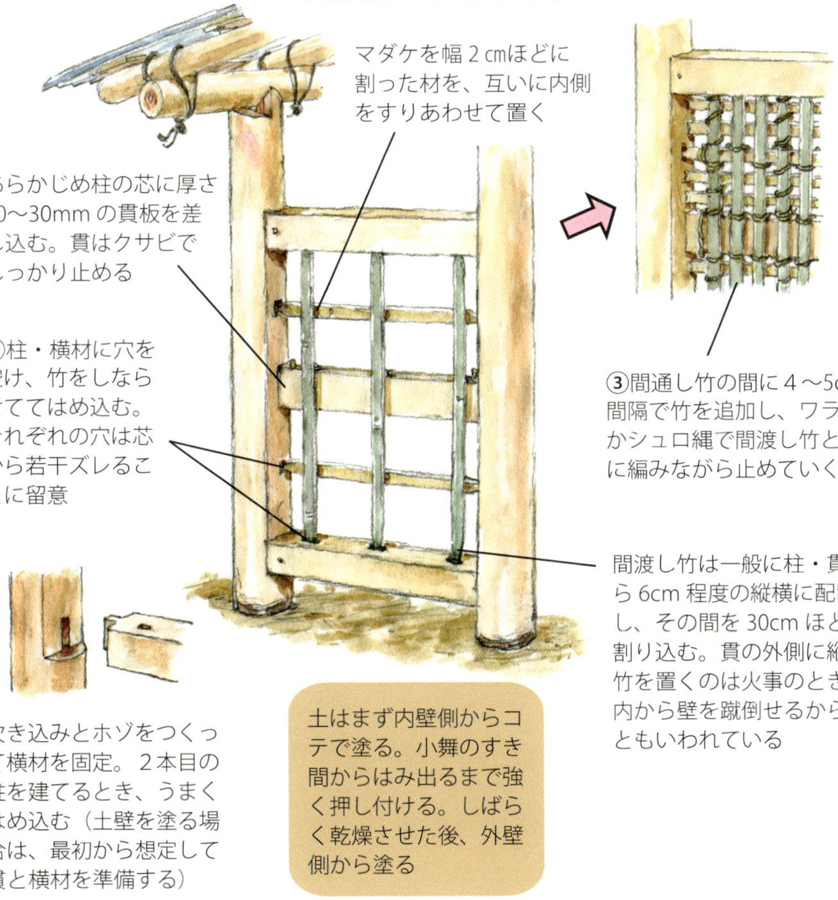

①最初に骨になる「間渡し竹」を配置する。横間渡しは上から見て貫と同じ位置に、縦間渡しは、貫の屋外側に立てる
マダケを幅 2 cmほどに割った材を、互いに内側をすりあわせて置く
あらかじめ柱の芯に厚さ20～30mm の貫板を差し込む。貫はクサビでしっかり止める
②柱・横材に穴を空け、竹をしならせてはめ込む。それぞれの穴は芯から若干ズレることに留意
③間通し竹の間に４～5cm間隔で竹を追加し、ワラ縄かシュロ縄で間渡し竹と貫に編みながら止めていく
間渡し竹は一般に柱・貫から 6cm 程度の縦横に配置し、その間を 30cm ほどに割り込む。貫の外側に縦の竹を置くのは火事のとき室内から壁を蹴倒せるから、ともいわれている
欠き込みとホゾをつくって横材を固定。２本目の柱を建てるとき、うまくはめ込む（土壁を塗る場合は、最初から想定して貫と横材を準備する）
土はまず内壁側からコテで塗る。小舞のすき間からはみ出るまで強く押し付ける。しばらく乾燥させた後、外壁側から塗る

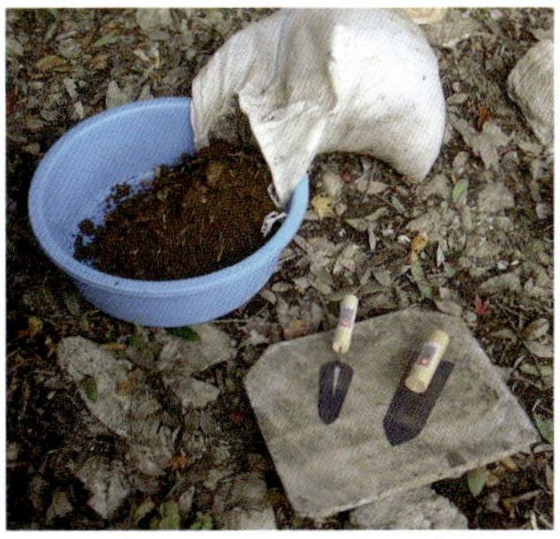
解体現場から貰ってきた壁土

ワラ

まだワラスサがしっかりしているので水で練ればすぐ使える

補修には霧吹きで湿らせた後、土を塗る。右は約４年半後。外壁だがまったくはがれていない

作例／石窯と薪小屋をつくる

山暮らし５年目に敷地の石垣を補修したが、それは土地を広くして大きめの薪小屋をつくりたいと思ったからである。無事、石垣はできた。そのさい石と土が余ってしまった。そこで石窯をつくることにした。

私たちは毎年わずかながら小麦を栽培しており、それを石臼で挽いて全粒粉のチャパティ（鍋で焼く）などを楽しんでいたのだが、ピザやパンを本格的な石窯で焼くというのは、ひとつの夢でもあった。

石窯はレンガと粘土でつくるが、その土台に石を使えば余った石が整理できる。レンガは手元にあるものを使い、新たに購入することはしなかった。粘土は敷地の山林から採取したものと、蔵の解体現場から貰ってストックしておいたものを使った。

小屋の柱や桁材は山林から伐り出して乾燥させておいたスギ材。垂木にはイタルさんのつてで入手し、ストックしてある廃材角材（これはガラスや鉄板の運搬用に使われたものだそうで、おそらくラワンなどの南洋材に樹脂をしみ込ませたもの。堅牢でさまざまな用途に重宝する）。野地板も廃材板のつぎはぎ。屋根は中央に透過素材のポリカーボネイド波板、石窯側にはスギ皮、反対側には廃材並板（サビて穴も空いているが補修すればまだまだ使える）と、３色屋根になった。

小屋に接近している石垣側に雨水が落ちるので、金属棒（廃材のガス管）を石垣に刺し込み、そこに半割り竹を載せ雨樋がわりとした。

なにやら廃材だらけで恐縮だが（新たに購入したのはポリ波板六枚のみ）ささやかな建物ながら、石垣を含めたセルフビルドの醍醐味を十分味わうことができた。

杉皮屋根

ぜんぶ波板じゃ面白くない。また石窯の上に透過波板だと煤けてしまうと考え、1/3は杉皮で葺いた（①）。屋根の野地板は全部廃材の寄せ集め（②）。そこに防水下地材代わりに紙パックをガムテープで貼ったものを打ち付けた（③）。杉皮はストックしておいたものを、まず水に漬けて柔らかくする。それを屋根瓦を葺く要領で、下から並べては、重なり部分に割り竹を置き、その上に石の重しを置いていく（④）。奥は廃材のトタン波板の3色屋根になったが、おかげで透過光の効果が鮮やかになった

①ぐり石を敷いて十分転圧

②石垣の要領で積み始める

④角の井桁組みが難しい

窯台

崩れていた石垣を積み直した石が余った。それで台をつくれば後ろの石垣と調和していいだろう。平たい大石が1枚あったので、それを天板にして正面に小さな開口部をつくる。ちょっとした薪置きになり、なによりデザイン的に面白い

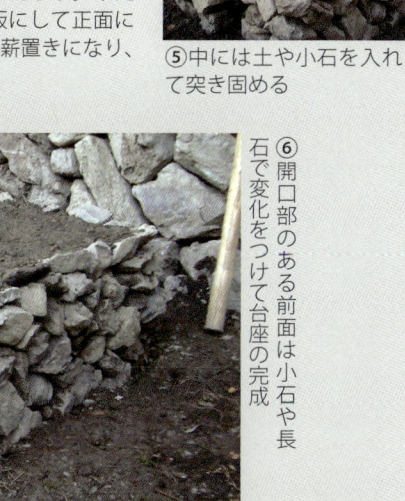

⑤中には土や小石を入れて突き固める

③平たい大石を開口部の屋根にする

⑥開口部のある前面は小石や長石で変化をつけて台座の完成

石窯

粘土に切りワラを混ぜると乾いたとき割れにくい

手元にある有り合わせのレンガで床をつくる。足りない部分は土で

1段目のレンガを粘土で固定したら、内壁の型となる土まんじゅうを盛り始める

扉部は型枠をつくって、割りレンガでアーチを

土まんじゅうをつくって（⑦）濡れ新聞紙を貼り（⑧）、その上に粘土団子を叩きつけて（⑩〜⑫）本体ができる

敷地の山の粘土はちょっと冷たい灰色だったので、前に蔵の解体現場から貰ってきておいた壁土を本体に使った。乾くときれいなクリーム色になる。乾いたら中の土を取り出す

小屋

垂木と野地板はオール廃材（①）。壁はつくらないので柱は４本。垂木は角材なので作業は早い。面白いように形ができていく（②）

雨樋は半割り竹を、石垣に刺した鉄棒で取り付けた（③）。その先には空き缶と針金でオブジェ風の水下ろしをつくり、手水鉢に受ける。これは石窯の防火用水にもなる

ポールビルディング＝「掘っ建て」とはまったく愉快な工法だ。柱を 50cm 埋めるだけで、大人が乗っても壊れない屋台骨ができてしまうのだから

初運転

煙突をつけていないのにうまく燃えるのだろうか？という不安はすぐに消し飛んだ。窯内部の熱で空気が対流し、薪をくべるだけでひとりでに燃え続けるのだ。そのゆらめく炎は不思議な魅力を放っていた（①②）。まずピザを焼いた（③④）。すばらしい味が私たちの夢のひとつをかなえてくれた（⑤）

建物を長持ちさせる知恵 ――筋交いと根継ぎ

掘っ建ての欠点は、埋めた柱がやがて腐ってしまうことだが、「筋交い」という斜めの補強材を打つことで建物が傾くのをある程度防ぐことができる。もっといえば、最初から筋交いだらけにしておけば、四方の柱の根がなくなっても自立してしまうのだ。

柱の土に埋めた部分が腐り始めたら、柱の左右の桁に仮の柱を２本あてがって下からジャッキで持ち上げ、腐った柱の下部を掘って取り去り、新たな柱を入れるという手がある。

また、下部だけを取り去って、新たな材で置き換えて直す手もある。これを「根継ぎ」という。根継ぎには「金輪《かなわ》継ぎ」が最も強く、向いている。丸太でも可能な継ぎ手であり、数百年の命脈を保つ古民家や文化財建築にはこの方法がかなり多く使われている。

根継ぎの木材の墨付けや加工の難易度は高いが、かといって特殊な宮大工のみができるという継ぎ手ではなく、地方にはこの技術を使いこなせる大工がまだ健在だ。昔の田舎では新築の建前に「結い」で皆が参加することが多いので、素人でもさまざまな継ぎ手をこなす人がいたりする。

継ぎ換えで出た端材や廃材は薪に使える。

筋交い
杭
ただし杭
で止めないと
風で倒れる
ことも…

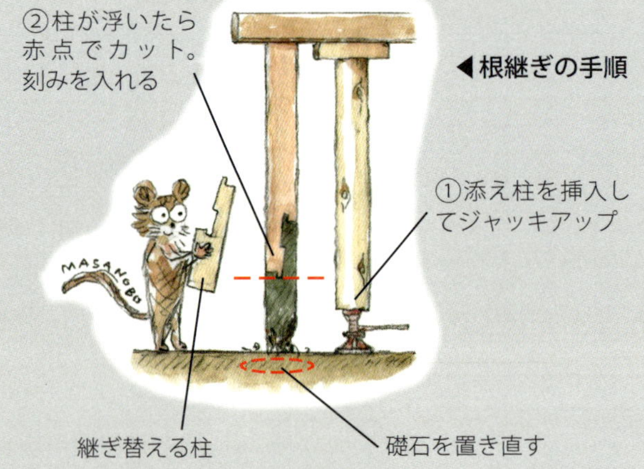
②柱が浮いたら
赤点でカット。
刻みを入れる
①添え柱を挿入し
てジャッキアップ
継ぎ替える柱
礎石を置き直す

◀根継ぎの手順

私の住む集落の神社の鳥居は「金輪継ぎ」で補修されている

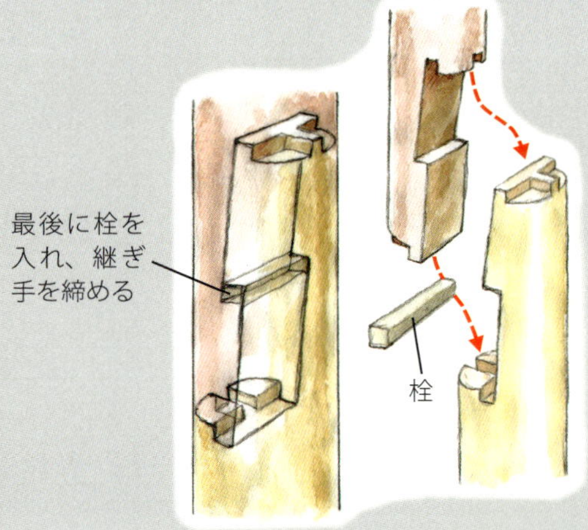
最後に栓を
入れ、継ぎ
手を締める
栓

▲金輪継ぎの立体図

第５章
火を使う

燃やすことで循環し完結する

石を組み、そこで火を焚けばすなわち炉となる。高温多湿の里山で、ローコスト・ローインパクトで快適に暮らすには、その火を料理に使い、煙で虫を避け、家を乾かし、灰を畑に還元することである。山暮らしは火を焚くことで完結する。野外での簡単な石組み炉から、室内の囲炉裏再生までを紹介する。あわせて熾き炭の使い方、五徳や自在カギなど、囲炉裏のグッズにも言及。

1 火を焚く効用

炎のぬくもり効果は温泉にも似ている…
MASANOBU

自然素材を燃やすということ

カマドがあった昔は、町家でも紙や経木《きょうぎ》ゴミなどで朝のお湯が沸いた。しかし今では、田舎でさえ裸火で燃料・暖房をとることを禁忌する風潮ができてしまったのは残念なことである。枯れ枝や廃材を燃やすことは掃除にもなり熱源にもなる。周囲に気兼ねのない山暮らしでは、おおいに火を燃やす暮らしを取り戻したい（もちろん十分注意して）。

昔のゴミ捨て場を掘り返してみたことがあるが、土に埋まりサンドイッチされているにもかかわらずそこにミミズはほとんど居らず、夏は草に覆われるがそれは地中から萌え出た植物ではなく、周囲のつる植物の繁茂だった。土中に埋まる不自然なゴミ――プラスチック、ビニール、ガラス、アルミなどの強靭さは驚くべきものだ。

掘り起こしたゴミを袋に入れ所定の場所に捨てに行けば、そのゴミはどこかで焼かれ、最終的にはまたどこかに埋められて、土地を汚染していく。そう考えるとき、燃やせば土に還る自然素材の尊さを強く思う。

火を焚くことで山暮らしの循環は完結する、といって過言ではない。自然素材の燃える匂いには香ばしいものさえあり、炎を見ながら過ごす時間は、現代人が忘れてしまった癒しの時でもある。

直《じか》火の暖かさと燻《いぶ》しの効果

炭の火に当たったことのある人は、体の芯まで貫かれるような、なんともいえない種類の暖かさに覚えがあるであろう。焚き火の場合は、中心に存在する熾き炭だけでなく、裸の炎が立っている。この直火の暖かさは、ガラス金属板で遮られるストーブとはまた違う種類のすばらしいものだ。炎から直接体の細胞に刺激を与えられる、なんとも力強いものなのである。海に潜る海女《あま》たちが、真夏でも必ず焚き火に十分当たるという話を聞いたことがあるが、それも頷ける。

家の中で囲炉裏やカマドを焚く効用には、暖房以外に次のようなものがある。

1）虫除け……煙が虫除けになる。夏の山暮らしでは多くの虫に悩まされるが、囲炉裏部屋には入ってこない。とくに囲炉裏の周辺では蚊にまったく刺されない。ムカデなどもほとんど入ってこない。

2）家屋の保全……囲炉裏の煙が「茅葺き屋根」を長持ちさせ、燻（いぶ）すことで通常の２～３倍は長持ちするといわれている。建築木材も虫食いがなくなり長持ちする。高温多湿の日本の気候風土の中では、建物を乾かし保全する効果も大きい。

3）燻しの効用……「燻製」や「燻蒸消毒」があるように、煙には殺菌効果もある。囲炉裏部屋の周囲では

薪火や炭でつくった料理はなぜか美味しい。「火通りがいい」だけではない何かがあるようだ。もちろん山の水の効果も

食物がたいへん長持ちする。餅はなかなかカビないし、食べ残しや冷やご飯なども腐敗しにくい。雑菌がないぶん、嫌気性発酵が順調に進む。だから漬け物やどぶろくなどが上手にできる。

4）木質素材を美しくする……囲炉裏部屋は灰や煙に汚れるが、よく拭き込んで掃除をすれば自然塗装をしているようなもので、床板や柱はシブい色を帯びて、やがて美しく黒光りしてくる。

5）団らん効果……薪ストーブは180度方向からしか炎が見られないが、焚き火や囲炉裏は360度、輪になって炎を囲むことができる。等しく炎を楽しめ、語らいの場となる。火を囲むと、人はそれだけでなごみ、沈黙の時間も気にならず、ときに饒舌になる。炎はなぜか人を謙虚に正直にするようだ。

焚き火がすべての基本

以前、炭やき復興の旗手である杉浦銀治先生（炭やきの会副会長）にお会いしたとき「焚き火がすべての基本だ」という言葉に感銘を受けた。たしかに焚き火には自然と人との関わりの原点がある。薪の準備、火起こし、火勢の維持、煙や飛び火による火災への注意、後始末と灰の処理に至るまで、焚火にはいわく言いがたい加減が必要だ。「焚き火が上手くできればなんでもできる」。その人の火の扱いを見れば、性格や力量がわかってしまうほどのものである。

かつての山村では、薪拾いは子供たちの当たり前の労働だった。火傷や周囲への引火を防ぐために、つねにカマドの周囲をきれいにする、そんな注意も幼少から叩き込まれたことであろう。火に関わるさまざまな労働が体を鍛えたのであろうし、このいささか面倒な火の扱いが、細やかな感性を育てていたのではあるまいか。

▲**火の効用を描いた『焚き火マンダラ』（2005年）**　ここではまだ将来計画だった「今後の発展予定」は現在、囲炉裏、薪ストーブ、薪風呂、石窯とも、ほぼすべて実現。本章で順に紹介しよう

2 石で組む簡単野外カマドで火を燃やす

野外で燃やすときのコツと注意

野外で火を燃やす際、まず落ち葉や小枝などの燃えやすいものを周囲から払い、焚き火の周りを歩いてつまずくような石などをよけておく。焚き火はできるだけ裸土の場所で行なう。落ち葉や腐葉土が堆積しているような場所は飛び火する恐れがあるので避ける。すぐ上や近くに樹木の葉などがある場所もよくない。草があれば刈っておき、焚き火をする中心は草の根を取って土と石だけにし、そこに石のカマドをつくる。

周囲に３つの大石をコの字型に置けば簡単な炉ができる。石で囲まれた中央を浅く掘り、コの字の開口部から木をくべる。火がおこると自然に風を取り込み、燃え上がる。石が反射板にもなって熱を逃さず、暖かい。大きな石がなければ中石を４～５個使って囲ってもよい。雨が降ると炉の中央に水が溜まり、次に使うときに土が濡れて火が起きにくい。何度も使う場合は石を平らに敷き並べ、炉床をつくるといい。

火がうまく燃える条件は次の３つ。

1）よく燃える燃料（乾いた薪）
2）空気の流通（酸素）
3）発火温度の持続（水をかければ消える）

焚き火を始める前に、焚き付けと小枝、薪数本を用意しておく。そしてバケツに水を一杯、万一の消火用に近くに置いておこう。

焚き付けはスギ葉で

里山でのファイヤースターター（焚き付け）にはスギの枯れ葉が入手しやすく最適である。成長し続けるスギ人工林は下枝から自然に枯れ上がっていき、風が吹くと自然に枯れ葉が落ちる。スギ葉は紙を燃やしたときのような嫌なニオイがせず、燃焼が持続する。スギ葉を束にして乾かして保管しておくと囲炉裏、カマド、薪ストーブなど、あらゆる焚き付けに使える。

使うときは、右写真のように葉の付け根を持ってぶら下げて下から火をつけると勢いよく燃え上がる。それをカマドの中央に放り込む。その上に、すかさず小枝を重ねる。小枝は枯れ枝を拾っておくとよい。枯れて自然に落ちた枝はすでに乾燥している。濡れていても、天日で干したり焚き火のそばに置いておけばすぐに乾く。

小枝から大きな薪へ

小枝がほどよく燃えたら、燃え残った小枝を炎のほうに移動して形を整える。短いものなら火を中央にして紡錘形に立てる。長いものなら井桁に組む感じで炎にのせていく。「紡錘形」と「井桁」が小枝置きの基本だ。この形がよく空気を流通させるからだ。

次いで乾いた大きな薪をくべていく。大きな薪は中央からくべないで先端（小口）から燃やす。燃えたぶんだけ炎のほうに押していくように使う。炎が消えたら熾き火に向かって息を吹きかけたり、ウチワなどで風を送ってみる。ただし熾き炭が少なく炉の温度が上がっていないと、風送りが逆効果になることもある。

炎が安定するまでは、薪をやたらと動かさないほうがいい。燃え続けるうちに薪が灰になって火の中心部

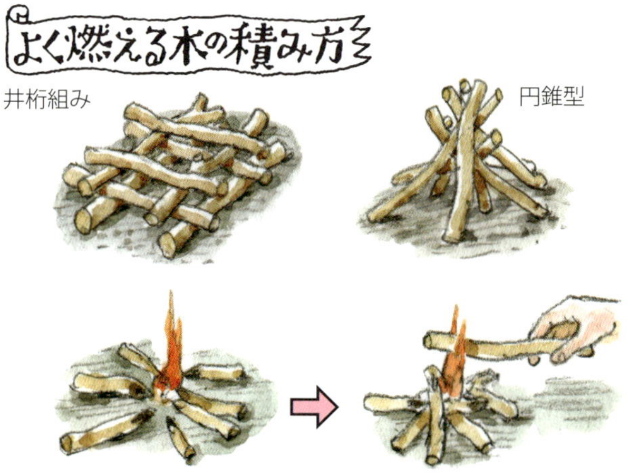

中央が燃え尽きたら、井桁＆円錐に形を整えて薪を追加

に空きができるので、薪を押し出して形を整えながら、あるいは新たな薪をたしながら、燃やし続ける。

鍋を置く・吊るす方法

簡易カマドで調理する場合、次の３つの方法がある。

１）石に直接のせる……石のカマドで、それぞれの石の高さが揃っていればそこに直接鍋を載せられる（①）。上部が平らな石を並べておけば、その上に鍋を置き、保温ができる。

２）金網をのせ、台にする……アウトドアバーベキュー用の金網を石に載せると、安定して鍋を置ける（②）。網のかわりに鉄筋を何本か渡してもいい。焚き火でできた熾き炭を網の下の１ヶ所に集めれば、そこで焼き物が調理できる（炎に直接当てると煤で黒ずむし、焦げやすい。炭火なら最適）。

３）上から吊るす……Y 字形の木を２本、炉の両側に立て、棒を渡して鍋を吊るす。また３本の長い棒を縛り中央が炎の真上に来るように置いて、鍋を吊るしてもいい（③）。ただしこれらは吊るしカギや持ち手が上に付いた吊り鍋がないとできない。しかし大鍋に安定した火力を与えたいときは、この方法がもっとも適している（下写真）。

焚き火で鍋を使うには吊り鍋が最も安全かつ熱効率がよい。Y字棒は第４章の掘っ建て柱のように、埋める部分に小石を入れながら突いていくと丈夫にできる。上の写真はまだ落ち葉の掃除が不十分。もう少しきれいにして飛び火に万全を期す

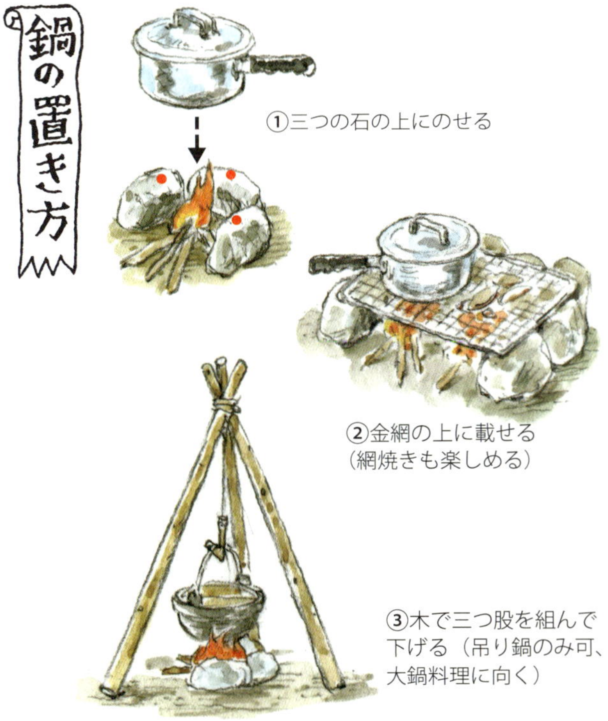
鍋の置き方
①三つの石の上にのせる
②金網の上に載せる
（網焼きも楽しめる）
③木で三つ股を組んで
下げる（吊り鍋のみ可、
大鍋料理に向く）

火の消し方

カマドで薪を使った焚き火は、木が燃え尽きれば自然に消える。燃え尽きなくても、木を炎のほうに送り出すことや、炎の上に新たな薪を追加しないでおけば、火は消えてしまう。野外では突風などが火をぶり返すことがあるが、このカマドは、石の囲いがあるので火が散るのを防ぎ、安全性は高い。それでも焚き火を終えてその場を後にするときは、水や土をかけるなどして完全に消火を確認する。

よく晴れた乾いた日の昼間で風が強いときは、焚き火は止めたほうがいい。また夕刻の焚き火は温度が下がり夜露で火を消しやすいが、昼間は消したつもりでもくすぶることがある。

万一の延焼を防ぐのにもっとも重要なのは初期消火である。火は大きくなると火それ自身が風を起こし、勢いを増し、手がつけられなくなる。だから近くに防火用水があることが、とても大事なのだ。

鋳物カマドをストーブに使う

山暮らしを始めたのは９月。私たちは少々緊張しながら最初の冬をどう越そうかと考えていた。手元には火鉢と電気コタツ、そして大きな鋳物のカマドがあった。そのカマドはとある蔵の解体現場から貰ってきたもので、煙突をつけられる穴があり、蓋をかぶせれば薪ストーブとしても使えそうだった。ちょうど手元にあったドラム缶の蓋をのせてみたらぴったりサイズが合った。改装プランが決まらず雑然としていた台所にさっそくこの大形カマドを設置した。

煙突工事は初めてだったが、素材をホームセンターで買ってきて自分たちでやった。借りた古民家は台所や風呂など水まわり部分が屋外へ飛び出す小さな平屋になっており、そこは低いトタンの屋根だから、案外簡単だった。しかし、本当にこれで煙が引いてくれるのか？　暖房になるのか？　という不安の中での工事だった。

さて、カマドの中におそるおそる点火すると、その炎の煙が、煙突の穴に引き込まれていく。あの薪の火が赤々と灯ったときの感動を忘れることができない。アトリエでもっとも居心地の悪かった台所が、「もっとも長く居たい場所」に劇的に変わった瞬間であった。

この薪ストーブには欠点もあった。燃焼室が大きいので大量の薪を喰う。鉄板に厚みがないので暖房効率もよくなかった。しかし天板は直火ほどの火力はないまでも調理には便利だし、なんといっても焚き口から炎が直接眺められるのが魅力だった。私たちはこのカマド・ストーブを「薪を喰らう」「蔵からやってきた」ことからマキクラ君、通称「マッキー君」と呼び、その冬は毎日のように暖と食事を共にした。

しかし、翌年からマッキー君はほとんど使わなくなくなった。囲炉裏を再生したからである。彼のいいところは分解して簡単に運べること。いまわがアトリエの２階で眠るマッキー君。「ありがとう。そして次の出番をよろしく！」

マッキー君のいる台所。もっとも寒く湿気るこの部屋を、炎でひと冬燃やし続けた

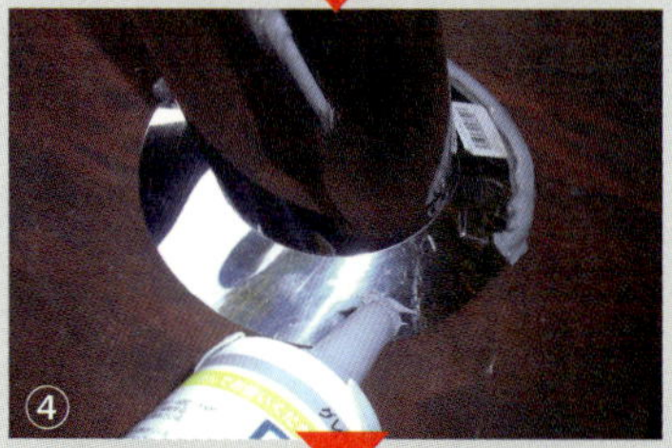

▲煙突の取り付け　下から煙突を立ち上げ屋根に開穴の場所を決める（①）。下げ振りも併用して正確に。電動カッターとバールで野地板を切る（六角でいいが板がブレないように木ネジで小幅板を打っておく②）。穴の中央にクギ打ちで目印をつけてから、屋根に上がって金バサミでトタンを切る（③）。設置したらコーキング剤で目止め（④⑤）。屋根が低いと煙突掃除もラク（⑥）

▲カマドストーブ「マッキー君」詳細図(2005年) まだ「火消し壷」(131ページ参照)は使わず「燠き炭」を水で消して使っていた頃

◀撤去した煙突穴につくったミニ天窓

素材は金魚鉢。これを煙突穴にはめ込む。以前つくった壁小窓よりずっと明るい

陽が差すと乱反射して四方八方に光が落ちる

3 囲炉裏の機能と便利さ

寒い地方で発達した囲炉裏

囲炉裏は木枠で囲った木灰の中で火を焚くもので、室内で安全に焚き火をしながら暖をとり、さまざまな調理をこなすことができる。直火は体を芯から暖め、とくに冬が寒い東日本では囲炉裏が発達した。囲炉裏は家の中心であり、家長や客人が座るところが決められ、一家の団らんにも欠かせないものであった。

囲炉裏は土間に置かれているものもあるが、ふつうは土間から上がった最初の部屋に据えられている。その下は石組みで地面から立ち上げられており（126ページ参照）、頑丈なつくりになっている。また、そこで火を絶やさないことで石や地面を蓄熱し、冬の日本家屋の寒さを緩和していた。

囲炉裏は裸の火なのですぐに暖まる（薪ストーブは部屋が暖まるまでかなりの時間がかかる）ところもいい。火の周りの誰もが等しく楽しめ、人がその距離を調節することで、最適な暖を得ることができる。背中は寒いけれども、半纏《はんてん》などの和服は腰まで布地が下りて、囲炉裏の暖を包む効果があった。

囲炉裏と煙抜き

昔から囲炉裏のある家は、煙が抜けるように屋根に「煙抜き」の窓が付けられていた（126ページ参照）。大きな家では高窓がヒモで開閉できるようになっている所もある。

旧家を保存・移築した施設でも炎を立てる本物の囲炉裏にはめったにお目にかかれない（写真左、群馬県法師温泉。写真下、愛知県足助屋敷）

法師温泉長寿館 http://www.houshi-onsen.jp/

三州足助屋敷 http://www.asuke.aitai.ne.jp/~yashiki/

2005年、板の間に眠っていた囲炉裏を再生した。いまは暮らしにすっかり定着し、私たちの暮らしになくてはならないものになっている

煙ることから囲炉裏を嫌う人も多いが、乾いた薪を使い、薪の面倒をみてつねに炎が立つようにしておけばモウモウと煙るようなことはなく、座って火に当たるという囲炉裏のスタイルからも、煙たさは避けることができる。

薪の消費は薪ストーブの５分の１以下

薪ストーブに比べて薪の使用量は格段に少なくて済む。燃やし方にもよるがその消費量は５分の１以下であろう。それに、薪ストーブでは焚き付けにしかならない小枝も、囲炉裏では立派な戦力になる。もちろん大きな薪も燃やせるし、薪ストーブに入りきれない丸太をそのまま燃やすこともできる。

私たちは山暮らしを始めた最初の冬は、大量に薪を消費するカマドストーブ「マッキー君」（120ページ）を使っていたが、次の冬に囲炉裏を再生して使い始めてからは薪づくりに追われなくなった。敷地に落ちている枯れ枝、庭木のせん定枝や、間伐材の端材、スギの枯れ枝などがすべて囲炉裏の戦力になることに気づき、なんとも穏やかな気持ちになったのを覚えている。

万能の調理機能

囲炉裏での調理といえば、直火で竹串に刺した魚や団子を炙《あぶ》るのをすぐさま連想されるであろう。私もかつて山釣りに凝っていたので、河原の焚き火で串刺しのイワナを焼いた経験があるが、囲炉裏の灰に突き刺した串は、河原でやるより熱の微妙な調整が効いて思ったよりうまく焼けるものである。

囲炉裏を始めると薪置き場の表情が変わる。小枝は最適の薪だし、細い枝は炎を上げやすく、囲炉裏の炎を維持するのに向いているのだ

現在、山の枯れ枝を拾う人は誰もいない。しかし囲炉裏にはこれが最適の薪になる。人工林間伐跡地は、囲炉裏燃料の宝庫だ

竹串はもちろん、自在カギの鍋を下ろして保温、炎の上に五徳を置いてフライパン調理と、炉の中を自由自在に使えるのが囲炉裏のすばらしさ

熾き炭で
弱火調理
焼き網
自在カギに
吊り鍋
木枠は小さな
テーブルカウンター
保温中の鍋（蓋に熾き炭を
載せればオーブンにも

灰と炎と熾き炭を的確に操ることで、囲炉裏はまるでたくさんの火口があるコンロになる

もう一つ、囲炉裏といえば自在カギだろう。これは鍋を上下させることで火力を調節できる優れた装置だ。自在カギにいつも鉄瓶をかけておけば、すぐに湯が使えるだけでなく、鉄瓶自体が蓄熱装置となるし、天井に向かう炎を遮るので安全でもある。

五徳を併用すれば片手鍋で料理ができるし、羽釜でご飯を焚くこともできる。また、囲炉裏でできる熾き炭を１ヶ所に集め、そこに網をのせれば炭焼きバーベキューができる。長方形の囲炉裏で、わざと中心をずらして自在カギをぶら下げれば、空いたスペースでもう一つの調理が可能だ。たとえば極弱火での保温調理などは、熾き炭でコトコトとじっくり煮含めることもできる。

また、「ワタシ」と呼ばれる弧を描いた独特の金台を使うと、直火でも煤けることなく、餅などをこんがりと焼くことができる。この道具は骨董価値がないせいか古道具屋でもまず見つからないが、囲炉裏生活では大変便利なものだ。

食材を灰の中に埋め込んで蒸し焼きする、という囲炉裏ならではの調理法もある。

とにかく、囲炉裏の調理炉としてのバリエーションの豊かさはすばらしいものがある。ただし欠点は、鍋が煤で真っ黒になること。それに、薪の燃やし方が上手でないと、いつまでたっても料理が仕上がらない。

灰に刺した串は微妙な調節ができる。茹でた小芋に柚子味噌をつけて焼く当地、奥多野の郷土料理

自在カギは囲炉裏の顔ともいうべき大切なもの。これはシンプルな鋳物製

焼き物は熾き炭を集めてやるのが確実だが炎の周りに置いても煤を付けずに焼ける。本当は「ワタシ」（右図）という道具があるといい

炎の側面の熱で焼くので煤がつかない
ワタシで焼く
熾き炭をワタシの下に移動して焼く

五徳を置き、羽釜でご飯を炊く。５合炊きまでなら囲炉裏でも簡単。慣れればお焦げの加減も。山水と薪のご飯はうまい！

ステンレス３層鍋に厚めのアルミの蓋を使い、上に熾き炭をのせればミニオーブンに

左の方法でパンも焼ける。底に小石を敷いてアルミホイルをのせ、その上にパン種を置く

ギンナン焼きはこの方法が一番おいしい！

ゴマ煎り器でさまざまなものを煎る。写真はマテバシイ。他にギンナン、エゴマ、ラッカセイなど。薪火でゴマを煎ると火通りが早く、すっても非常に美味しい

燻製と煙の香り

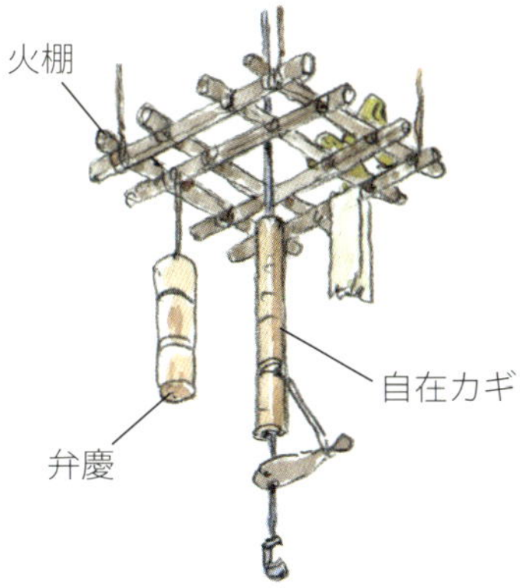

秋田にはタクアンの燻製ともいえる「いぶりがっこ」がある。囲炉裏の上に井桁に組んだ「火棚」を置いて、食品の燻蒸保存に利用したり（雪国ではわら靴や衣類の乾燥にも利用された）、「弁慶」と呼ばれるわらズトに串刺しした食物を刺して、燻製保存した例が知られている。

茅葺き民家の屋根材はわら縄で接合されているが、長年の囲炉裏の燻しによってわら縄がワイヤーのように強靭になるという。

薪によって煙の匂いはちがうが、よく乾燥させれば不快なニオイがする木はほとんどない。純粋木だけの適度な煙のいぶし臭は、悪くないものである。嫌いな人は嫌いなのであろうが、私たちは外に出掛けて家に戻ってきたときの、この匂いをとても好ましく思う。

サクラやウメの枝はほんのりそれらの花の香りがする。クリも酸っぱいようないい匂いがする。それらの特徴は熾き炭の中にも残り、火鉢で炭を焚くときにほのかに香る。

囲炉裏で動物質の魚介や肉などのバーベキューをすると、落ちた脂や汁でその後しばらく灰から嫌なニオイがすることがある。そんなときには庭にある月桂樹の葉や、エゴマの茎などを囲炉裏で焚いて、煙の香りで消してしまうこともある。とくに香りのいい木やハーブを燻して、空間を浄化する「香を焚く」という文化は、世界各地で古代から行なわれている。

使う季節を問わない

囲炉裏は小さな火で使えば、暑い夏でも調理にも使えるし、その煙が虫避けにもなり、家の湿気をやわらげてくれる。日本の多くの場所では、薪ストーブは1年の半分以上は無用の長物として部屋に居座ってしまうが、囲炉裏は毎日の生活用具であり、夏でも炎が楽しめる。

囲炉裏部屋はどうしても煤けて暗くなりがち。昼でも明かり（電灯）が必要になるのが難。少なくとも部屋の２面を開放的に広くとる（暑いときはしきりをとれるように）。高窓は煤けやすいが、低い位置の採光窓は煤汚れが少ない

4 囲炉裏の構造と再生

囲炉裏の構造

囲炉裏の土台は石と土で組まれている。その内側に粘土が打たれ、灰が入っている。囲炉裏の四周（上部の板の間に接するところ）には木の枠が収まり、その枠の上面はテーブルがわりにもなる（右図）。

建物の梁から自在カギが吊るされる。自在カギの上には物を乾燥・燻製にするための棚（前ページ参照）をかけることもある。

囲炉裏の部屋は土間と続く場所が適する。薪運びや掃除に便利だし、採光や換気にもいい。

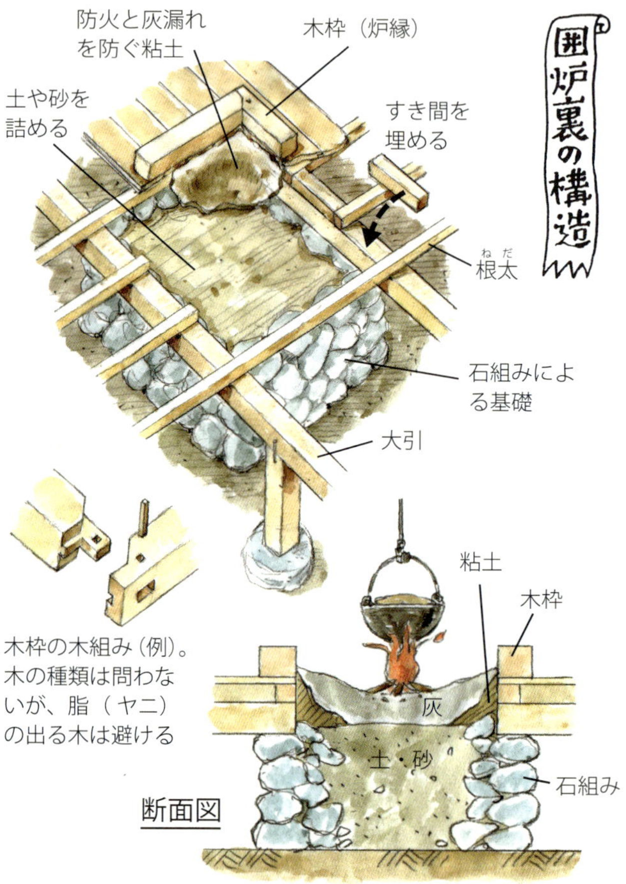

煙抜きの考え方

もともとあった囲炉裏を再生しようという場合、家の頂上に煙抜きの開口部があるはずだ。私たちの借りている群馬の養蚕民家は養蚕を周年行なうため1階にも2階にも囲炉裏があり、そこで薪や炭を焚いた。構造的に2階がすべて養蚕の作業場用につくられているので、1階は天井が低い。しかしそこにもしっかりした部材が通っており、穴を穿って自在カギを吊るしている。煙は天井板の一部を外して2階に送るかたちになっている（2階には通風口がある。左下図）。

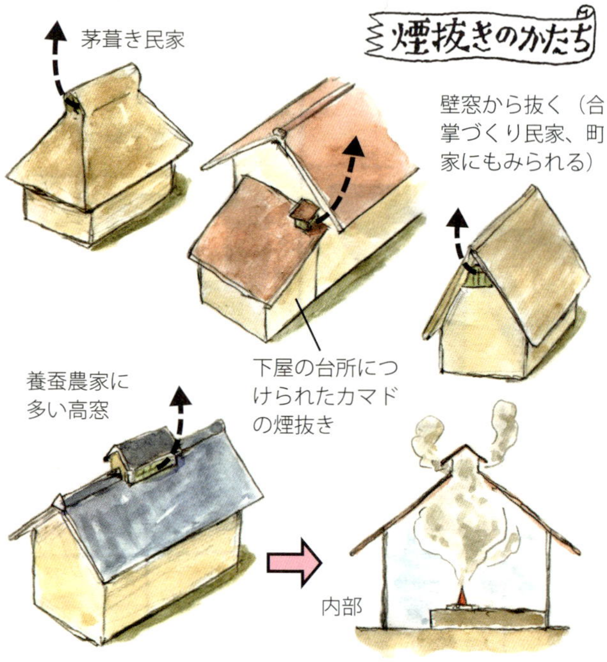

新たに別棟か下屋をつくる場合は、煙抜きの開口部は壁か天井の高い位置にとり、雨が入らないようにひさしや小屋根をかける。ダクトと煙突で（換気扇も併用）排気するという方法も考えられる。暖かい空気は自然に上昇するので、建物の最上部に開口部をつくれば自然に煙が引いて出て行くが、天気や気圧によっては煙がこもる日がある。そんな場合はときどき窓や戸を開けて換気する。またそうしたことができる位置に囲炉裏部屋はつくる。炭だけを使うなら煙の心配はいらないが、気密性の高い空間では一酸化炭素中毒の危険があるので、やはり換気に十分な注意が必要だ。

囲炉裏をつくる

囲炉裏は趣味のものではなく実用のものとして復活

させたい。私たちの囲炉裏再生の経験からその手順を紹介しよう。

1）基礎を組む……囲炉裏の下には基礎の石組みがある。再生するときに石が欠けていれば補う。新規に囲炉裏をつくる場合は、大引《おおびき》（※）の一スパン（一般には芯幅で 900mm）を囲炉裏の位置と考え、その間の根太《ねだ》を２本ほど切り取る。そこに下から石を積み上げる。石積みの基本は２章の石垣づくりに準じるが、中央部は小石ではなく土や砂を詰める。積み石一段ごとによく突き固める。囲炉裏を生活として使う場合木枠の内寸は 80cm 角前後が使いやすいが、長辺を 90cm 程度にやや長方形にすると料理にいろいろ使えて便利だ。これにならって基礎の寸法を取る。

※**大引**…床のベースになっている太い横材のこと。通常は 900mm 間隔で設置され、この上に根太（ねだ）と呼ばれる細材が 300 ～ 450mm 間隔で交差し、その上に床板が打たれているのが一般的な在来工法の骨組み（左ページ図参照）。

2）粘土で目張り……床板の下２～３cm まで基礎石が積み上がったら、その上に木枠を置き、石との間を粘土で埋める。石と石の隙間にも粘土を詰める。粘土は土壁用のわらやスサが入ったものがよい（自分でつくる場合は４章 108 ページ参照）。

3）木枠をつける……四周ぐるりの木枠は、部屋の床レベルから３～４cm 以上持ち上がるように据える。角はホゾやビスなどの金具で組むといいが、熱で反りやすいので十分に乾燥した材を使う。右写真は古材や廃材を切ってはめ込んだ例。幅は６cm から 15cm くらいまでが実用的。広ければものを置きやすいが、暖をとるには火から遠くなり、操作性も悪くなる。木枠と石のすき間は粘土でふさぐ。

4）灰を入れる……長らく放置されている灰は湿気ってゴミも含んでいるので、新たな灰と取り替えたほうがよい。焚き火や薪ストーブ、火鉢で出た灰を採って集めておく。囲炉裏では灰を使った調理もしたいので、紙ゴミなどを燃やした灰が混ざらない純度の高い木灰を用意する。入れる前にはフルイで小石や燠き炭などを取り除く。粘土は完全に乾くまで待たなくても、灰を入れてかまわない（火を使うと自然に乾く）。量は

囲炉裏再生

地面から立ち上げられた石組み（元からあった）

古い灰やゴミを取り去って、木枠をつける。１辺は廃材角材を並べて薪置きスペースにした

石のすき間から灰がもれないように粘土でふさぐ。粘土は壁土の再利用

新しい灰を入れる。灰はカマドストーブや火鉢で出た灰をとっておいたもの

木枠の天端から 10 ～ 15cm 程度まで（中央はそれよりも低くする）。後は、自在カギを吊るせば完成である。

着火の前に消火を考える

完成を喜んで炎を上げる前に、自在カギと吊り鍋かやかんを必ず用意し、それから水を満たして吊るしてから着火式にとりかかろう。囲炉裏は「室内の火」であることを忘れないように。吊り鍋は炎と火の粉が上がるのを防ぐ。水は万一の防火用にもなる。火消し壷も必要だ。さまざまな囲炉裏グッズや囲炉裏の燃やし方・消し方などはまた後で詳しく述べる。ここでは自在カギと鍋蓋のつくり方を紹介しよう。

自在カギをつくる

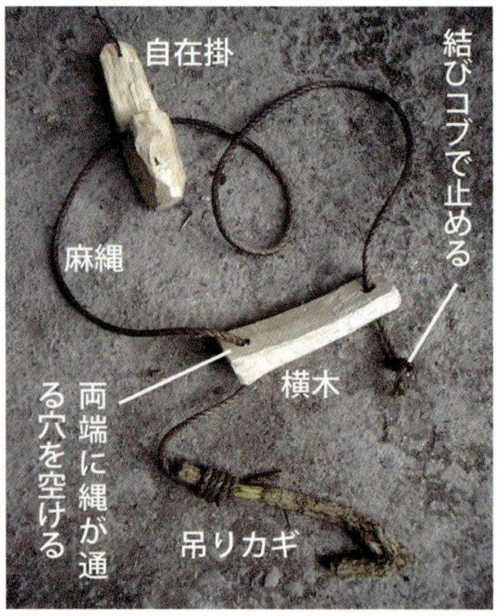
自在掛
結びコブで止める
麻縄
横木
両端に縄が通る穴を空ける
吊りカギ

番線
ここに縄をかける

ケヤキの自在「恵比寿大黒」

▲木と縄でつくる
フック状の木（自在掛）に縄を滑らせる自在カギは、北陸の旧家などでよくみられる（左図）。自在掛に穴を空けて番線で梁に掛ける。材には加重がかかるので割れやすい針葉樹は使わないほうがいいだろう

横木を動かして高さを調節
枝の部分を切って利用
鍋を掛ける

鍋ぶたをつくる

囲炉裏必需品の吊り鍋は骨董屋さんや古道具市に行けばたいてい見つかるが、ふたがない場合が多い。そこで 50 ページ上写真の素材でつくってみた

a

b

▲木を組んでつくる
鍋ぶたは湯気にさらされるから釘は避けたい。「ありほぞ」という木組みでつくれば板の反りを押さえつつ組みは強固にできる。ふた板は一枚板があればよいが、なければ何枚か並べ、「あいじゃくり」でつなげばクギも接着剤もいらない

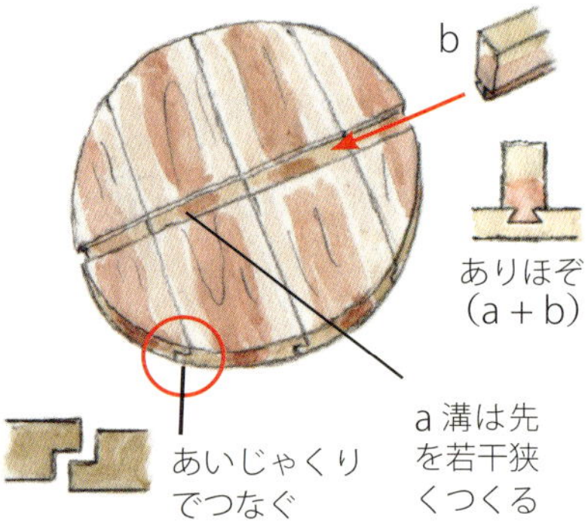
b
ありほぞ（a＋b）
a 溝は先を若干狭くつくる
あいじゃくりでつなぐ

c

木槌で様子を見ながら持ち手を打ち込んでいく（c）。回し挽きノコで円周と取っ手の角をとり、ナイフで仕上げる（d）。囲炉裏で半年ほど使うと下（e）のような色合いになる

d

e

囲炉裏はなぜ消えたのか？

炭を使うならまだしも、囲炉裏で薪を使って炎をたてると煙が出る。現代の暮らしで煙を立てたらとても暮らせまい、だから田舎暮らしで囲炉裏は現実的ではなく薪ストーブが流行るのは当然だ。と、私も思っていた。囲炉裏を再生して使っている人も知っていたが、みな煙を避けるために炭を使っていた。しかし、山に引っ越した次の年、群馬の山奥にある法師温泉の宿で本物の囲炉裏をみて「囲炉裏の本質は炎だ、炎をたてない囲炉裏は本物ではない！」と直感した。

実際、炎をたてて使ってみると思ったより暖かく、しかも薪ストーブに比べ燃料がはるかに少なくて済むことに驚いた。考えてみれば人口密度の高い日本で、薪を使いながら山をそれほど荒廃させることがなかったのは、囲炉裏とカマドのおかげであろう。薪ストーブは大量伐採で木が得られる開拓（収奪）民の文化であり、ネイティブインディアンやアイヌ民族はやはり囲炉裏である。

どんなに小さな粗末な家であっても、小さな囲炉裏ひとつあれば厳冬期を凌ぐことができる。そう思わせるだけの力が、囲炉裏の裸火にはある。「古民家の冬は寒いでしょう？」とよくいわれるが、四国からやってきた相方でさえ今はケロリとして厳冬期を薪ストーブなしで過ごしている（コタツと火鉢は使う）。薪火と炭火は体の芯まで温まるし、その火でつくった料理もまた美味しく、体を内部から温めるのである。

そういえば私は、子供の頃から石油ストーブなどで家の空間全部が暑くなるのが好きではなかった。凛とした寒さの中にともる暖かさが好きなのかもしれなかった。

「囲炉裏はいいもんだよ」「家が乾くんだよ」と、私の住む地元のばあちゃんたちは、さも「あんないいものをやめるんじゃなかった……」とでも言いたげな顔で話す。その囲炉裏にはいま時計形の薪ストーブがのっていることが多い。では、囲炉裏はなぜこうも簡単に消えたのか？

戦後の復興と高度成長の中で、囲炉裏は前近代・封建的なものの象徴であった。国ぐるみで「生活改善運動」が行なわれた（進駐軍の後押しで農業改良普及員が指導）。一部に反対運動も起きたが、青年・婦人層の多くはこの動きに積極的だったという。戦後の人口増に加え、住宅ラッシュと燃料事情の悪化で、小枝どころか落ち葉まで燃やさねばならない農家もあり、目や肺を悪くする人たちもいたというから解らないでもない。さらに時代の流れの中で、台所環境を改善し洋風化したいという思いもワンセットになっていた。こうして、結束の固い日本の農山村では申し合わせたように囲炉裏が閉じられていった。

かつて囲炉裏に座る位置は主《あるじ》の座、主婦の座、客人と、厳格に決められていた。囲炉裏に薪ではなく炭を入れ、木枠のやぐらを置いて布団を掛けるとコタツになる。囲炉裏がコタツに変わっても座る位置は変わらなかった。これを変えたのはテレビの出現である。テレビは皆が見やすいいちばん奥の位置、すなわち主の座の背中の位置におかれることが多いからだ。

これからは、未来型の囲炉裏が組み込まれた家が登場してもよいのではないだろうか。小型の換気扇や、煙の２次燃焼装置・コンバーター付きの囲炉裏部屋である。土間も復活させて農作業と漬け物づくりなどのワークスペースをとった小型の「新・文化住宅」の登場を思い描いている。

5 囲炉裏グッズを揃える

囲炉裏は暖房であるとともに調理場、食のテーブルにもなる。そのための必要にして最小限の、現代囲炉裏グッズを紹介しよう。

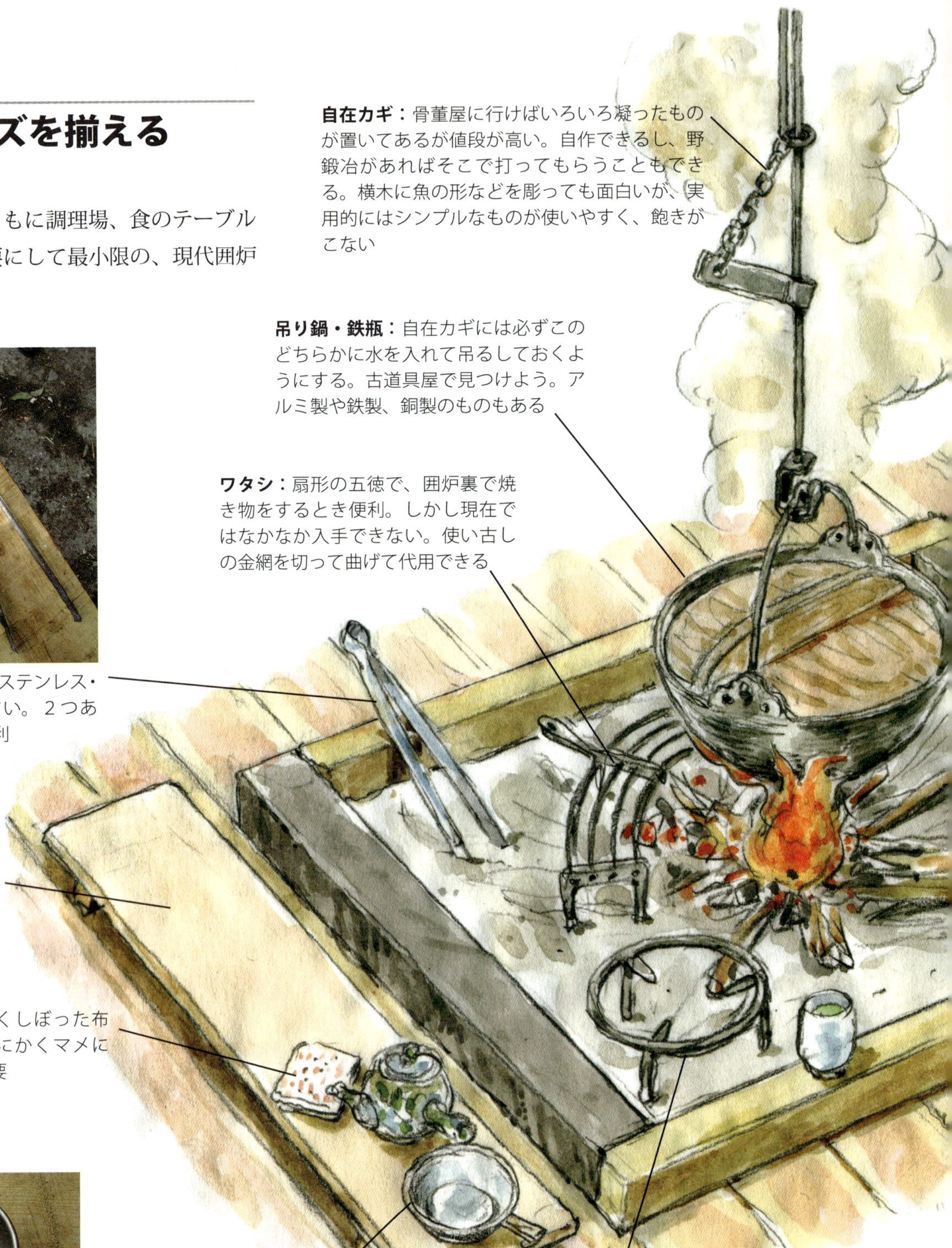

自在カギ：骨董屋に行けばいろいろ凝ったものが置いてあるが値段が高い。自作できるし、野鍛冶があればそこで打ってもらうこともできる。横木に魚の形などを彫っても面白いが、実用的にはシンプルなものが使いやすく、飽きがこない

吊り鍋・鉄瓶：自在カギには必ずこのどちらかに水を入れて吊るしておくようにする。古道具屋で見つけよう。アルミ製や鉄製、銅製のものもある

ワタシ：扇形の五徳で、囲炉裏で焼き物をするとき便利。しかし現在ではなかなか入手できない。使い古しの金網を切って曲げて代用できる

火バサミ：45cm のステンレス・トングが使いやすい。２つあると皆で使えて便利

小テーブル：囲炉裏の木枠が小さいとき薄板の低いテーブルがあると便利。囲炉裏内の枠にも渡せるサイズにすると、なお便利

濡れ布巾：よくしぼった布巾。灰埃はとにかくマメに拭くことが肝要

シェラカップ：取っ手付きのステンレスカップ。鍋から湯を取り分ける小道具に。鉄瓶なら竹びしゃくがよいが、吊り鍋なら開口部が大きいのでキャンプ用のシェラカップが使いよい

五徳（ゴトク）：網や調理用具を載せる台になる。片手鍋やフライパンも使えるし、羽釜で飯を炊くこともできる。田舎の金物屋を探すと丈夫で使いやすいものが見つかる。使う位置に移動させ、火バサミで上から叩いて足を刺して固定

焼き網と空き缶：蓋と底を抜いて筒状にした3つの空き缶。その上に小さな焼き網を載せると熾き火での焼きものに便利（左の写真は餅を焼いているところ）。五徳では高すぎて火が遠すぎる場合によい

箒：ミニサイズ箒があると便利。これで囲炉裏の枠や周囲をつねに掃除する

取っ手付き金ザル：目の粗い金ザル（味噌漉しなどの用途で売られている）で灰をふるうときれいな灰が保てる。囲炉裏から火鉢へ移動するときも使える。細かな熾き炭まで拾えて便利

薪入れ：金属製の箱

十能：囲炉裏の熾き炭を火鉢に移動するときや、灰が増え過ぎたときの移動に使う

道具掛け：木で自作。丸太輪切りに枝を刺したもの

薪・道具置きスペース：囲炉裏の一辺を一段低くつくり、ふだんは道具置きに。お客さんが増えたときは板を敷いて客座にする

火消し壷：熾き炭を保存するのに便利。蓋をすれば火が消えるので、いっぱいになるまで炭をためておける

灰ならし：骨董屋でもよく見かけるが自作しても面白い。木製でもよいが、私がつくったのはホームセンターで売っているステンレス製の小さな十能の先をギザギザに加工したもの（右の写真）。手持ち無沙汰のときこのギザギザの部分で灰をかいていると中のゴミが発見できる。それをトングでつまんで火に投げると灰がきれいになる。灰模様も描ける（137頁参照）

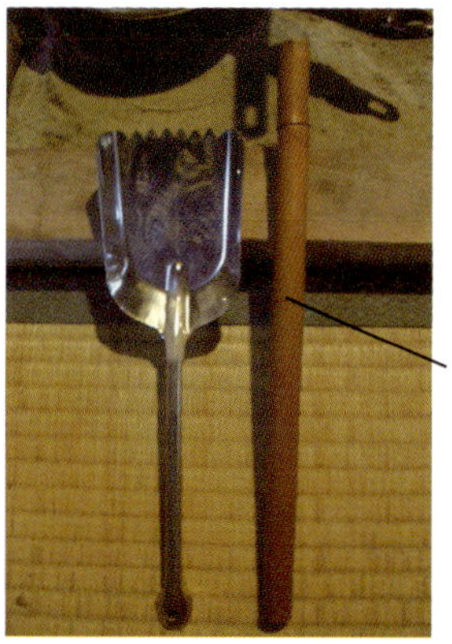

火吹き竹：火の扱いに慣れないときは炎がよく消えてしまうので竹でつくる。慣れればほとんど使わない。口で直接息を吹きかけるだけで炎を操れるようになれる

アイヌの
木の灰ならし
シブイ！

6 囲炉裏の火の燃やし方・消し方

燃やしてはいけないもの

囲炉裏の着火や火の維持は、焚き火の方法とほとんど変わらない。ただし、野外と違うのは紙ゴミや落ち葉など、煙に嫌なニオイのあるもの、煙の出やすいもの、煤の出やすいものを燃やさないことだ。囲炉裏は暖をとるだけでなく、調理にも使うものだから、灰の中に化学的、人工的なものを入れたくない。室内なので不快な煙臭も嫌だ。昔も囲炉裏で不純物を燃やすことは強く戒められていたようである。

素材としては、竹やマツなどは煤が出るので避ける。爆《は》ぜやすい薪（スギやヒノキ、クリなど）は火の付いた熾き炭が飛んで危険だが、そのような薪でもつねに小口から燃やすようにすれば爆ぜにくくなる。炎が消えると薪がいぶりだすので、つねに炎が立っているように、薪を炎に送り込んだり新たな薪をくべたり、面倒をみてやる必要がある。よく乾燥させた薪を使うこともだいじだ。

使いやすい薪とその燃やし方

囲炉裏は小枝から丸太まで、どんなサイズの薪でも燃やせる。割り箸やつまようじサイズの枝でも立派な戦力になる。とくにスギの枯れ枝は囲炉裏に最適な薪で、スギ枝は年輪が詰んでいるので爆ぜにくい。いま人工林に落ちていているたくさん枯れ枝を誰も拾わないが、昔は竹竿で叩き落としては薪にしていたそうだ。

長い枝は囲炉裏の対角線上に渡して中央から燃やすと二つに分かれる。切る手間が省ける便利な燃やし方である（左図）。

長い枝を対角
線に渡す

石炉を組んだ焚き火と違うのは風の流れが全方向から来ることと、床が柔軟な灰であること。火床を周囲よりやや低くし、燃焼部に流れる空気が滞《とどこお》らないように、灰面を滑らかにし、薪下の灰床を火バサミでときどき掘ってやるとよい（下図左）。

太い薪は小口を炎に向けて燃やし始めるが、そのとき、小口の下の灰を少し掘って、空気が流れるようにしてやると燃えやすい（下図右）。

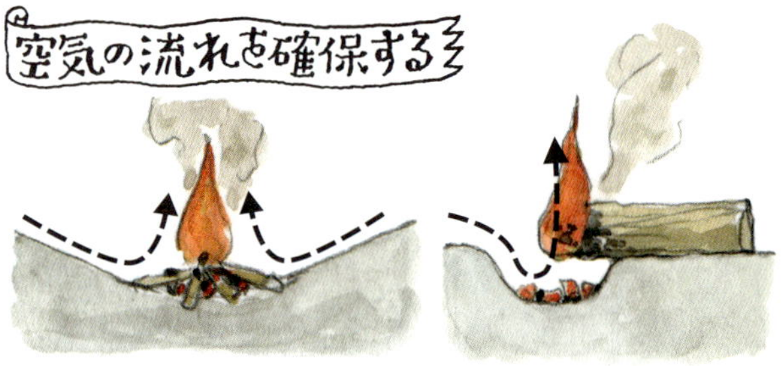
空気の流れを確保する

火床を下げて灰面を平らにし、冷えた空気の流れ（低いほうに流れる）を利用する

太い薪のときは燃焼部の下を掘って空気の流れをつくる

灰を厚くかけて、火を消す

囲炉裏の火は薪をいじらないでおくと自然に消えるが、早く消したいときは燃えている薪に厚く灰をかける。冷たい灰をかけて温度を下げ、かつ空気を遮断するわけだ。風の強い日に外出するようなときは、灰を厚くかけた上に、自在カギを下ろして吊り鍋や鉄瓶の底を灰に着けてしまうと万全だ。

灰を薄くかけて、熾き火を保つ

太い薪を使っていて熾き炭が十分ある場合、そこに薄く灰をかけると、炎は消えるが、太い薪は灰の中で熾きの状態でごくゆっくりと燃え続ける、という現象が起きる。覆った灰によって熱が逃げず、すき間から空気も補給されるからだ。つまり囲炉裏灰の中で「炭焼き（伏せ焼き）」をしている状態になる（その間、細い煙がずっと囲炉裏部屋に立ち昇っている）。昔はこの性質を利用して、種火を維持していたこともあった。暖房としての蓄熱効果もあり、翌朝、灰をかきだすと中から真っ赤な熾き炭が現われ、その瞬間、空気がフワッと暖かくなる。ここにスギ葉などの着火材を入れて息を吹きかけると、すぐに火がつく。厳冬期にはこのような使い方もいいものだ。

7 熾き炭の保存と利用法

囲炉裏で炭ができる

囲炉裏を長時間使っていると、炎の下に薪からできた熾き炭が増えて、炎が消えやすくなることがある（熾き炭が酸素を使ってしまい、薪が燃えにくくなるのだ）。そのときは熾き炭を火バサミで取り出して、火消し壷に入れるか、熾き炭を灰の中に押し込んでやる（この方法だと灰や木枠も暖まるので冬にはいい）。

囲炉裏の中ではつねに炭がつくられ続けている。この炭は専門に焼いたものほど火力や保ちはよくないが、保存しておけばいろいろ利用できる。

熾き炭を料理に利用

たとえば灰の空いている場所に熾き炭を寄せて、そこに五徳を置けば極弱火の煮物調理に最適な火加減となる。豆を煮るとき、おでんを保温したいとき、とろみのある焦げやすいスープなどをコトコト調理するときにとても便利だ。肉や干物、野菜などを直火で焼きたいときは、熾き炭を追加して熱してから薪を片側に寄せ、そこに焼き網をのせれば炭焼き（バーベキュー）ができる。炭火焼きというとハレの日の特別な料理という感じだが、囲炉裏では簡単にできる。

囲炉裏独自の調理法として、灰に埋めて焼くやり方がある。炎に近い灰の中に小さなジャガイモなどを埋めておくと、灰の中の熾き炭の熱で美味しい蒸し焼きができる。

炭がなくてもバーベキューはできる。最初に薪をどんどん燃やし（それで他の調理をしておく）、その過程でできた熾き炭を使うのだ。火消し壷にためておいた炭を追加してもよい

保存と活用法

火消し壷に入れた熾き炭は蓋をすれば消えて、中にためておいた炭には火はつかない。こうして消し炭がいっぱいになったところで取り出して、フルイにかけて灰や粉炭を除いてから保存しておく。火消し壷は使わなくなった鍋などでも代用できる。火消し壷の蓋の閉め忘れには十分注意する。もちろん水につけて消火してから保存するという手もある。水分を乾かす手間がかかるが、熾き炭の質はこちらのほうがよい。

夏の間、こうして熾き炭をためておくと、冬に火鉢やコタツで使える。この熾き炭は着火が早いので便利なものだ。着火にはホームセンターなどで売っている専用の「火起こし」を使うが、ガスの火にかければわずか２～３分で火がつく。

ごく小さな炭や粉になった炭は、あらかじめ火鉢や囲炉裏の着火箇所に敷いておくと、火保ちがよく、とても暖まる。また畑や庭にまいてもいい。

炭を入れておく竹カゴ。中にトタンが貼ってある。火鉢の脇に置いて使う

炭に火をつけるための「火起こし」。熾き炭は着火が早いのでサッと使えるところがまたいい

熾き炭利用の火鉢ライフ

薪使いの黄金率

土間とひと続きの囲炉裏部屋、そこで夕食をとる私たちは食後、隣の和室に移動してコタツで仕事の続きや読書、あるいはパソコンでネットやDVDを観たりする、ということが多い。そのとき真冬はさすがにコタツだけでは寒いので、囲炉裏中の「熾き炭」を火鉢に移し、手あぶりとしている。お湯もヤカンに移しておけば、火鉢でいつでもお茶ができる。

ほんの数十年前まで、暮らしの中で当たり前に行なわれていたこのような「薪と炭の使い回し」は、なぜか最近の田舎暮らしブームの中でもほとんど語られていない。花形はなんといっても「薪ストーブ」なのだ。しかし薪ストーブは薪を大量に消費する。しかも太い薪でないと早く燃えてしまい効果が薄い。細い枯れ枝などは、焚き付けにしかならない。これから田舎暮らしを始める人が皆、薪ストーブに凝り固まったら、薪あさりで悲惨なことになるのではないか？

そして薪ストーブは、料理に使いにくい。せいぜい煮物。焼き物にしても火加減ができない。だから料理のためだけにストーブに火を入れるということはありえない。また、すごく寒いときはありがたいものだが、ちょっとした寒さのときは、薪ストーブでは部屋が「暑すぎる」のだ。ということは、年間の部屋の中で無用の長物になる期間がかなりあるということだ。

囲炉裏、カマド、火鉢（掘りコタツ）、というスタイルは、土間と畳を使い分けた日本人の生活から導き出された、もっともムダのない薪使いの黄金率なのだと、いま山に暮らして実感している。

火鉢で本物の暖かさ、美味しさを

さて、町中でも火が使いたいアウトドア派なら、家の小さな庭で周囲を気にしながらバーベキューなどをする人も多いであろう。しかし、炭を使った火鉢なら気兼ねなく使え、本物の火の暖かさが楽しめる。古道具屋に行くと小さな陶器火鉢なら安い値段で買える。小さい火鉢は持ち上げて移動できるので便利なものである。（ただしあまり小さなものは使いづらいので開口部内径 20cm は欲しい）。木の角形火鉢もいいものだし、なんなら自作してもいい。

火鉢はまた湯を沸かすだけでなく、調理にも使える。作家・池波正太郎の食エッセイに、小さな土鍋で酒を楽しむ「小鍋立て」というのがあるが、あれは火鉢でなければ雰囲気がでない。そういえば昔、祖父が火鉢でギンナンや餅を焼いてくれたことを思い出す。網をかければトーストもできるし、スルメを焼いてもすこぶるうまい。コロッケなどお惣菜を温めなおしても美味しい。面白いのは、冷えた食物を炭火で温めなおすと、雑味が消えて新たな美味しさが立ちあがってくることだ。電子レンジ加熱との大きな違いである。

変わったところでは火鉢の五徳にフライパンを載せて「もんじゃ焼き」などいかがだろう？　子供たちは大喜びしながら、薪の火と料理の関係を学ぶことができる。これもまた、「火を丸く囲める」からこそできる遊びである。

ただし気密性の高い現代住宅では、くれぐれも換気にご用心。数ミリだけ窓を透かして、わざとすきま風が入る家にしてやればいい（簡単なのだ）。

冬は囲炉裏やカマドでできた熾き炭を火鉢に移動。十能を使って、落とさないように歩いていく

▼**炭と火鉢の使い方**　きりんかんだよりシリーズ（※）「むささびタマリンの冬はなんたって火鉢の巻」（2002年）

※筆者が東京西多摩在住時代に木工ショップ・カフェ「きりんかん」ニューズレターのために描いたシリーズ（全6点）。額装された原画は店内で常設展示中。「きりんかん」東京都西多摩郡日の出町大久野一一五七　TEL 042-597-6256

8 灰の利用法

灰の農業利用

大きな種ジャガイモは半割にして切り口に灰をまぶす。昔から伝わる自然素材の消毒法

長く囲炉裏を使っていると木灰が溜まるが、取り出していろいろ利用できる。薪の中には数十種類のミネラルが含まれている。薪が燃焼し、気化するものは空中に放出された後、残ったものが灰である。焚き火や囲炉裏の灰はミネラル（カリウム、マグネシウム、リン、ケイ素、ナトリウム、アルミニウム、鉄、亜鉛など）の宝庫であり、「自然肥料」「自然農薬」として次のような効用がある。

1）土壌改良……連作で欠乏する畑のミネラル不足、アンバランスを回復させる。また灰はアルカリなので、酸性土壌の土壌改良にもよい。

2）土壌菌の改良……土壌の善玉菌（死物寄生菌＝こうじ菌・納豆菌・乳酸菌・酵母菌など）を活性化させ、病原菌（活物寄生菌＝イネのいもち病菌・ジャガイモの疫病菌など）を防ぐ。

3）害虫駆除……灰を水に溶かした液を散布すると、アブラムシやカメムシなどの害虫がいなくなる。

4）消毒効果……ジャガイモの種イモの切り口に灰をまぶすと消毒がわりになり、球根や根茎の株分けの際、切り口に灰をたっぷりまぶしてから植えると萌芽率が高くなる。

日本の田畑では昭和前半まで病害虫はそれほどなく、今ほど農薬散布をすることなく作物は育っていた。しかし、ものを焼かなくなってから日本の田畑は極端なミネラル不足になり、病虫害に侵されやすくなった。カマド・囲炉裏の消滅と、化学肥料・農薬散布の多投とは軌を一にしているともいわれる。

灰の生活利用

陶芸の柚薬や染色の触媒、料理のアク抜きに灰が利用できることはよく知られている。とくに藍染めには灰は重要で、昔は「灰屋」という商売まであったそうである。

灰は料理にも使われる。私たちは生芋からコンニャクをつくるとき、昔ながら灰汁を利用している（下写真）。またトチの実やナラ類のドングリは、灰を入れた水で煮てから陽に干しておくと保存できる。沖縄には木灰を使ったそばがある。かんすいの代わりに木灰汁を使うのだ。鹿児島や宮崎に「あくまき」とよばれる餅がある。餅米を灰汁で炊き、餅にしたもので、と

▼灰汁で生芋からコンニャクをつくる

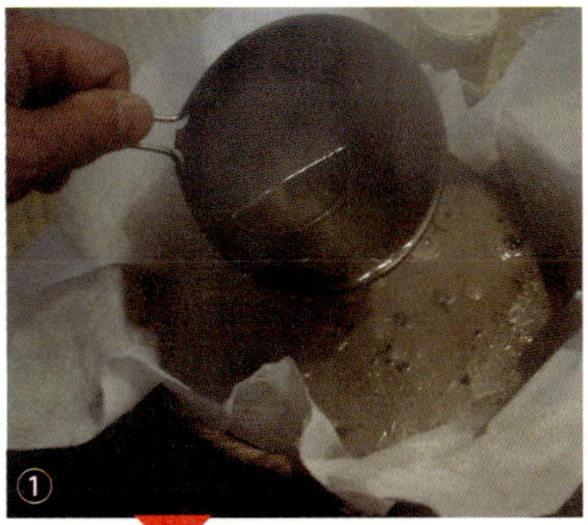

①竹ざるの上に和紙を敷き、灰をのせた上から熱湯をかける。②ボールで受けた灰汁を凝固剤に使う。③生芋を茹でてすり鉢で細かくつぶす。それに灰汁を入れてかき混ぜると固まる ④固まりを一度茹でてから食する。スライスして刺身コンニャクで食べると美味しい
※沸いている湯に灰を入れて、さっと濾す方法もある。灰はカシ・クヌギ・ナラなど広葉樹のものが適する

くに暑い夏に食べられている。新潟には灰汁に漬けた餅米を笹の皮で巻いて茹でたもち、「アク笹巻き」がある。いずれも、灰を利用した郷土料理である。

昔は酒の腐敗を止めるのに、灰を水で煮て冷ましたものを混ぜたという。また麹づくりに木灰を使っていた。灰のアルカリ性が雑菌の繁殖を防ぎ、ミネラルによって胞子の勢いや貯蔵性がよくなるのだ。灰は照葉樹、とくにツバキがよいという。これは他の国には見られない日本独自の灰の利用法だそうだ。

灰は台所の洗剤にも使える。油汚れがよく落ちる。古民家の木材の汚れ落としには「アク洗い」という灰の上澄み液でササラなどを使って汚れを落とす方法がある。

土器づくりにも使える

灰の変わった使い方では、縄文土器をつくるときにも利用できる。灰をまぶしながら粘土を形成していくと非常に早く乾燥が進むのだ。半乾きの土器は囲炉裏の炭火で直接焼くことができる。炎で野焼きするのではなく、燃焼する炭に接触させることで高温を得るという、目からウロコの画期的な方法である。この方法は『いつでも、どこでも、縄文・室内陶芸』吉田明著（双葉社）に詳しい。

▼灰模様で遊ぶ

灰ならしのギザギザで灰に模様を描く。茶の湯や格式高い囲炉裏でおこなわれていた遊び。これで客人を迎えるのも一興

※他にもいろいろなパターンがある

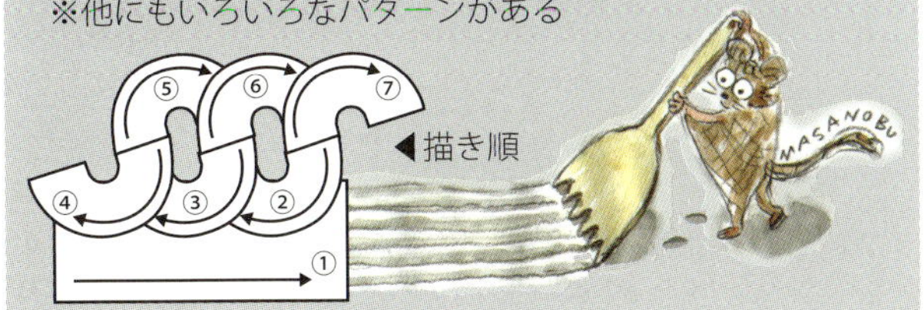

灰と囲炉裏で土器をつくる

①山から掘ってきた粘土の中の有機物や石を除き、カシの丸棒で細かく砕く

②水で練って手びねりでぐい呑みをつくる

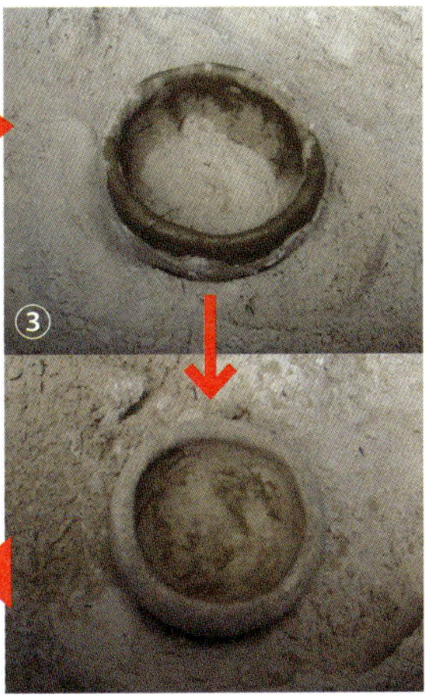

③すぐに灰をつけ、濡れた灰を落として乾いた灰をまぶす、ことをしばらくくり返す。

④すると１時間ほどでコチコチに固まっている

⑤囲炉裏の灰の中に入れてゆっくり火に近づけ、熾き火で一晩焼く。熾き火の近くの灰はサラサラして水のように動く。そこに埋めて、上で熾き炭を燃やす

⑥翌朝、焼き上がったぐい呑み。焼きが甘かったので、もう一晩焼いて完成させた

9 囲炉裏の部屋の使い方

居間に煙を送らない工夫

現代生活で囲炉裏を再生して使うポイントは、囲炉裏部屋は食事と語らいのスペースにし、囲炉裏部屋とは別空間の「居間」を設けて、煙や灰埃を遮断することであろう。

また、囲炉裏は１階で使うので、２階建て家屋の場合は２階の居住空間に煙を送らないように工夫しなければならない。ダクトと煙突、換気扇による強制排気も考える。

灰掃除のコツ

灰埃の掃除は、今様の電気掃除機は細かい灰ですぐに詰まってしまうし、埃をかき回すばかりである。どうしても雑巾がけが必要になる。囲炉裏部屋にガラス戸や障子があればやがて黄茶色に変色してくる。昔は年の暮れに煤払いをして、障子なども張り替えたそうである。

畳もいいものだ

囲炉裏部屋というと板の間というイメージだが、私たちはいま畳を実験的に敷いて使っている。畳といっても内部は建材床（木材チップを固めたもの）の廉価なものだが、温かく、ごろんと横にもなれて囲炉裏がいっそう身近に感じられる。

ただし爆《は》ぜた熾き炭がところどころ穴を空けたり、灰埃をくり返し雑巾がけするため汚れも早い。また、たび重なる雑巾がけで、畳表の傷みも早いようだ。

ふだんは囲炉裏の一辺は板の間にして薪や消し壷を置けるようにし、畳の汚れをできるだけ防いでいる。それでも畳の優しさと暖かさは捨てがたい。

囲炉裏の炎を現代に

囲炉裏部屋は掃除を怠って使い続けていると埃だらけの惨めなものになる。しかし、マメな雑巾がけ（水を固くしぼる）をすれば、無垢の板はやがて美しく黒光りしていく。きれいに拭き上げられた囲炉裏部屋は、さながら現代の茶室のようである。

もちろん衣服や髪にも灰埃がふりかかる。しかし、今これらは洗濯や風呂でマメに洗い流せる。何から何までローテクで重労働に追われていた昔と現代はちがう。磨かれた囲炉裏空間を楽しめる、そんな余裕ある時代になったのではないだろうか。

囲炉裏がいま、炭だけを燃やす趣味のものにどまっていることが残念でならない。たしかに囲炉裏の炎を保つのは初心者には難しい。そして時として煙い。しかし、炭と炎を自在に操ることができるなら、囲炉裏はもっともローコスト・ローインパクトな「炉の王者」であるといえよう。

その炎を現代に取り戻したいものである。

移動式カマドと薪風呂釜の話

「ちびカマ君」

私たちの焚き火・囲炉裏ライフにはあと２つの重要なアイテムがある。一つは「ちびカマ君」と愛称している鋳物の小さなカマドである。

120 ～ 121 ページの「マッキー君」といっしょに貰ってきたものだが、昔はこのタイプの大小のカマドが全国で使われていたらしい。上の部品がなくなっていたので、いまは金網を載せて使っている。私たちは天気のいい昼間は囲炉裏を使わず、庭でこのちびカマ君を焚いて食事することが多い。

先日、鋳物の町として有名な埼玉県川口市でこのカマドを探してみた。中型のものは、餅つき行事で使うのでまだ需要があり、今もつくられているそうだが、私たちにもっとも使いよいサイズのちびカマ君は、残念ながら製造中止になっていた。

薪風呂釜

もう一つは山暮らし四年目の冬に導入した薪風呂釜である。理由は敷地でドラムカン風呂をやってみたら、冷めにくく体がよく暖まるのに感動したこと。そして、囲炉裏のおかげで薪が節約でき、風呂に回せそうだったから。それまでのユニットバスの浴槽はとりあえず温存し、以前の灯油バーナーと配管部を付け替えるだけで済むという、銅製の薪釜だった。

煙突をつなぐので室内に煙は出ない。だから紙ゴミも燃やせる焼却炉にもなる。旧石油風呂釜は、灯油導管、タイマー電線、100V コンセント、それにアースと、配線配管がやたらウルサかったが、この薪釜はシンプルで周囲がすっきり。灯油の嫌な臭いとボイラーの轟音からも解放された。

おかげで、薪風呂釜のある台所土間にちびカマ君を移動して、ここで風呂を焚きながら夕食をとることも多くなった。土間の上の梁から自在カギを吊るせば湯も沸かせるし、網をのせれば調理もできる。それだけでなく薪風呂釜はちょっとした薪ストーブ効果もあり、暖もとれるのだった。

鋳物カマドは頑丈で使いやすい。開口部やロストルの形など、細部までこだわった職人魂を感じさせるデザイン。左の写真手前は川口の博物館にて発見した「ちびカマ君」。製造リバイバル求む！

２ウェイ配管がそのまま活かせる循環式・銅製の薪風呂釜。販売元「サンスター販売株式会社」埼玉県川口市青木 2-6-35
TEL 048-252-3276

あとがき

iMacと行火《あんか》

本書の脱稿予定は2008年末のはずだったが、遅れに遅れて半年近くが過ぎてまった。本書は著者の私自身がイラストとレイアウト、そしてDTP（パソコンでの編集）まで同時に行なったのだが、途中で愛機PowerBookG4が不調になり（あまりの酷使に？）、今年に入って急遽iMacを購入。大量のデータやアプリケーションをこちらに移し替え、そこからまた仕上げにかかった、ということもあったからである。

車が横付けできない山中にありながら、回線は遅いもののインターネットが使えるので、編集者との打ち合わせはpdfファイルをメールで送る。赤の入った原稿が郵送で送られてくる。それを見ながらまたパソコンに向かう。詳細な打ち合わせはまたメールか電話で……という繰り返し。

近年パソコンは驚くほど高性能になり、数百もの画像ファイルを抱えるギガ単位のデータを動かすことができるようになった。そしてネットで情報を渉猟し、それを解析しつつまた仕事にフィードバックしていく。山奥に居てもそんなことができる。なんとも凄い時代になったものである。

ところが生活スタイルはというと、本書に書いた通り極めてローテクなのである。本文の記載に間に合わなかったが、今年に入って私たちはまた重要な暖房アイテムを入手した。前々から欲しいと思っていた焼き物の「行火《あんか》」である。これをどうしても紹介しておきたい。

行火とは素焼きの屋根のかかったミニ火鉢で、炭を入れコタツの熱源にするものである。近くの町にある骨董店で雨ざらしになってるものを見つけたのだ。値段は1,000円（！）だった。中身の炭受け鉢が欠けていたから安かったのだが、それは「植木鉢で代用するといい」と、店のおじさんが500円でちょうどいいサイズの植木鉢を売ってくれた。

冬に机と椅子で仕事をするにはどうしてもストーブが欲しくなるが、薪を大量消費しながら「人が居ないスペースまで暖める」薪ストーブはなんともムダなのだ。デスクトップパソコンが置けて絵を描けるサイズのコタツがあるなら、その問題が解決できる。そこで行火が欲しかった。これまで使っていた電気コタツにテーブルをくっつけて大きなコタツ布団で覆い、中に

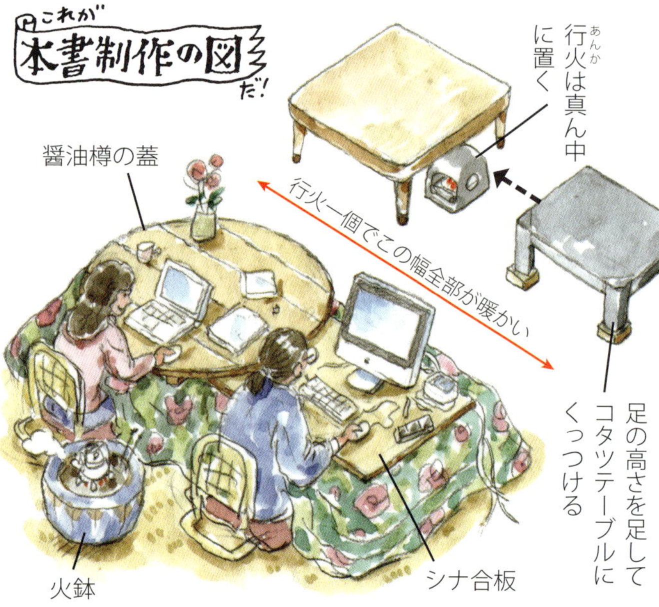

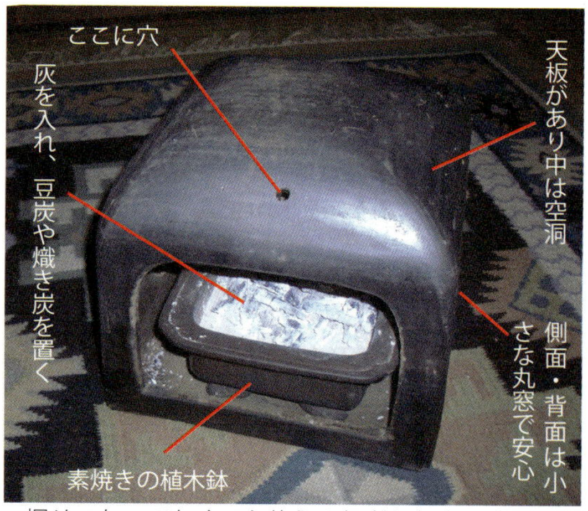

◀これが行火だ！（1.500円）

掘りごたつでなくても使える便利な行火。中に灰を入れた植木鉢（底穴は石でふさいである）

行火を入れたのである。

使ってみると驚いたことに、この行火一つで大きなコタツスペースがすべて暖まるのだった。なんともやわらかな、それでいて強力な暖かさ！　かつ電気コタツのように不快に熱すぎるということがない。

私たちは、この日から電気コタツをまったく使わなくなった。炭を起こすという不便さはあっても、やはり行火を使いたくなるのだ。中に入れる炭はふつう市販の豆炭《マメタン》を使うが、熾き炭でも使える。熾き炭なら囲炉裏や火鉢と連動するし、すぐに火が起こせる。またあの文句が口を吐いて出たものだ。

「こんなすばらしいものを、日本人はなぜこうも簡単に失ってしまったのだろうか」

ちなみに、もしこの行火が破損して、捨てるとなれば、粉々に砕いて土に還してしまえばよく、電気コタツのように廃棄には困らない。土と火の文化の賜物である。

かくして目の前に iMac、足下には行火、というハイテク＆ローテク折衷スタイルで、この本は仕上げられたのであった。

生水《なまみず》と表土

さて、前著『図解　山を育てる道づくり』のあとがきの中で私は、日本の山の「表土の豊かさ」に対する特異性を書いた。熱帯や寒帯の表土は貧弱であり、温帯とてみな表土が豊かとはかぎらない。日本のように雨と日照が植物の繁茂に適したところは稀で、それゆえ山は表土が豊かなのだ、と。

本書執筆の過程で、またこれにつながる膝を打つ発見をしたので紹介しよう。それは、日本の生水はなぜそのまま飲料できるほど良質なのか？　ということである。

世界的にみると「生水を飲む習慣」のある国は意外に少ない。井戸水ならまだしも、昔の日本では平地でさえ小川の水を飲み水にしていたことがある。昔、横浜港に着くタンカーは飲料水として日本の水を積んでいった。その水は赤道を越えても腐らなかったという。

これは「緩速ろ過（生物ろ過）」による水の浄化過程（本書 76 ページ）を考えると納得がいく。この浄化法の決め手は、

1）持続的な水の流れがあること

2）水中の砂（土）の中に微生物群が存在すること

の２つである。

つまり日本の山の水が、生で飲めるほど美味しく安全なのは、湿潤な気候風土（※）と、微生物群を抱える「表土の豊かさ」がもたらしている、と言い得る。ただ雨量が豊かなだけでは、地上の生物群が豊かなだけでは、ダメなのだ。地中・水中の微生物の豊かさが鍵なのだ。そしてそれは、森林環境に大きく起因するのは言うまでもない。

私たちはこのような恵まれた、ありがたい国土に居るということを、もういちど深く認識するべきなのではなかろうか。

※**湿潤な気候風土**……都会に住んでいると日本の山の湿潤さにピンとこないかもしれないが、同じ地域でも都市部と山とでは雨量は山のほうがずっと多いものである。気象台の雨量観測は町場で行なわれることが多いので、実際はもっと多量に降っている。日本の山は沢だらけであり、濃霧がかかることも多い。早朝の森林草地は天気のいい日でさえレインウェアが必要なほど朝露でびっしょりになる（この露や霧もまた雨量数値に換算されていない）。「森林の蒸散作用によって保水力がなくなる」などと言っている人がいるが、いちど山暮らしを経験してほしいものである。

土と水を捨てている日本人

土があれば自然に植物が生え、それを手ガマで刈りながらコントロールすることで、重層的な植生、有用な植生をつくりつつ、豊かな水を育むことができる。これが里山環境保全の核心であろう。

ところが日本ではここ数年、あの高度成長期を彷彿させるかのような、ものすごい勢いで土が奪われている。道路建設はとどまることを知らず、郊外に巨大な

集合型店舗が次々とできている。農地はコンクリートやアスファルトで覆われ、その上に排気ガスをまき散らす車が往来し、明かりを煌々とつけたマーケットが深夜まで営業する（お客がいようといまいと）。

おかげで地方都市のアーケード街は壊滅的な打撃を受け、シャッターを下ろしたままの店が次々と増えている。ここで下の模式図を見ていただこう。

▶荒廃の模式図

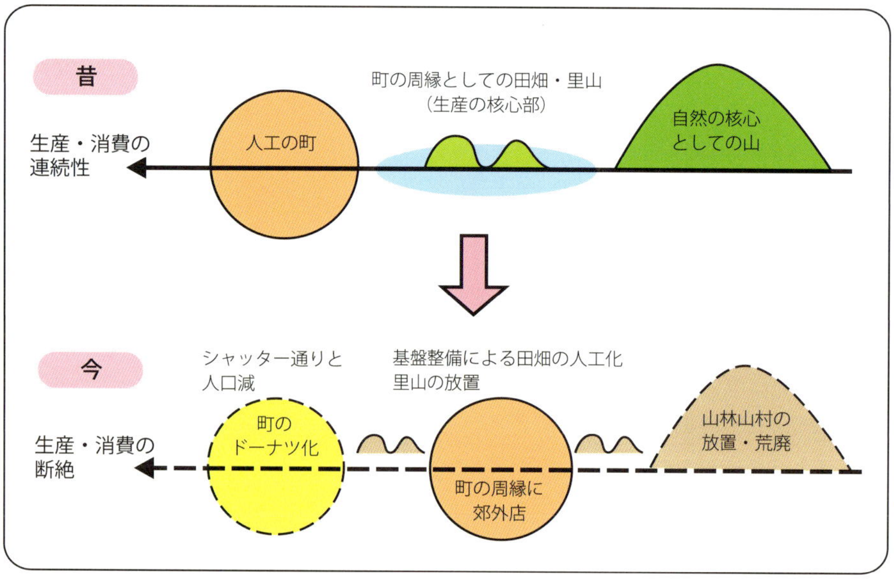
昔
町の周縁としての田畑・里山
（生産の核心部）
自然の核心
としての山
生産・消費の
連続性
人工の町
今
シャッター通りと
人口減
基盤整備による田畑の人工化
里山の放置
生産・消費の
断絶
町の
ドーナツ化
山林山村の
放置・荒廃
町の周縁に
郊外店

昔は自然の核心として山があり、そこから資材・燃料を調達していた。山が生み出す水と肥料で田畑の食料生産が成された。ここでもっとも生産力の高いのは町の周縁の平野・丘陵地である。消費地に近いから昔から田畑が密集して造成されたということもあるが、山が急峻で川の多い日本では、自然に平野部に養分が集まるからだ。その造成と水路網の充実に、日本人は膨大な時間と労力をかけてきた。

ところが、その田畑は潰され、道路や郊外店が乱立し、宅地もたくさん増えた。おかげで町の商店はシャッターを閉め、若い住人も減るというドーナッツ化がおきている。一方、山と山村は荒廃と過疎にあえいでいる。昔は連続していた生産と消費地がいまは断絶しているのだ。

では町で消費される資材や燃料や食料はどこから来ているのかというと、多くは海外からやって来ている。だから生産と消費の連続性を無視しても生活が成り立っている。

しかし問題はそれだけではない。モノが輸入されれば消費の次に余分なゴミが残る。ゴミは粉砕されたり燃やされた後、山に捨てられる、という現象がおきている。そのゴミも自然に負荷を与えずに土に還るものならいいが、化学物質を含んでおり、水系を汚染しているのだ。

郊外に建つ新世代の住居は多くが石油素材由来の新建材で、耐用年数はわずか20年足らず。壊したときに使い回しができず土に還らない。「あれは粗大ゴミが建っているようなもの」と揶揄する人もいるくらいだ。また、私たちは知らず知らず住居で使う殺虫剤や洗剤、農地周囲の除草剤、排気ガスという化学物質で土を汚染している。

日本人は豊かな土と水のありがたみを忘れているだけでなく、それを無意識に捨てつつある、といっても過言ではあるまい。

汚れることへの勘違い

不思議なことに、多くの人はそれを悪いと知りつつやっているわけでは決してないのだ。便利だから、こぎれいだから、と刷り込まれ、ちょうど目の前にエサを与えられるから飛びついてきたのだ。化学工業でできた余り物を、暮らしを通じて捨てさせられているのである。

４年半の間、山の古民家の中で身の回りに自然素材を置いて、囲炉裏を焚いて暮らしていると、布巾や雑巾で磨くたびに表情を変え、深みを増し、そして温もりをたたえている無垢の自然素材というものが、とても高貴なものに思えてくる。

いつしか私たちは、ビニールクロスや化粧合板、樹脂加工やビニール加工の製品に覆われた空間に、居心地の悪い拒否反応を感じるまでになってしまった。

もうひとつ山の暮らしで変わったのは汚れの概念である。たとえば汚い液体が机にこぼれたとする。それを雑巾で拭き取る。その後もしばらく嫌な臭いは残るが、やがてそれは消える。揮発だけでなく、机の細微な表面で微生物の分解が進んだと考えるべきだろう。

ここには「塩素殺菌のない山の水」と「囲炉裏やカマドの煙と灰」の効果も考えられる。塩素殺菌のない場所では当然ながら微生物が活発になるが、いわゆる雑菌とよばれるものは煙や灰のアルカリ成分に弱い。これを利用したのが昔の麹菌のつくりかたである（137 ページ）。室内の表面、あるいは私たちの皮膚の上においても、この菌類の変化が刻々とおきているのは想像がつく（その変化の良し悪しを捕らえる指標《センサー》は「匂い」である）。

放置された古民家の敷地にはカビだらけの生き物の屍骸やネズミの糞などがたくさんあり、掃除中は恐怖さえ感じたものだが、この「汚れは微生物の力で良い方向に変化する」という発見をしてから、汚れが恐くなくなった。これは「水と火による浄化」とも言い換えることができるだろう。

ひるがえって、いま社会でおきている焚き火・煙へのバッシングは何なのだろうか？　自分たちが出すゴミは、実は巨大な焼却場で焼かれ、灰は山に捨てられているというのに。その上、殺菌剤の連続使用によって、つかの間の無菌をうたっているのだ。

昨今、豚インフルエンザのような病原菌が巷《ちまた》を騒がせているが、薬品投与をする前に、みんなで焚き火にでも当たったらいいのではあるまいか。

山暮らしのノウハウを、いま町の暮らしへ

以前、ブログに「町中囲炉裏自然農計画どうよ」という以下のような内容の文章を書いたことがある。

> 大型郊外店舗が大きな鉄骨フロアーと安売りでいくなら、町中シャッター街は次のように本物で勝負すればいい。まず、薪とピュアな天然水を確保（井戸や湧水を引くなりして）。石積み、木造軸組み、土壁、漆喰壁の本物の木造構造物に煙抜きのある吹き抜けと土間の空間をつくり、囲炉裏とカマドを復活させ、その火で料理する。畑は森林からの木質堆肥と、薪を燃やした後の木灰を中心にした、徹底・自然農で行く。レストラン（これは厳密な商売にしない。ゆるいカフェのようなものにする）と野菜売場を併設。現在の上下水、電気、ガス、などは温存しながら、隣接する里山を完全に活かしていく町生活にシフトする。これで教育・医療問題も解決だ！

環境問題や自然暮らしというものは、理念だけでは決して長続きしないし、成功しない。それが「楽しく」「美味しく」「美しく」「健康で」「感動的な」ものでなければならない。自分たちの山暮らしを通じて、木と火と水と土に根ざした暮らしが、そのようなものであることを確信している。

さて、次なるステージとして、私たちはやや町に近づいた里山郊外環境で、この暮らしを実践・創造してみたいと考えている。引き続き、皆さんのご支援とご協力をお願いしたい。

末文ながら家と敷地を自由に使わせてくださった大家さんに、そしてイタルさんに、集落の皆様に深く感謝いたします。

2009 年５月　大内正伸

〔著者紹介〕

大内正伸（おおうち・まさのぶ）

1959年生まれ。イラストレーター、著作家。日本大学工学部土木科卒。設計会社勤務を経て、山小屋、型枠解体、地質調査、魚河岸、乾物屋、肉屋などでアルバイト。1986年『山と溪谷』誌でデビュー。自然系のイラストの他、手書き文字を用いたエッセイ、絵地図を得意とする。1996年より人工林・里山再生の取材・調査・研究に入り、日本の気候風土に見合った林業技術の普及に尽力。2004年、群馬県藤岡市（旧鬼石町）で山暮らしを始める。2009年、桐生市の里山に転居。2011年より香川県高松市在住。著書に『図解　これならできる山づくり』（共著）、『図解　山を育てる道づくり』『「植えない」森づくり』（以上、農文協）。『鋸谷式　新・間伐マニュアル』（全林協）、他。作詞・作曲を手がけるギター弾きの顔もあり、川本百合子（歌）とのユニット「SHIZUKU」の紙芝居・音楽ライブは各地で賞賛を受けている。

●ホームページ http://www.shizuku.or.tv

山で暮らす 愉しみと基本の技術

2009年6月25日　第 1 刷発行
2024年8月15日　第17刷発行

著　者　大内　正伸

発行所　一般社団法人　農山漁村文化協会
〒335-0022 埼玉県戸田市上戸田2-2-2
電話　048(233)9351(営業)　048(233)9355(編集)
FAX　048(299)2812　振替　00120-3-144478
URL　https://www.ruralnet.or.jp/

ISBN978-4-540-08221-4　DTP制作／大内正伸
〈検印廃止〉　印刷／（株）光陽メディア

製本／根本製本（株）

ワゴナーズ・ヒッチ

南京結び

プロにも信頼の高い、トラックの荷しばりにもっともよく使われる結び方。輪を通すことにより、滑車と同じ原理で力が入る。④のねじり方向を間違えないこと

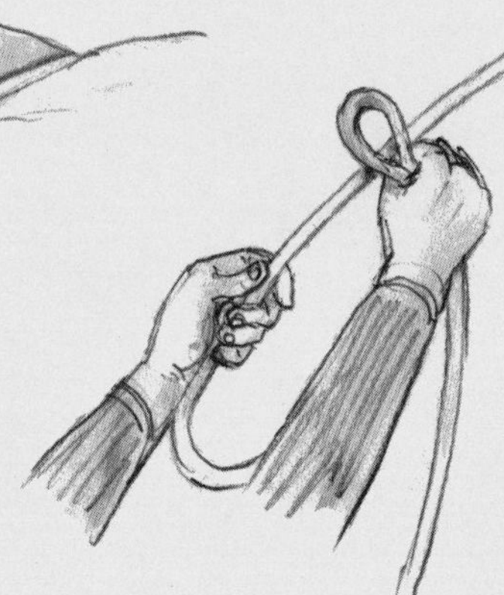

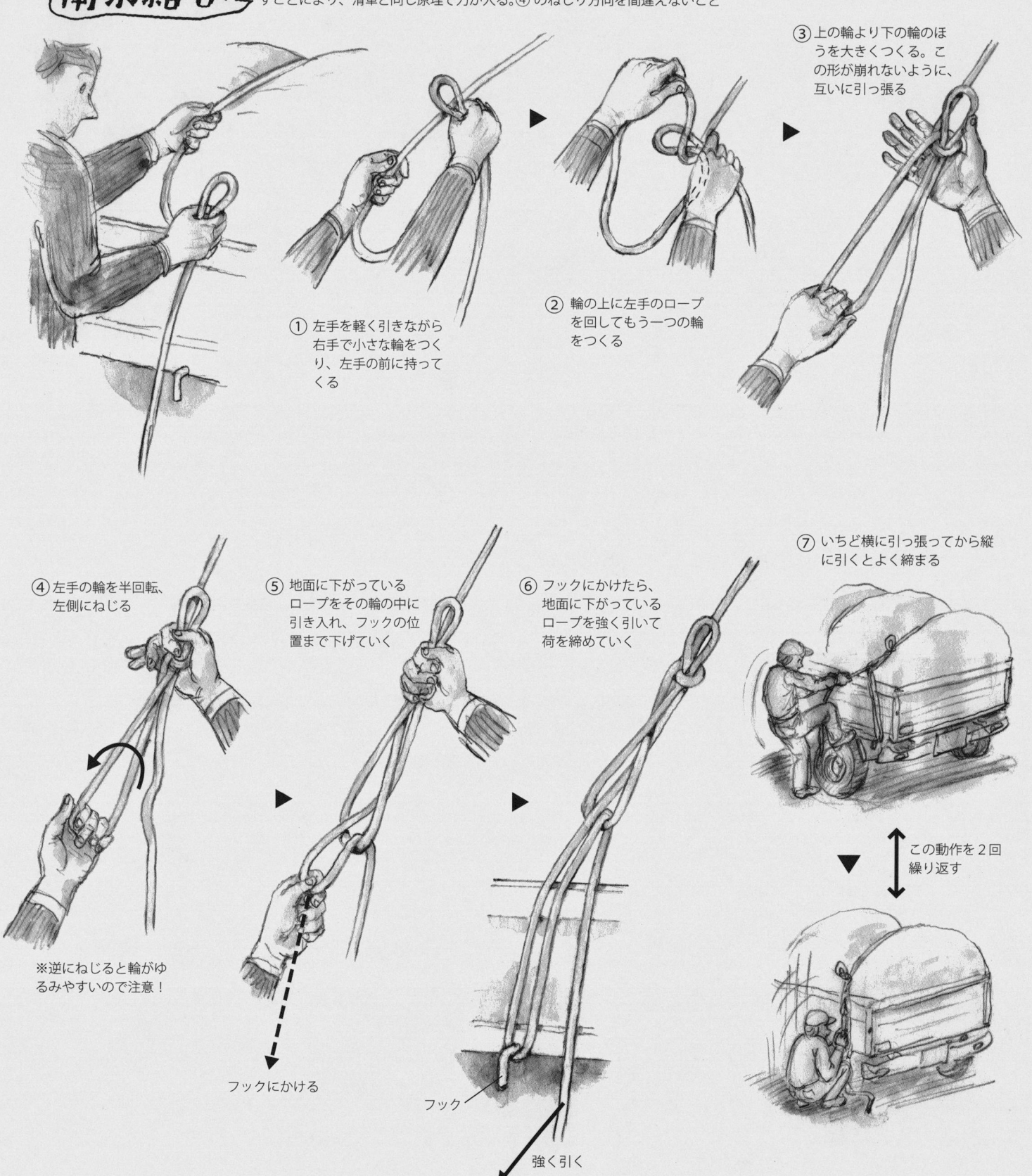

① 左手を軽く引きながら右手で小さな輪をつくり、左手の前に持ってくる

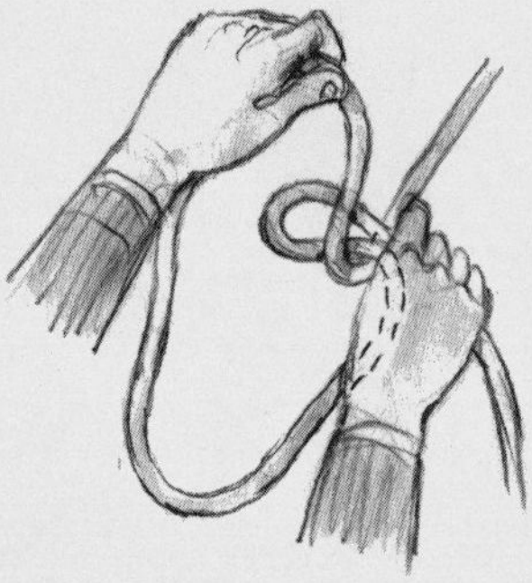

② 輪の上に左手のロープを回してもう一つの輪をつくる

③ 上の輪より下の輪のほうを大きくつくる。この形が崩れないように、互いに引っ張る

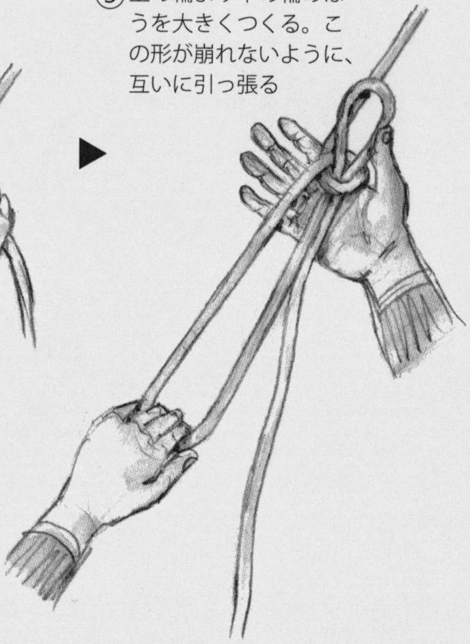

④ 左手の輪を半回転、左側にねじる

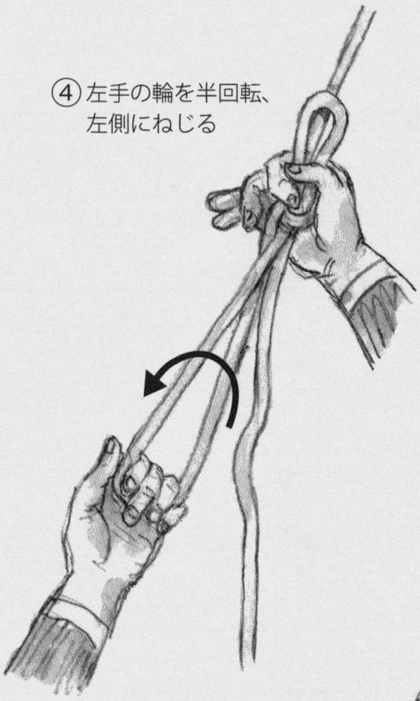

※逆にねじると輪がゆるみやすいので注意！

⑤ 地面に下がっているロープをその輪の中に引き入れ、フックの位置まで下げていく

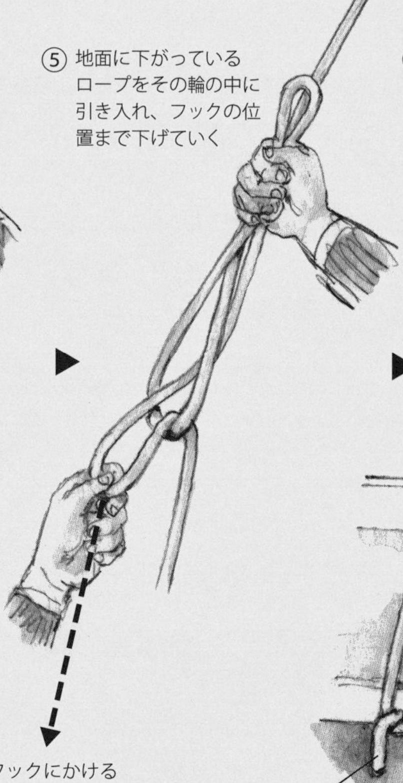

⑥ フックにかけたら、地面に下がっているロープを強く引いて荷を締めていく

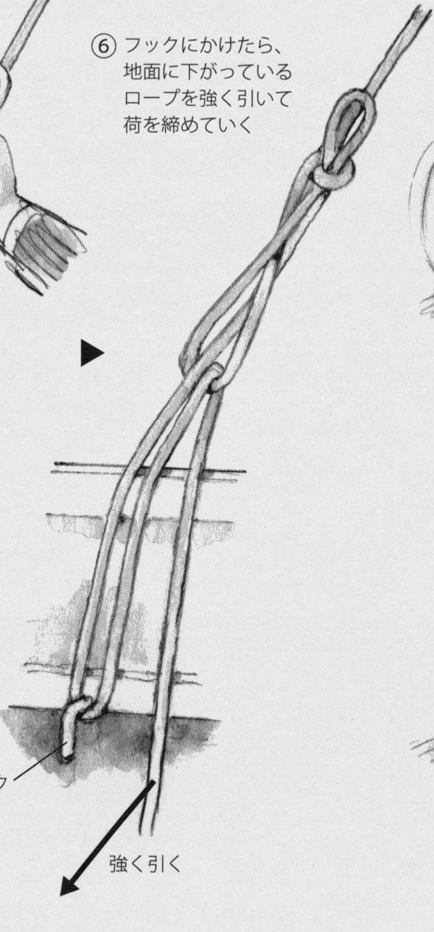

⑦ いちど横に引っ張ってから縦に引くとよく締まる

この動作を２回繰り返す